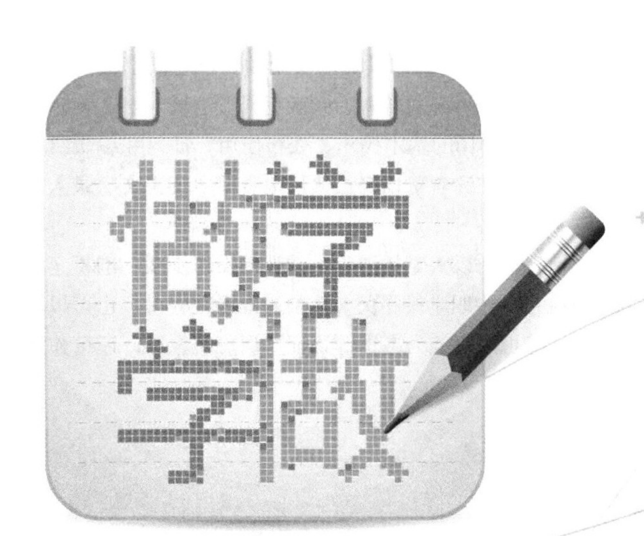

Welcome

“做中学　学中做”系列教材

文字录入与排版

◎ 胡　军　王少炳　李晓龙　主　编
◎ 孔敏霞　严　敏　李洪江　副主编

電子工業出版社
Publishing House of Electronics Industry
北京 · BEIJING

内容简介

本书是中英文文字录入的基础实用教程，通过12个模块、54个具体的实用项目，对汉字输入法概述、键盘结构与指法练习、巧记五笔字型字根、五笔汉字的拆分与输入、98版王码五笔输入法、新世纪五笔输入法、万能五笔输入法、搜狗拼音输入法，Word 2010的基本操作、表格应用、插入和编辑文档对象、文档排版的高级操作等内容进行了较全面地介绍，使读者可以轻松愉快地掌握中英文文字录入与Word排版的操作与技能。

本书按照计算机用户循序渐进、由浅入深的学习习惯，以大量的图示、清晰的操作步骤，剖析了从中英文文字录入到Word排版的过程，既可作为高职院校、中职学校相关专业的基础课程教材，也可以作为计算机及信息高新技术考试、计算机等级考试、计算机应用能力考试等认证培训班的教材，还可作为计算机初学者的自学教程。

图书在版编目（CIP）数据

文字录入与排版 / 胡军，王少炳，李晓龙主编. —北京：电子工业出版社，2014.7
“做中学　学中做”系列教材

ISBN 978-7-121-23525-2

Ⅰ. ①文… Ⅱ. ①胡… ②王… ③李… Ⅲ. ①文字处理—中等专业学校—教材②计算机应用—排版—中等专业学校—教材 Ⅳ. ①TP391.1②TS803.23

中国版本图书馆CIP数据核字（2014）第127707号

策划编辑：杨　波
责任编辑：郝黎明
印　　刷：三河市双峰印刷装订有限公司
装　　订：三河市双峰印刷装订有限公司
出版发行：电子工业出版社
　　　　　北京市海淀区万寿路 173 信箱　邮编：100036
开　　本：787×1 092　1/16　印张：14　字数：358.4 千字
版　　次：2014 年 7 月第 1 版
印　　次：2023 年 8 月第 14 次印刷
定　　价：34.00 元

凡所购买电子工业出版社图书有缺损问题，请向购买书店调换。若书店售缺，请与本社发行部联系，联系及邮购电话：（010）88254888，88258888。

质量投诉请发邮件至zlts@phei.com.cn，盗版侵权举报请发邮件至dbqq@phei.com.cn。

本书咨询联系方式：（010）88254617，luomn@phei.com.cn。

前言 Welcome

陶行知先生曾提出“教学做合一”的理论，该理论十分重视“做”在教学中的作用，认为“要想教得好，学得好，就须做得好”。这就是被广泛应用在教育领域的“做中学，学中做”理论，实践能力不是通过书本知识的传递来获得发展，而是通过学生自主地运用多样的活动方式和方法，尝试性地解决问题来获得发展的。从这个意义上看，综合实践活动的实施过程，就是学生围绕实际行动的活动任务进行方法实践的过程，是发展学生的实践能力和基本“职业能力”的内在驱动。

探索、完善和推行“做中学，学中做”的课堂教学模式，是各级各类职业院校发挥职业教育课堂教学作用的关键，既强调学生在实践中的感悟，也强调学生能将自己所学的知识应用到实践之中，让课堂教学更加贴近实际、贴近学生、贴近生活、贴近职业。

本书从自学与教学的实用性、易用性出发，通过具体的行业应用案例，在介绍文字录入与Word软件功能的同时，重点说明软件功能与实际应用的内在联系；重点遵循软件使用人员日常事务处理规则和工作流程，帮助读者更加有序地处理日常工作，达到高效率、高质量和低成本的目的。这样，以典型的行业应用案例为出发点，贯彻知识要点，由简到难，易学易用，让读者在做中学，在学中做，学做结合，知行合一。

✧ 编写体例特点

【你知道吗】（引入学习内容）——【应用场景】（案例的应用范围）——【相关文件模版】（提供常用的文件模版）——【背景知识】（对案例的特点进行分析）——【设计思路】（对案例的设计进行分析）——【做一做】（学中做，做中学）——【项目拓展】（类似案例，举一反三）——【知识拓展】（对前面知识点进行补充）——【课后习题与指导】（代表性、操作性、实用性）。

在讲解过程中，如果遇到一些使用工具的技巧和诀窍，以“教你一招”、“小提示”的形式加深读者印象，这样既增长了知识，同时也增强学习的趣味性。

✧ 本书内容

本书是中英文文字录入的基础实用教程，通过12个模块、54个具体的实用项目，对汉字输入法概述、键盘结构与指法练习、巧记五笔字型字根、五笔汉字的拆分与输入、98版王码五笔输入法、新世纪五笔输入法、万能五笔输入法、搜狗拼音输入法，Word 2010的基本操作、表格应用、插入和编辑文档对象、文档排版的高级操作等内容进行了较全面地介绍，使读者可以轻松愉快地掌握中英文文字录入与Word排版的操作与技能。

本书按照计算机用户循序渐进、由浅入深的学习习惯，以大量的图示、清晰的操作步骤，剖析了从中英文文字录入到Word排版的过程，既可作为高职院校、中职学校相关专业的基础课程教材，也可以作为计算机及信息高新技术考试、计算机等级考试、计算机应用能力考试等认证培训班的教材，还可作为计算机初学者的自学教程。

✧ 本书主编

本书由衡阳技师学院胡军、广东省汕头市澄海职业技术学校王少炳、河南省会计学校李晓龙主编，辽宁省阜新市第二中等职业技术专业学校孔敏霞、广西经贸高级技工学校严敏、四川省会理现代职业技术学校李洪江副主编，丁永富、黄世芝、朱海波、蔡锐杰、张博、师鸣若、李娟、陈天翔、郭成、宋裔桂、王荣欣、郑刚、王大印、黄少芬、曾卫华、胡勤华、底利娟、林佳恩等参与编写。一些职业学校的老师参与试教和修改工作，在此表示衷心的感谢。由于编者水平有限，难免有错误和不妥之处，恳请广大读者批评指正。

✧ 课时分配

本书各模块教学内容和课时分配建议如下：

模　块	课程内容	知识讲解	学生动手实践	合　计
01	汉字输入法概述	1	1	2
02	键盘结构与指法练习	2	2	4
03	巧记五笔字型字根	1.5	1.5	3
04	五笔汉字的拆分与输入	4	4	8
05	98版王码五笔输入法	2	2	4
06	新世纪五笔输入法	2	2	4
07	万能五笔输入法	2	2	4
08	搜狗拼音输入法	2	2	4
09	Word 2010的基本操作——制作幼儿园招生简章	2.5	2.5	5
10	Word 2010表格应用——制作课程表	2	2	4
11	插入和编辑文档对象——制作培训班宣传页	1.5	1.5	3
12	文档排版的高级操作——编排员工行为规范手册	1.5	1.5	3
总计		24	24	48

注：本课程按照48课时设计，授课与上机按照1:1比例，课后练习可另外安排课时。课时分配仅供参考，教学中请根据各自学校的具体情况进行调整。

✧ 教学资源

- 做中学 学中做-Word软件使用技巧
- 做中学 学中做-文字录入与排版-案例与素材
- 做中学 学中做-文字录入与排版-教师备课教案
- 做中学 学中做-文字录入与排版-授课PPT讲义
- 采购员岗位职责
- 仓库管理员岗位职责
- 导购岗位职责
- 客服岗位职责
- 前台岗位职责与技能要求
- 全国计算机等级考试-介绍
- 全国计算机等级考试考试大纲（2013年版）-二级MS Office高级应用考试大纲
- 全国计算机等级考试考试大纲（2013年版）-一级计算机基础及MS Office应用考试大纲
- 全国计算机等级考试一级笔试样卷-计算机基础及MS Office应用
- 全国计算机信息高新技术考试-介绍
- 全国计算机信息高新技术考试-专业排版技能培训和鉴定标准
- 全国专业技术人员计算机应用能力（职称）考试-答题技巧
- 全国专业技术人员计算机应用能力（职称）考试-介绍
- 文员岗位职责
- 物业管理人员岗位职责
- 销售员岗位职责
- 做中学 学中做-文字录入与排版-教学指南
- 做中学 学中做-文字录入与排版-习题答案

为了提高学习效率和教学效果，方便教师教学，作者为本书配备了教学指南、相关行业的岗位职责要求、软件使用技巧、教师备课教案模板、授课PPT讲义、相关认证的考试资料等丰富的教学辅助资源。请有此需要的读者与本书编者联系，获取相关共享的教学资源；或者登录华信教育资源网免费注册后进行下载，有问题时请在网站留言板留言或与电子工业出版社联系。

编　者

2014年6月

目　录

模块 01 汉字输入法概述

你知道吗？

汉字输入法就是根据一定的编码规则来输入汉字的一种方法。计算机的键盘对应着英文的26个字母，而汉字的字数有几万个，它们和键盘又没有任何对应关系，为了向计算机中输入汉字，就必须将汉字拆成更小的部件，并将这些部件与键盘上的键产生某种联系，使得我们能够通过键盘，按照某种规律输入汉字，这就是汉字编码。

汉字编码方式的不同，形成了风格各异的汉字输入法。目前的键盘输入法种类繁多，而且新的输入法不断涌现，各种输入法各有各的特点和优势。随着各种输入法版本的更新，其功能越来越强。

学习目标

- 汉字输入方法分类
- 键盘输入法
- 非键盘输入法
- 中文输入法的使用
- 输入法的安装与删除
- 选择和使用五笔输入法

项目任务1-1 汉字输入方法分类

作为计算机的使用者，要将汉字输入到计算机，就要使用汉字输入法。汉字输入法可分为两大类：一类是键盘输入法；另一类是非键盘输入法。

1. 键盘输入法

键盘输入法，就是利用键盘，根据一定的编码规则来输入汉字的一种方法。键盘输入方法通常要敲击1~4个键输入一个汉字，它的输入码主要有拼音码、区位码、纯形码、音形码、形音码等，用户需要会拼音或记忆输入码才能使用，一般对于非专业打字的使用者来说，速度较慢，但正确率高；其中好的形音码或音形码则可以做到速度既快，正确率又高。

2. 非键盘输入法

无论多好的键盘输入法，都需要使用者经过一段时间的练习才可能达到基本要求的速度，至少用户的指法必须很熟练才行，对于并不是专业计算机使用者来说，多少会有些困难。所以，现在有许多人想另辟蹊径，不通过键盘而通过其他途径，省却了这个练习过程，让所有的人都能轻易地输入汉字。这些输入法统称为非键盘输入法，其特点就是使用简单，但都需要特殊设备。

项目任务1-2 键盘输入法

探索时间

小王是一个计算机初学者，他是某公司的办公室职员，他在学习输入法时应选择学习哪种输入法？

动手做1 了解键盘输入法编码分类

键盘输入法是最容易实现和最常用的一种汉字输入方法。通过键盘输入汉字，实际上输入的是与该汉字对应的汉字编码。

目前主要的中文输入编码方法有音码输入、形码输入、音形码输入、形音码输入、序号码输入。

1．音码输入

音码输入类别指为汉字编码时编码来源为汉字的读音的这类输入方法，其包括的输入法很多：以前的有全拼、简拼、双拼、微软、智能ABC等，目前较为流行的有紫光拼音、搜狗拼音、QQ拼音等输入方法。

2．形码输入

形码输入是按照汉字的字形进行汉字编码及输入的方法。利用汉字书写的基本顺序将汉字拆分成若干块，对每一块用一个字母进行取码，整个汉字所得的码序列就是这个汉字的形码。较为著名的有王码五笔字型、郑码等。

3．音形码输入

音形码输入是利用音码和形码各自的优点，兼顾了汉字的音和形，以音为主，以形为辅，目的是减少编码中死记的部分，提高输入效率，易学易记。

常用的音形码输入方法有自然码、谭码等。

4．形音码输入

形音码输入是利用形码和音码各自的优点，兼顾了汉字的形和音，以形为主，以音为辅，目的是利用“形托（象形）”和“音托（反切）”来减少编码中死记的部分，提高输入效率，易学易记，输入快。

5．序号码输入

序号码输入是利用汉字的国标码作为输入码，用四个数字输入一个汉字或符号。

因为每个汉字只有一个编码，所以重码率几乎为零，效率高，可以高速盲打，但缺点是需要记忆量极大，而且没什么太多的规律可言。

常见的序号码有区位码、电报码、内码等，一个编码对应一个汉字。

这种方法适用于某些专业人员，如电报员、通讯员等。在计算机中输入汉字时，这类输入法已经基本淘汰，只作为一种辅助输入法，主要用于某些特殊符号的输入。

动手做2 熟悉常用的键盘输入法

计算机的键盘对应着英文的26个字母，所以，对于英文而言，是不存在什么输入法的。而汉字的字数有几万个，它们和键盘又没有任何对应关系，为了向计算机中输入汉字，就必须将汉字拆成更小的部件，并将这些部件与键盘上的键产生某种联系，使得我们能够通过键盘，按照某种规律输入汉字，这就是汉字编码。

汉字编码方式的不同，形成了风格各异的汉字输入法。目前的键盘输入法种类繁多，而且新的输入法不断涌现，各种输入法各有各的特点和优势。随着各种输入法版本的更新，其功能越来越强。目前的中文输入法有以下几类。

1. 全拼输入法

全拼输入法属于音码输入，是初学者常用的一种方法。这种方法是输入汉语拼音的全部字母，就可以得到相应的同音汉字。它适用于学过汉语拼音的人，一般不需要经过专门的训练就可掌握，它的缺点是要求必须会汉字的读音，并且要准确，当一组同音字较多时，需要选字，这正是这种方法输入速度不快的主要原因。

2. 双拼输入法

双拼输入法是将多于一个字符的声母和韵母用一个字母编码，从而比全拼输入的编码大大缩减，提高了键盘输入的速度，适用于经常需要用拼音输入汉字的人，比全拼的速度快。但要记忆十几个声母和韵母的编码。双拼输入法又称为简拼输入法。

3. 智能ABC汉字输入法

智能ABC输入法也是一种常用的输入法，有全拼、双拼和笔形三种输入模式，以拼音为基础输入单字或词组，特别是词组输入方面具有较高的效率，适用于一些经常输入某一方面专业词汇的人，如果进行智能化设置，可以大大提高输入效率。

4. 微软拼音输入法

Windows XP内置了微软拼音输入法3.0版，使用微软拼音输入法，用户可以连续输入汉语语句的拼音，系统会自动选出拼音所对应的出现频率最高或最可能的汉字，免去了用户逐字逐词进行同音选择的麻烦。

微软拼音输入法有很多特性，例如，自学习功能、用户自造词功能，经过很短时间与用户的交互，微软拼音输入法会适应用户的专业术语和语法习惯，这样就很容易一次输入语句成功，从而大大提高了输入效率。

5. 五笔字型输入法

1983年，五笔输入法问世，在世界上首次突破每分钟输入百个汉字大关。1986年，五笔输入法创始人王永民教授推出了“五笔字型输入法86版（4.5版）”，它使用130个字根，可以处理GB2312汉字集中的一、二级汉字共6763个。经过推广，86版五笔字型输入法已为国内外数以千万计的用户所使用，成为当今最流行的汉字输入法之一。

为了使五笔输入法更加完善，王永民于1998年又推出了98版五笔字型输入法，可以输入国标简体字6763个，还可以输入13053个繁体字。但由于86版五笔字型输入法“先入为主”，目前使用最广泛的还是86版五笔字型输入法。

除此之外，万能五笔、极点中文和陈桥五笔等输入法也是以86版五笔字型输入法为蓝本进行编码的，使用方法也基本相同。

相对于拼音输入法，五笔字型输入法具有输入速度快、重码少、不受地方方言限制等优点。

五笔字型是按照汉字的字形（笔画、部首）进行编码的。在五笔字型中，字根是构成汉字的最重要、最基本的单位。五笔字型输入法根据汉字、字根和笔画的关系，遵从日常书写习惯的顺序，以字根为基本单位，用字根组合出全部的中文文字与词组。

动手做3 熟悉键盘输入法的选用

那么，究竟哪种输入法适合自己呢？这主要根据用户所做工作而定。

对于需大量录入文字的工作，如打字员，最好采用形码。因为打字工作多是按稿输入，录入量大，形码的速度快且见字即识码的特点正好适合此类工作。就目前来说，五笔字型仍是首选。也可根据自己的特点和爱好选用一些其他的方法，如郑码、表形码等。

对于有一定文字录入量或文字录入量不大的工作，最好使用音码或音形（形音）码。

项目任务1-3 非键盘输入法

非键盘输入方式无非是手写、听、听写、读听写等方式。目前，常用的非键盘输入法主要有三种形式：手写输入法、语音输入法和扫描输入法。

1. 手写输入法

手写输入法是一种笔式环境下的手写中文识别输入法，符合中国人用笔写字的习惯，只要在手写板上按平常的习惯写字，计算机就能将其识别显示出来。

图1-1　手写笔和写字板

手写输入系统一般由硬件和软件两部分构成。硬件部分主要包括电子手写笔和写字板，如图1-1所示。软件部分是汉字识别系统，它的作用是将硬件部分传送来的信息与事先储存好的大量汉字特征信息相比较，从而判断写的是什么汉字，并通过汉字系统在计算机屏幕上显示出来。在输入文字的同时手写笔还具有鼠标的作用，可以代替鼠标操作Windows，并可以作画。

目前的手写板多采用方便快捷即插即用的USB接口进行连接，手写板的安装十分简单，按照说明书，插上手写板，装上驱动，按部就班地安装即可。

手写输入系统的使用比较简单，使用者只需用手写笔在写字板上书写笔画清晰的汉字，写字板中内置的高精密的电子信号采集系统，就会将汉字笔迹的信息转换为数字信息，然后传送给软件系统进行汉字识别。

2. 语音输入法

语音输入法，顾名思义，是将声音通过话筒转换成文字的一种输入方法。语音识别以IBM推出的Via Voice为代表，国内则推出Dutty ++语音识别系统、天信语音识别系统、世音通语音识别系统等。

以IBM语音输入法为例，虽然使用起来很方便，但错字率仍然比较高，特别是一些未经训练的专业名词及生僻字。

语音输入法在硬件方面要求计算机必须配备能进行正常录音的声卡，然后调试好了麦克风，就可以对着麦克风用普通话语音进行文字录入。如果普通话口音不标准，只要用它提供的语音训练程序，进行一段时间的训练，让它熟悉你的口音，也同样可以通过语音来实现文字输入。

3. 扫描输入法

扫描输入法应该是非键盘输入法中速度最快、而局限性也最大的一种输入方式了。它只适用已经存在于纸面上的文字进行录入工作，先利用扫描仪将材料扫描入计算机，再经过OCR软件的识别自动转化为文本。

OCR，即光学字符识别技术，它要求首先把要输入的文稿通过扫描仪转化为图形才能识别，所以，扫描仪是必须的，而且原稿的印刷质量越高，识别的准确率就越高，一般最好是印刷体的文字，如图书、杂志等，如果原稿的纸张较薄，那么有可能在扫描时纸张背面的图形、文字也透射过来，干扰最后的识别效果。

OCR软件种类比较多，常用的如清华OCR，在系统对图形进行识别后，系统会把不能肯定的字符标记出来，让用户自行修改。

OCR技术解决的是手写或印刷的重新输入的问题，它必须得配备一台扫描仪，而一般市面上的扫描仪基本都附带了OCR软件。

项目任务1-4 中文输入法使用的基本方法

探索时间

在使用中文输入法时，基本的步骤是什么？

动手做1 切换输入法

在使用计算机时输入文字是不可避免的，对于使用中文的人来说，如何通过计算机的英文键盘将汉字输入计算机，来完成文字或数据处理工作，是大家迫切关注的问题。Windows XP提供了多种中文输入法供用户选择使用，用户可以根据不同的习惯选择相应的输入法进行文字的输入。

在默认情况下，刚进入到系统中时出现的是英文输入法，用户可以使用鼠标单击任务栏右端的语言栏上的“语言栏”图标，弹出当前系统已装入的输入法菜单，如图1-2所示，单击要选择的输入法。

用户可以使用Ctrl+Shift组合键在英文及各种中文输入法之间进行切换，用Ctrl+Space组合键可以在当前中文输入法和英文输入法之间切换。

图1-2 选择输入法

提示

用户如果要在多个应用程序中输入汉字，则必须在每一个应用程序中启动所需要的输入法。

动手做2 认识输入法语言栏

在默认情况下，语言栏被最小化在任务栏的右端，使用鼠标右键单击语言栏图标，在菜单中选择“还原语言栏”，语言栏则独立出现在屏幕上，如图1-3所示。

图1-3 独立的语言栏

语言栏最左端是“输入法切换”图标，单击它出现输入法菜单，在菜单中用户可以选择合适的输入法。单击语言栏上的“帮助”图标则会出现语言栏的帮助信息窗口，在那里用户可以获取有关语言栏的帮助。单击“设置”按钮，出现一个菜单，在菜单中用户可以选择命令对语言栏进行设置。

动手做3 认识输入法状态条

当打开一种输入法后，在屏幕左下方就会出现一个输入法状态条，如图1-4所示就是智能ABC输入法的状态条。

图1-4 智能ABC输入法状态条

输入法状态条表示当前的输入状态，可以通过单击它们来切换输入状态。虽然每种输入法所显示的图标有所不同，但是它们都具有一些相同的组成部分，通过对输入法状态条的操作，可以实现各种输入操作。

：“中英文切换”按钮，单击它可以在当前输入法和英文输入法之间进行切换。

标准：“输入方式切换”按钮，单击它可以在当前输入法的不同输入方式之间进行切换。

：“全角/半角切换”按钮，单击它可以在全角/半角文字的输入方式之间进行切换。全角方式是指输入的所有键盘字符和数字都是纯中文方式，数字、英文字母、标点符号需要占据一个汉字的宽度。在半角方式下数字、英文字母、标点符号则是英文方式，它们不占据一个汉字的宽度。

：“中英文标点符号切换”按钮，单击它可以在中文和英文的标点符号间进行切换。

：“软键盘”按钮，单击它出现软键盘，使用软键盘可以输入一些特定的符号。

动手做4　中文输入

在使用不同的输入法输入汉字时具体的操作都会有差异，但无论是用哪种输入法输入时，都应先输入汉字的编码。例如，选择最容易使用的“全拼输入法”。

（1）首先输入汉字的编码，使用全拼输入法输入汉字就是要输入汉字的全部汉语拼音字母。输入汉字的编码后，屏幕上除了原有的输入法状态条外还会出现两个提示区：编码显示行和重码提示区，如图1-5所示。

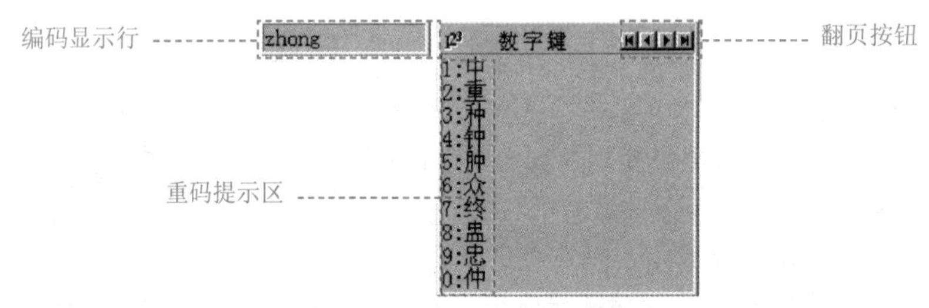

图1-5　编码显示行和重码提示区

编码显示行：显示用户从键盘上输入的汉字编码。当发现输入的编码有错误时，可以按Esc键清除编码显示行中的内容，重新输入正确的编码。

重码提示区：显示同一个编码下的不同汉字。由于一个读音可能对应多个汉字，因此在这种编码方式中，会产生许多“重码”，需要选择需要输入哪个汉字。通常情况下，拼音输入法会产生较多的重码。

（2）从重码提示区中选择所需要的汉字或词组：按该汉字或词组前面的数字键或用鼠标单击数字，相应的汉字就会出现在屏幕上。如果所需的汉字位于候选项的第一位，则按Space键就可输入该汉字或词组。

（3）重码翻页。当重码提示区中没有所需要的字词时，可以通过翻页操作查找。用户可以在键盘上按“+”键向下一页翻，按“－”键向前一页翻。也可以使用鼠标单击重码提示区右上方的“翻页”按钮。

项目任务1-5　输入法的安装与删除

探索时间

小王在输入法列表中找不到智能ABC输入法，他应如何对智能ABC输入法进行安装？

动手做1　安装输入法

Windows系统提供了多种中文输入法，包括全拼、智能ABC、微软拼音、郑码等，但是只是安装了常用的几种，如果用户对这些输入法不习惯时可以安装自己习惯的输入法。

安装输入法的具体步骤如下。

（1）在语言栏上单击“设置”按钮，在出现的菜单中选择“设置”命令，出现“文字服务和输入语言”对话框，如图1-6所示。

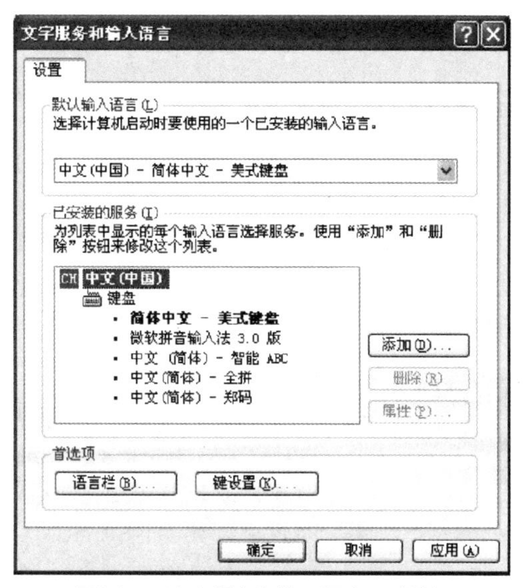

图1-6 “文字服务和输入语言”对话框

（2）在对话框中单击“添加”按钮，出现“添加输入语言”对话框，如图1-7所示。

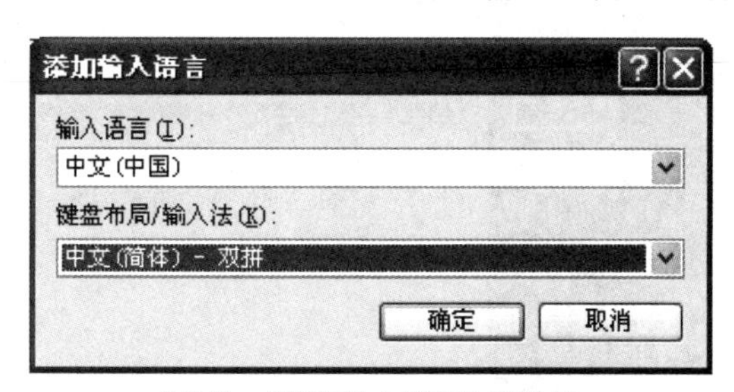

图1-7 “添加输入语言”对话框

（3）在“键盘布局/输入法”下拉列表中选择一种输入法，如选择“双拼”。

（4）单击“确定”按钮回到“文字服务和输入语言”对话框，单击“确定”按钮。

提示

这种安装只能安装Windows XP自带的输入法，如果要安装其他的输入法，如五笔、搜狗拼音等输入法，则需使用相应的软件进行安装。

动手做2 删除输入法

在“文字服务与输入语言”对话框中，选择要删除的输入法，然后单击“删除”按钮，单击“确定”按钮，即可删除相应的输入法。

巩固练习

在系统中安装（或删除）双拼输入法。

项目任务1-6 选择和使用五笔字型输入法

探索时间

小王想使用五笔字型输入法，他应如何将其安装到计算机上？

动手做1 安装五笔字型输入法

五笔字型是按照汉字的字形（笔画、部首）进行编码的，相对于拼音输入法，五笔字型输入法具有输入速度快、重码少、不受地方方言限制等优点。

要想使用五笔字型输入法，必须安装五笔字型输入法。用户可以到王码公司的网站上免费下载王码五笔字型输入法，或使用搜索引擎，下载五笔字型的安装程序。下载完成后运行安装文件，按照提示进行安装即可。

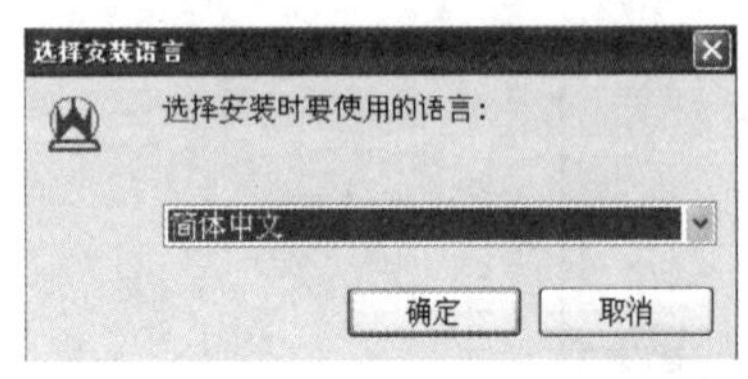

图1-8 “选择安装语言”对话框

例如，在王码公司网站（http://www.wangma.com.cn）上下载了王码大统一五笔字型，具体安装步骤如下。

（1）双击下载的安装文件，打开“选择安装语言”对话框，如图1-8所示。

（2）在“安装语言”列表中选择“简体中文”，单击“确定”按钮，打开“安装向导”对话框，如图1-9所示。

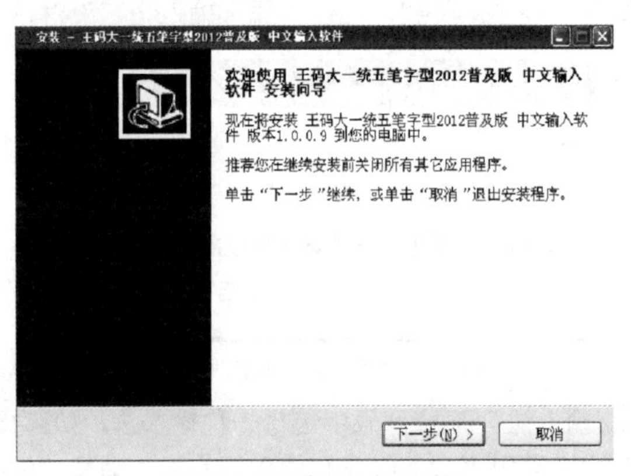

图1-9 “安装向导”对话框

（3）单击“下一步”按钮，打开“许可协议”对话框，如图1-10所示。

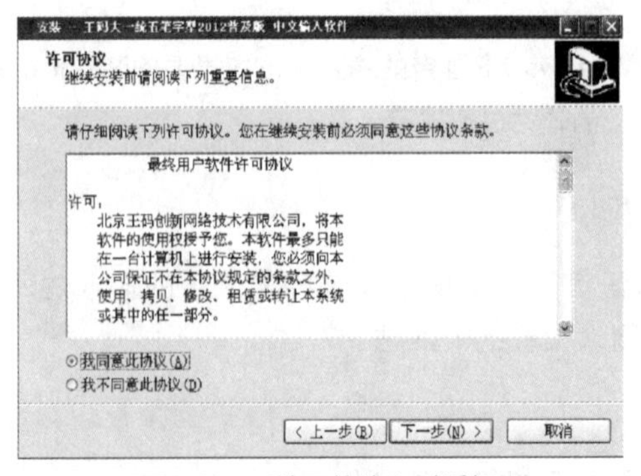

图1-10 “许可协议”对话框

（4）选中“我同意此协议”单选按钮，单击“下一步”按钮，进入“选择目标位置”对话框，如图1-11所示。

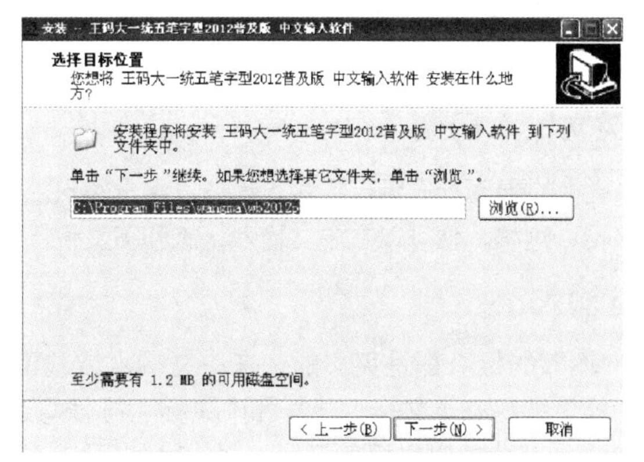

图1-11 “选择目标位置”对话框

（5）选择好安装路径后，单击“下一步”按钮，进入“准备安装”对话框，单击“安装”按钮开始安装。安装完毕出现如图1-12所示对话框。

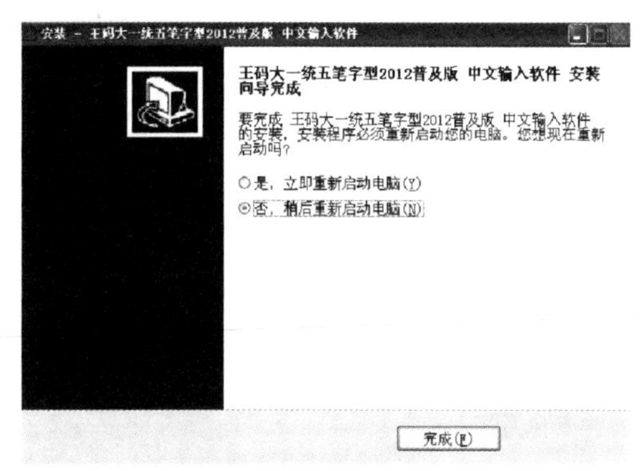

图1-12 安装完毕

（6）选中“是，立即重新启动计算机”单选按钮，单击“完成”按钮，重启计算机完成安装。

动手做2 启用五笔字型输入法

成功安装五笔字型后，单击桌面任务栏右侧的“输入法”图标，在弹出的“输入法”菜单中选择“王码五笔字型”输入法，如图1-13所示。这时输入法图标变成，表明已启用五笔输入法，如图1-14所示。

图1-13 选择输入法　　图1-14 选择五笔字型输入法

在启用五笔输入法后，在屏幕上会显示一个五笔输入法状态条，如图1-15所示。输入法状态条表示当前的输入状态，可以通过单击它们来切换输入状态。

图1-15　五笔输入法状态条

动手做3　中/英文输入切换

五笔字型输入法状态栏中的中图标表示汉字输入状态，用于输入中文；单击该图标，将变为英图标，用于输入英文字母。这样，便可以在中文输入状态和英文输入状态之间进行切换了。

动手做4　标点输入

在英文输入方式下，输入的标点都是英文的。在中文输入方式下可以单击输入法状态条上的“中英文标点符号切换”按钮在英文标点符号和中文标点符号间进行切换。

使用键盘用户可以输入大部分的中文标点符号，表1-1列出了中文标点符号对应的按键。

表1-1　中文标点符号对应的按键

中文符号	键盘按键	中文符号	键盘按键
。句号	.	、顿号	\
，逗号	,	《,》书名号	<,>
；分号	;	（,）括号	(,)
：冒号	:	……省略号	^
？问号	?	——破折号	_
！感叹号	!	—连接号	&
“”双引号	”	·间隔号	@
‘’单引号	’	〈,〉单书名号	<,>

动手做5　全角/半角切换

五笔字型输入法状态栏中的图标表示半角状态；单击该图标，将变为图标，用于输入全角符号。这样，便可以在全角和半角状态之间进行切换了。

全角是指一个字符占用两个标准字符位置。汉字字符和规定了全角的英文字符及GB2312–80中的图形符号和特殊字符都是全角字符。一般的系统命令是不用全角字符的，只是在做文字处理时才会使用全角字符。

半角是指一字符占用一个标准的字符位置，如图1-16所示。通常的英文字母、数字键、符号键都是半角的，半角的显示内码都是一个字节。在系统内部，以上三种字符是作为基本代码处理的，所以用户输入命令和参数时一般都使用半角。

全角输入：ＡａＢｂＣｃ１２３
半角输入：AaBbCc123

图1-16　全角输入和半角输入

动手做6　将五笔输入法设置为默认输入法

在语言栏上单击“设置”按钮，在出现的菜单中选择“设置”命令，出现“文字服务和输入语言”对话框。单击“默认输入语言”的下拉菜单，选择“王码五笔字型”输入法，这样五笔输入法就成为默认输入法了，如图1-17所示。

巩固练习

将五笔字型输入法设置为默认输入法。

课后练习与指导

一、填空题

1. 目前主要的中文输入编码方法有________、________、________、________、________。

2. 非键盘输入方式无非是手写、听、听写、读听写等方式。目前，常用的非键盘输入法主要有三种形式：________、________和________。

3. 音码输入类别指为汉字编码时编码来源为________的这类输入方法，其包括的输入法很多，较为常用的有________、________、________等输入方法。

4. 形码输入是按照汉字的________ 进行汉字编码及输入的方法，较为著名的有________、________等。

5. 用户可以使用________组合键在英文及各种中文输入法之间进行切换，用________可以在当前中文输入法和英文输入法之间切换。

6. 键盘输入法，就是利用键盘，________来输入汉字的一种方法。非键盘输入法则不通过键盘而通过其他途径输入汉字，它们的特点就是使用简单，但________。

7. 序号码输入是利用汉字的________作为输入码，用________个数字输入一个汉字或符号，这种方法适用于某些专业人员，如电报员、通讯员等。

8. 智能ABC输入法也是一种常用的输入法，有________，________和________三种输入模式，以拼音为基础输入单字或词组，特别是词组输入方面具有较高的效率，适用于一些经常输入某一方面专业词汇的人。

二、简答题

1. 全拼输入法有哪些特点？
2. 五笔字型输入法有哪些特点？
3. 如何切换输入法？
4. 如何安装Windows XP自带的输入法？
5. 如何删除Windows XP自带的输入法？
6. 简述五笔字型输入法的安装。
7. 半角符号与全角符号有何区别？
8. 怎样将某一种输入法设置为默认输入法？

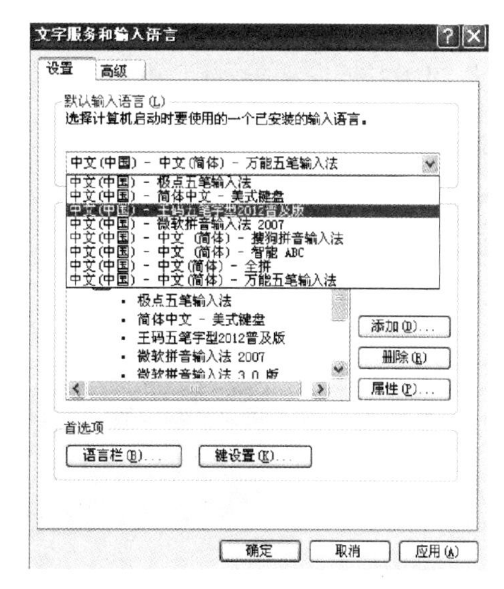

图1-17　设置五笔字型输入法为默认输入法

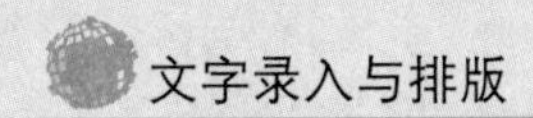

模块02 键盘结构与指法练习

你知道吗?

键盘是输入文字最主要的设备，是人机进行交流必不可少的工具，所以认识键盘、掌握各个按键的使用方法是非常重要的，而正确的键盘操作姿势和指法有利于快速准确地输入文字，并且不易产生疲劳。

学习目标

- 键盘结构分解
- 键盘操作
- 指法练习
- 指法练习软件

项目任务2-1 键盘结构分解

探索时间

在常用的键盘上有哪些功能分区?

动手做1 了解键盘功能分区

键盘按照按键的数量可分为101标准键盘、104标准键盘和108标准键盘等，其中使用较为广泛的是104标准键盘。

下面就以104标准键盘为例，认识键盘的结构，其他类型键盘的结构也大体一样。104个按键按照排列位置及功能可分为四个键区：打字键区、功能键区、数字小键盘区、编辑控制键区。它们在键盘上的分区如图2-1所示。

图2-1 键盘分区示意图

动手做2　熟悉打字键区

打字键区是平时最为常用的键区，又称为主键盘，其键位排列与标准英文打字机的键位排列基本相同。向计算机输入字符时，只需在打字键盘区中找到相应的按键，然后击一下该键即可。

该区包括26个英文字母键、10个数字键、标点符号和一些运算符号等，另外还有若干个特殊控制键，如Shift、Ctrl和Enter等。

（1）Shift键（换档键）。该键在键面上用一个向上的空心箭头标示。它主要用于字母大、小写的临时切换和双符号键的上、下档的临时切换，没有锁定作用。在通常状态下左右两个Shift键的作用是等效的。

按住Shift键不放，再按字母键，则改变原来的大小写状态输入字母，即若原为小写状态，则此操作输入大写字母；若原为大写状态，则此操作则输入小写字母。

按住Shift键不放，再按双符号键，就输入该键的上档字符。若不按Shift键，直接按双符键，则输入下档字符。

（2）Caps Lock键（大小写锁定键）。该键可将字母由“A”～“Z”锁定为大写状态，而对其他键无影响。开机之后的默认状态是输入小写字母。按下Caps Lock键后，键盘右上角Caps Lock指示灯亮，此后输入字母皆为大写。此状态一直保持到再次按Caps Lock键为止。

（3）Enter键（回车键）。当一条命令由键盘输入时，被放在一个特定的键盘缓冲区内，尚未送入CPU让命令处理程序执行，此时还有机会纠正命令中的错误。按Enter键后，则把命令送入CPU执行。在字处理软件的编辑状态下，按Enter键产生回车和换行两个动作，使光标移动到下一行的起始处，因此Enter键又称为换行键。

（4）Backspace（退格键）。在输入命令时难免会出错，在按Enter键之前，按一下退格键，删掉光标左侧一个字符，光标退回一格。

（5）Tab键（制表位键）。该键用来将光标右移到下一个跳格位置。同时按下Shift键和Tab键时，将把光标左移到前一个跳格位置。跳格位置总是被设为8个字符间隔，除非另作改变。若光标位于表格中，按此键，则光标移至下一个表格单元。

（6）Ctrl键（控制键）。Ctrl键和其他键同时使用以实现各种功能，这些功能是在操作系统中或其他应用程序中进行定义的。

在DOS状态下，Ctrl+Break组合键或Ctrl+C组合键用于中断程序运行。Ctrl+Num Lock组合键或Ctrl+S组合键用于暂停程序运行，按任意键程序又继续运行。在Windows操作系统中，Ctrl+Space组合键用于切换中、英文输入法。

（7）Alt键（转换键）。该键常与其他键组合使用，产生转换等功能。

在DOS状态下，“Alt+功能键”常用于选择输入法。在Windows状态下，“Alt+字母键”常用于选择菜单。

（8）数字键。数字键包括从0～9的10个数字键。要想输入数字时，直接按下相应的键即可。同时这10个键又对应10个符号，要想输入这10个符号，需要使用换档键Shift配合输入。输入方法是先按下Shift键，在不松开Shift键的状态下再按下对应符号的数字键。

（9）英文字母键。英文字母键包括26个英文字母，配合换档键Shift键使用可直接输入大小写字母。

（10）符号键。符号键包括，、。、/、-、=、？、<、>等和Space键，具体输入时也要配合换档键来使用。

动手做3　了解功能键区

功能键区在键盘的最上面一排，包括Esc键、F1～F12键、Print Screen等按键。

（1）Esc键（取消键）。无论是在DOS还是Windows状态下，该键的作用为放弃正在进行的操作。

（2）F1～F12键（特殊功能键）。在不同的操作系统或不同的软件中设定的功能一般不同，如大多数软件中F1键都用做帮助。

（3）Print Screen键（复制屏幕键）。在Windows 系统中按一下该键，就把屏幕上显示的内容复制到剪贴板中，如果同时按下Alt与Print Screen键，则将当前活动窗口的内容复制到剪贴板。

动手做4　了解编辑控制键区

编辑控制键区位于打字键区与数字键区之间，有4个方向键和6个编辑键。

（1）Insert键（插入键）。该键是“插入或改写”状态的切换开关，用来在一行中插入字符，一个字符被插入后，光标右侧的所有字符向右移动一个位置。开机之后，一般默认初始态为“插入”。按一下该键，则转为“改写”。

（2）Delete键（删除键）。该键是用来删除当前光标位置的字符，当一个字符被删除后，光标右侧的所有字符将左移一个位置。在DOS状态下用于删除光标处一个字符，在Windows状态下用于删除插入点后一个字符。

（3）Home键。按此键时光标移到当前行的行首。

（4）End键。按此键时光标移到当前行的行尾。

（5）Page Up键Page Down键。此键可以使光标快速移动。

（6）Pause键（暂停键）。用于暂停程序的运行。

（7）←，→，↑，↓键（方向键）。按方向键，光标将按箭头方向移动一格。

动手做5　熟悉数字小键盘区

数字小键盘区位于键盘的右部，主要用于大量数字的输入。该区大部分键具有双重功能：一是用于输入数字，二是代表某个编辑功能。其中，Num Lock键是数字/编辑转换键，在数字与光标移动编辑之间转换。

动手做6　键盘状态指示灯

一般在键盘的左上角都有三个指示灯，分别是Num Lock指示灯、Caps Lock指示灯和Scroll Lock指示灯。

（1）Num Lock指示灯。Num Lock指示灯与数字小键盘锁定键Num Lock相关联。Num Lock指示灯亮时，数字键盘区的数字键为数字输入状态，当Num Lock指示灯灭的时候，数字键与编辑键区键功能相同。

（2）Caps Lock指示灯。Caps Lock指示灯与大写字母锁定键Caps Lock相关联。Caps Lock指示灯亮时，主键盘区的字母键输入为大写字母；Caps Lock指示灯灭时，主键盘区的字母键输入为小写字母。

（3）Scroll Lock指示灯。Scroll Lock指示灯与屏幕锁定键Scroll Lock相关联。Scroll Lock键的主要作用是在翻页滚屏显示内容时锁定屏幕内容项，以前在DOS环境中用处很大，但现在在Windows环境中已经很少用了，已经逐渐面临被淘汰。

巩固练习

1. 功能键区有哪些键？
2. 编辑控制键区有哪些键？

项目任务2-2 键盘操作

探索时间

小王在敲击B键位时习惯使用右手拇指，他的击键方法是否正确？

动手做1 掌握录入操作姿势

在计算机上进行数据录入时，要求操作员在较长时间里坐着工作，如果姿势不正确，很快就会感到疲劳，从而影响数据录入的速度和质量。因此，操作员必须掌握正确的录入操作姿势。

操作员平坐在椅子上，上身梃直，微向前倾，眼睛要平视屏幕，保持30～40cm的距离。椅子的高度应调整到使双脚能自然地踏放在地板上。双脚踏地时可以稍呈前后参差状。两肩放平，大臂与小肘微靠近身躯；小臂与手腕略向上倾斜，手腕悬起，不要压在键盘上。手掌应与键盘的斜度保持平行，手指稍弯曲，轻放在与各手指相应的基本键上，左、右拇指则应放在Space键上，如图2-2所示。

图2-2 录入操作姿势

动手做2 掌握基准键位与十指分工

为了便于高效地使用键盘，通常规定打字键区第三排的几个字母键为基准键。基准键共8个，左边4个是“ASDF”，右边4个是“JKL”与“；”。操作时，左手的四个手指依次放在左边的基准键“ASDF”上，右手的四指依次放在右边的基准键“JKL；”上，两手的大拇指轻放在Space键上，F和J键上各有一个凸起的小标记，操作员通过感触凸起的标记，很容易将手指正确地放置于基本键位上。基准键的位置如图2-3所示。

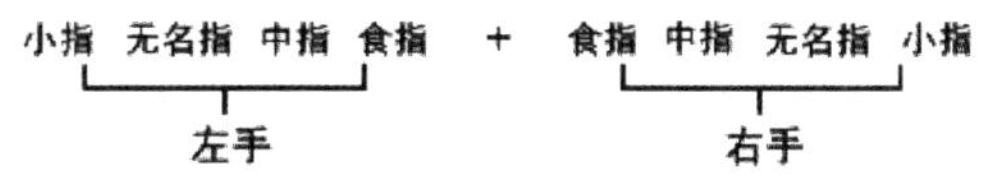

图2-3 基准键位置

在正确使用键盘时，并不是任何一个手指都可以随便去按任何一个键的。为了提高击键速度，在基准键的基础上，常将打字键区划分为几个区域，每个手指负责一个区域。左无名指负责第2列，右无名指负责第9列；左中指负责第3列，右中指负责第8列；左食指负责4、5两列，右食指负责6、7两列；左小指负责第1列及左边的特殊键，右小指负责第10列及右边的特殊键；左、右大拇指交替使用Space键。各手指实行“包产到户”，不允许“互相帮助”。

操作者在准备操作时，先将手指轻放在相应的基准键上，当敲击了别的键后，应立即回复到指定的基准键上，这就是基本指法。键盘分区与手指的对应关系如图2-4所示。

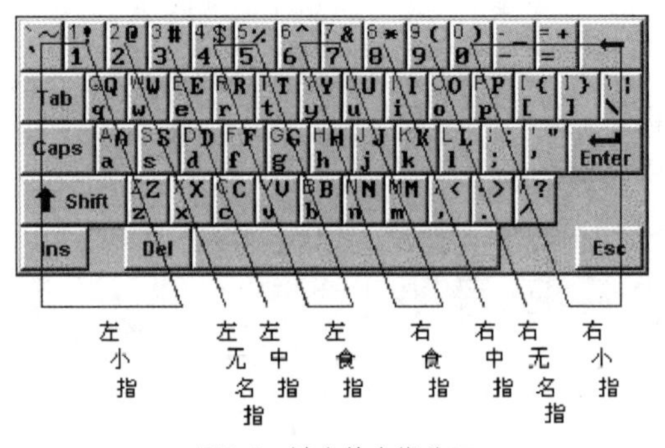

图2-4 键盘的十指分工

动手做3 掌握击键要领

掌握了正确的操作姿势，还要有正确的击键方法。

1．击键方法

有一个正确的击键方法可以节省时间提高录入时的工作效率：

（1）打字时，先将手指拱起，按各指的分工轻轻地放在基键上，只有敲击上下行按键时，才用手指伸直去击键，击键后应立即回到基键上。

（2）对键位的操作应是击键而不是按键，手指要瞬间发力，用指端垂直击键，并立即反弹。

（3）击键力度要适当，节奏均匀，动作要轻快、果断。

2．击键对手指的要求

拇指短，不灵活，击键时容易往里合拢。按Space键时，容易引起其他手指往上翘，使得姿势变形，造成击键不连贯，影响输入速度。因此，拇指应自然地外张，悬在Space键上方，击键时，用臂、腕与拇指的合力迅速弹击，但用力要适当，防止用腕力和扭转力击键。

食指比较灵活，但分工的字键较多，如不注意，容易造成击键不准。因此在练习时应认真体会各键位之间的距离。

中指较长，击键时往往用力过重。因此应注意与其他手指互相配合，均衡用力。

无名指不太灵活，力量小，应注意加强练习。

小指短且不灵活，击键时容易使手背向外倾斜，而用指尖外侧击键。因此在练习中应注意加强小指力量的锻炼，增强灵活性。

3．注意事项

在指法练习中，应避免发生下述错误：

（1）不是击键，而是按键，一直压到底，没有弹性，产生重复录入多个字符。

（2）击键时手指里勾或外翘。

（3）左手击键时，右手离开基本键，搁在键盘边框上。

（4）击键后手指未及时返回基本键，或回到基本键时指位错乱。

（5）打字时没有悬腕，而是把手腕搁在桌子上。

（6）击键的力量过大。

4．手指操

开始练习时，各手指的灵活性及力量不均，而且各手指间相互依赖较强，建议在非上机练习时，抽空做下述手指操，以帮助增强手指的力量及灵活性。

尽力将双手手指分开，然后从小指开始，将手指逐个分开，再从拇指开始，将手指逐个分开，最后将手指放松并轻轻握拳。

双手十指分开，在桌面上逐个手指轻叩。当用某个手指叩击桌面时，其他手指应保持原状。练习一阵后，十个手指再交替叩击。在练习中应注意增强无名指与小指的叩击力量。

动手做4　录入操作的基本原则

在进行指法训练或数据录入时，应遵循下述基本原则：

（1）两眼专注原稿，不看键盘。这条原则是要求操作员采用“触觉打字法”。“触觉”是指敲击字键要靠手指的感觉而不是靠眼睛看着键盘的“视觉”。这是因为人的眼睛在同一时间里既看稿件又看键盘、屏幕，这样往往顾此失彼，又容易疲劳。而运用“触觉”打字，可以做到“眼看稿件，手指击键，各负其责，通力合作”，大大提高工作效率。

（2）严格遵守击键指法分工，不要图一时之便，随意用手指按键。经过一段时间训练后，应形成规范的定型指法。

（3）精神高度集中，避免出现差错。速度和质量是数据录入的两个最重要的指标。在数据录入过程中，如果精神不集中，一方面会降低输入速度，另一方面会不可避免地出现差错。

巩固练习

1. 八个基准键位是什么？
2. 左食指负责哪些区域？
3. 右无名指负责哪些区域？
4. Space键由哪个手指负责？

项目任务2-3 指法练习

探索时间

指法练习是学习汉字输入法的基本功，初学者应怎样进行指法练习？

动手做1　基准键的练习

在做基准键练习时，可按规定把手指分布在基准键上，如图2-5所示，再规律地练习每个手指头的指法和键感。如从左手小指至右手小指，每个指头连击三次指下的键，拇指击一次Space键。首先用左手小指击三次，此时屏幕上出现AAA，用户应记住A字键是左手小指下的基准键；改用无名指击三次，空一格，屏幕上出现AAA SSS，余下类推，直到把八个字符都击了一遍，屏幕上显示相应的八组字符：

图2-5　基准键分区

AAA SSS DDD FFF JJJ KKK LLL ;;;

击完一遍后，将屏幕上每组字符对着八个手指默念数遍；然后按照屏幕上的字符，用相应的手指去击键。击键时，手下盲打，眼看屏幕，字字校对，直到八个字符都能正确输入为止。

输入八个基准键上的字符，要注意以下几个方面的问题：

（1）在练习的过程中，始终要保持正确的姿势，才能在不断增加内容的练习中，把重点转移到新内容的练习上，经过多次重复，形成深刻的键位印象和协调动作。

（2）手指必须按规定位置放置，不可混乱或超越。在非击键时刻，手的重力都分散于指下的基准键上，击键瞬间，只用一个手指击键，练习过程中禁止看键盘。

（3）由于所有键位都是用与基准键的相对位置来记忆的，所以每击一次键后，应立即回归到基准键以便继续输入，这种方法要贯穿于键盘操作的始终。

动手做2　G、H键的练习

G和H字键被夹在八个基准键的中央，如图2-6所示，根据十指分工规则，G键由左手食指管制，H键由右手食指管制。输入“G”时，用原击F字键的左手食指向右伸出一个键位的距离击G键，击毕立即缩回。同样，输入“H”时，用原击J字键的右手食指向左伸一个键位距离击H字键。

图2-6　G、H键分区

在输入过程中，一手击键，另一手必须停留在基准键上处于预备状态；击键的手除要击的那个手指屈伸外，其余手指只能随手起落，不得随意屈伸，更不得随意散开，以防在回归击键上时引起偏差。

输入下列字符练习G、H键的击打方法。

fgfg	gffg	gfgg	gfgg	hjhj	hjfh	jhlfg	hadg	dagh	gadh	glagg
haskh	afhk	klas	sadg	hagkl	lgaga	fggk	sfhls	afhk;	khdg	hgdla
asdfg	hjkl	hsfgk	jlgsh	ghfsl	gall	hgdksl	hasd	ghsla	half	kafl

动手做3　E、I键的练习

E和I字键的键位在第三排，如图2-7所示，根据十指分工规则，输入E字键应由原击D字键的左手中指去击E字键，其指法是左手竖直抬高1cm左右，中指向前（微偏左方）伸出击E字键。同样，输入I字键时，原击K字键的右手中指用与左手同样的动作击I字键。

图2-7　E、I键分区

提示

每次击键过程中因为需要抬起，除要击键的那个手指外，其余手指的形状仍然要保持原状，不得随意屈伸，而击键的手指在起手时伸出击键，在手回归基准键的过程中缩回。

输入下列字符练习E、I键的击打方法。

fedi	fede	eqial	equal	ilee	iele	lid	lide	edk	eski
sail	saile	kill	kille	desk	deski	jaie	jaili	file	filee
quite	euite	jade	jadei	jail	jailed	lake	lakei	cake	cakei
made	makei	help	helped	aiide	aeeaki	jade	jaii	iake	cake
made	helii	equal	eidki	eialik	type	eisddk	eierald	dkei	mite

动手做4　R、T、U、Y键的练习

这四个键位与E和I字键的中间，如图2-8所示，根据十指分工规则，输入“R”时，用原击F键的左手食指向前（微偏左）伸出击R字键，击毕立即缩回，放在基准键位上；如果该手指向前（微偏右）伸，就可击T字键，输入“T”。输入“U”时，用原击J的右手食指向前（微偏左）击U键。输入“Y”时，右手食指指向U的左方移动一个键位的距离。Y字键是26个英文字母中两个击键

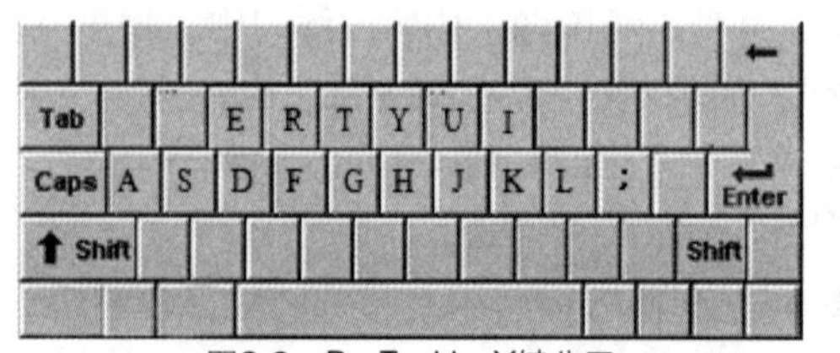
图2-8　R、T、U、Y键分区

难度较大的字键之一，要反复多次练习，仔细体会键感，出手及距离的控制等。

输入下列字符练习R、T、U、Y键的击打方法。

ftfrg	ftftg	grftg	grfgt	tfrgt	tfrgt	jyjuh	hujyu	jyjuj	jujyj
ftjyg	ftjyj	ally	ally	salt	salt	duyf	shut	star	stay
stay	dark	dark	drug	drug	dual	dual	lalt	stay	dark
dark	drug	gult	gult	halt	lalt	duyf	kuyf	dart	datr
yurt	dual	stay	stay	adult	adult	drug	drug	gurt	gult

动手做5　句号、逗号、大于号、小于号、Shift键的练习

句号和大于号在一个键位上，逗号和小于号在一个键位上，两个Shift键则位于两端，如图2-9所示。

图2-9　句号、逗号、大于号、小于号、Shift键分区

句号（也用做数中的小数点）输入时用原击L键的右手无名指朝手心方向（微偏右）更弯曲一些击句号键，击毕缩回。逗号输入时用原击K键的右手中指朝手心方向（微偏右）更弯曲一些击句号键，击毕缩回。

在计算机中，Shift键对大多用户符号输入进行控制，对于处在各字键上方的各种符号的输入，就必须在先按下Shift键的前提下，再击所需输入的符号键，该符号才能被输入到计算机中。要输入左手管制的字键上的符号，就要用右手小指按下右边的Shift键，左手相应的手指去击所要输入的符号键即可。同样，若要输入右手管制下的符号，就要是用左手小指按下左边的Shift键，同时用右手相应的手指去击所要输入的符号键。这里要注意的是，按Shift键的手只要稍超前按键，并且要等另一手指击了符号键之后，才能缩回。

大于号，与句号在同一个字键上，输入大于号时，左手小指按Shift键后，右手无名指朝手心方向（微偏右）更弯曲一些击句号键，右手击毕，两手均立即回归基准键位上。

小于号，与逗号在同一个字键上，输入小于号时，左手小指按Shift键后，右手中指朝手心方向（微偏右）更弯曲一些击逗号键，右手击毕，两手均立即回归基准键位上。

动手做6　Q、W、O、P键的练习

Q、W、O、P键的位置如图2-10所示。输入"W"时，抬左手，用原击S键的无名指向前（微偏左）伸出击W字键；输入"Q"时，改用左手小指击Q字键即可。

图2-10　Q、W、O、P键分区

输入"O"时，用原击L键的无名指向前（微偏左）伸出击O字键；输入"P"时，改用右手小指击P字键即可。

提示

小指击键准确度差，在回归基准键时容易发生错误，这是由于小指缺乏灵活性，应在桌面或其他较硬的板面上练习分解动作。另外，当手处于基准键位时，小指也应该接触到键，否则应加大其他手指的弯曲程度。

输入下列字符练习Q、W、O、P键的击打方法。

aqw	qaq	wsw	sws	lol	olo	p;p	;p;	other	hatr
lout	past	ooww	ppww	wsw	lol	putt	qort	dope	word
cosy	wrotf	worlf	world	what	worf	wprf	qurt	quart	pats
hjkl;	pore	pwdg	dope	quit	tqoep	opdl	pqyhs	worf	quart
quawo	podiw	good	blow	qworu	tgt	toward	ough	cout	ford

动手做7　V、B、N、M键的练习

V、B、N、M键的位置如图2-11所示。根据十指分工，分别属于两只手的食指控制。

图2-11　V、B、N、M键分区

输入“V”时，用原击F的左手食指向内（微偏右）屈伸击V键；输入“B”时，左手食指比输入V时更向右移一个键位的距离击B字键；输入“N”时，右手食指向内（微偏左）屈伸击N键；输入“M”时，用原击J的右手食指向内（微偏右）屈伸击M键。

提示

和Y字键一样，B字键较难击准，击后向基准键的回归也较难控制，因此在做练习之前，应先熟悉键位。方法为，眼睛注视屏幕，按照上述击键方法，先练习击V字键，并细心体会手法，然后再练习击B字键，反复练习，直到击准为止。

输入下列字符练习V、B、M、N键的击打方法。

vfv	dvd	verb	vest	hmj	hnk	knh	hmn	njm	mhn
gylma	sgbke	time	time;	mult	mult;	opwarm	sadmb	mine	milk;
bank	bak	band;	band	fbf	bfm	value	build	build;	build
bguqr	rqpnu	enbed;	enbed	alms	alms	ghdkbm	time;	time	vuld
buld;	bvt	nispe	fhmie	bmytei	temdn	bthty	mjn	humjn	gnbkb

动手做8　C、X、Z键的练习

C、X、Z键的位置如图2-12所示。

输入“C”时，用原击D字键的左手中指向手心方向（微偏右）屈伸击C字键；输入X和Z时的手法、方向和距离与输入C时相同。其差别是，输入“X”用左手无名指击X字键；输入“Z”时，用左手小指击Z字键。

图2-12　C、X、Z键分区

输入下列字符练习C、X、Z键的击打方法。

aza	sxs	dcd	fvf	zaz	xsx	cdc	rich	quch	exec	strong	kmlc
car	six	car;	six	size	size;	cold;	cold	fox	zoo	fox;	zoo
zela	ziz	taxes	zeal	chall	zxler	could	centze	xfar	zare	zone	crag
next	the	box	car;	dozen	strong	size	six;	ccxx	too	cold	aquza

提示

在指法的基础训练中，除基准键排上的八个字键要求在击键后，手指仍然放在原位字键上不动外，击其他个字键后，都强调其手指必须回归到原基准键上，其目的是使学员经过多次击键和回放动作，能够准确、熟练地掌握基准键位与各手指所管理范围及其各键的距离、位置。

巩固练习

输入下列英文字母进行基本键位练习。

asdf jkl add all asas ask sad salad fall lad had has half gas dash glass

ally salt shut start drug dark dual dusk dust duty flag just lady last gray gulf halt talk that thus sugar laugh hurry not run fun gun job now new net sin son he tear year value vase via bit boy bus buy rub book best but be bad.

aid die dig due her fit his its key let deal else file head heat hers less real ride they this yard ahead alike aside large right r Shift me back cake call came cent coin cold come cure such.

ago for got hot off oil out play too who way why also does door drop flow food f four good help wait wake wall weak wear week well wide wife will wish taxi exit text test next.

question quite quote quick pay please path peak zero zip zone size what whose where

项目任务2-4 指法练习软件——金山打字通

现在市面上有各种英文打字练习的软件，这些软件内容丰富、设计精巧，初学者可以利用这些软件进行打字练习，将会收到事半功倍的效果。这里简单介绍一下金山打字通的使用方法。

动手做1　了解金山打字通的功能

金山打字通是一款功能齐全、数据丰富、界面友好的、集打字练习和测试于一体的打字软件。金山打字通主要由英文打字、拼音打字、五笔打字、打字测试、打字教程、打字游戏等六部分组成，如图2-13所示。

在“英文打字”练习中，用户可以选择“单词练习”、“语句练习”、“文章练习”三部分课程。在分键位进行练习时，还增加了手指图形，不但能提示每个字母在键盘的位置，更可以知道用哪个手指来敲击当前需要输入的字符。由键位记忆到文章练习逐步让用户盲打并提高打字速度。

测试过程中可以随时测试自己的打字速度。用户可以采用屏幕对照的形式进行测试；可以采用模拟实际情况的书本对照方式；还为专业打字人员提供了同声录入训练的机会。

金山打字通更加个性化的设计能真正满足不同用户的需要，他提供了机械、电子、医学、经贸、计算机、法律等十个专业的中英文词汇和文章；用户可以将自己喜欢的文章或工作中经常用到的内容调入到相应的测试模块，进行专门的练习。

“打字游戏”功能寓教于乐，例如，“太空大战”可提高键位熟悉程度和反应速度；“拯救苹果”重点提高对键位的熟悉程度。

图2-13　金山打字通界面

动手做2　英文打字

使用金山打字通需要进行用户登录，如果没用注册昵称，用户需先注册一个用户，登录后，单击“英文打字”图标，进入英文打字练习功能界面，如图2-14所示。

图2-14　英文打字界面

在界面上显示“单词练习”、“语句练习”和“文章练习”三个功能选项图标。单击“单词练习”图标，则进入单词练习功能，如图2-15所示。

图2-15　单词练习

动手做3　五笔打字

在英文打字界面单击“首页”选项卡，返回主界面，单击“五笔打字”图标，进入五笔打字功能界面，如图2-16所示。

在该界面显示“五笔输入法”、“字根分区及讲解”、“拆字原则”、“单字练习”、

“词组练习”及“文章练习”等模块，用户可以根据实际情况进入相应的模块进行练习。

图2-16　五笔打字功能界面

动手做4　打字游戏

打字游戏是提高打字兴趣和积极性必不可少的内容，金山打字游戏包括“激流勇进”、“生死时速”、“拯救苹果”等多个，操作简单，情节紧张刺激，在轻松娱乐的过程中不知不觉地就提高了打字速度，是寓教于乐的最好方式。

字母练习可通过生动活泼的“拯救苹果”游戏、诙谐幽默的“鼹鼠的故事”、场面宏观的“太空大战”进行；单词练习可在妙趣横生的“激流勇进”中进行；紧张激烈的“生死时速”用来提高文章的打字速度。

如图2-17所示的“拯救苹果”游戏，重点练习对键位的熟悉程度，每个下落的苹果上都有一个字母，用户输入相应的字母就拯救了这个苹果。如果落地的苹果达到一定数量，游戏就失败了。

图2-17　“拯救苹果”游戏界面

课后练习与指导

一、填空题

1．根据键盘的功能可分为4个区域，分别为是________、________、________和________。

2．在8个基准键位中，________、________与众不同，上面有一个微凸的横杠。

3．开始打字前，食指、中指、无名指和小指自然弯曲分别轻放在相对应的键位上，那么右手小指应该放在________键上。

4. ________键在Windows系统默认情况下为“帮助”键，按该键可调出相应程序的帮助。

5. 击键之后手指要立刻回到________上，不可停留在已击的键上。

6. ________键可将字母由“A”～“Z”锁定为大写状态，而对其他键无影响。

7. 在Windows 系统中按一下________键，就把屏幕上显示的内容复制到剪贴板中，如果同时按下________与________，则将当前活动窗口的内容复制到剪贴板.

8. 输入“G”时，用________击打G字键；输入“H”时，用________击打H字键。

二、问答题

1. Shift键的功能是什么？

2. 录入操作时应掌握什么样的姿势？

3. 在击键时对手指有哪些要求？

4. 在进行数据录入时，应遵循哪些基本原则？

5. 在输入8个基准键上的字符时要注意哪几个方面的问题？

6. 介绍一下键盘分区与手指的对应关系。

三、实践题

1. 使用打字游戏“生死时速”练习文章输入。

游戏规则：无论选警察还是选小偷都要打下面的句子，每打一个字母都会前进。如果你是小偷，那么到游戏中规定的终点没被警察抓住你就赢了。如果在中途被捕，你就失败；如果你是警察，就要在小偷来到终点前抓住他（一定要跑到小偷前面），如果小偷到了终点你没抓住他，你就失败了。

2. 输入下列英文。

How a Colt Crossed the River

One day, a colt took a bag of wheat to the mill.

As he was running with the bag on his back, he came to a small river. The colt could not decide whether he could cross it. Looking around, he saw a cow grazing nearby. He asked, "Aunt Cow, could you tell me if I can cross the river?" The cow told him that he could and that the river was not very deep, just knee high.

the colt was crossing the river when a squirrel jumped down a tree and stopped him. The squirrel shouted, "Colt, stop! Youll drown! One of my friends drowned just yesterday in the river." Not knowing what to do, the colt went home to consult his mom.

He told his mom his experience on the way. His mother said, "My child, dont always listen to others. Youd better go and try yourself. Then youll know what to do."

Later, at the river, the squirrel stopped the colt again. "Little horse, its too dangerous!"

"No, I want to try myself", answered the colt. Then he crossed the river carefully.

On the other side of the river, the colt realized that the river was neither as shallow as the cow said nor as deep as the squirrel told him.

模块03 巧记五笔字型字根

五笔字型输入法是根据汉字的组成和结构来输入汉字的。五笔字型的编码思想是汉字由字根组成，所有汉字就像搭积木一样通过字根来进行组合。五笔字型共有125个字根，学习五笔字型的最大难点就是对这些字根的记忆。

学习目标

- 五笔字型基础知识
- 认识五笔字型字根
- 根据字根口诀巧记字根

项目任务3-1 五笔字型基础知识

探索时间

想一想五笔字型中的字根是不是书写汉字时的偏旁部首？

动手做1 了解字根

汉字可划分为三个层次：即笔画、字根、单字。也就是说，由若干笔画复合连接交叉形成相对不变的结构组成字根；再将字根按一定的位置关系拼合起来就构成了汉字。“五笔字型”方案的基本出发点之一是遵从人们的习惯书写顺序，以字根为基本单位组字编码、拼形输入汉字。

五笔字型中规定“由若干笔画交叉连接而形成的相对不变的结构称为字根”，但是字根不像汉字偏旁部首那样，有公认的标准和一定的数量。在五笔字型方案中，精选出130个笔画结构作为基本字根，简称字根。其中大多数是现成的偏旁部首，另一部分是出于各种需要而选定的笔画结构。字根的选取标准主要基于以下两点：

（1）首先选择那些组字能力强、使用频率高的偏旁部首（注意：某些偏旁部首本身即是一个汉字），例如，王、土、大、木、工、目、日、口、田、山、亻、讠、禾等。

（2）组字能力不强，但组成的字在日常汉语文字中出现次数很多，例如，“白”组成的“的”字可以说是全部汉字中使用频率最高的。

所有被选中的偏旁部首可称作基本字根，所有落选的非基本字根都可拆分成几个基本字根。例如，平时说的“弓长张”，是说张字由“弓”、“长”组成，“弓”字是五笔字型基本字根，但“长”还需要分解成基本字根“丿、七、丶”，即一切汉字都是由“基本字根”组成的。

动手做2　掌握汉字的三个层次

大家知道，汉字中有大量的偏旁部首，如“一、丨、丿、丶、亻、彳、宀、艹”，许多汉字就是由这些偏旁部首组成的，如“旦、早、代、得、空、草”等。这些偏旁部首是构成汉字的最基本的单位，在五笔字型输入法中称为“字根”。当然，五笔字型输入法所选用的字根和《新华字典》中的偏旁部首并不相同，但其作用是一样的。每个字根又都是由一个或多个类似于“一、丨、丿、丶、乙”这样的线条组成，这些不间断地一次写成的一个线条称为汉字的笔画。

因此，五笔字型编码将“笔画、字根、汉字”称为汉字结构的3个层次，由5种基本笔画构成字根，由字根构成成千上万个汉字。

动手做3　掌握汉字的5种笔画

大家都知道，所有汉字都是由笔画构成的，但笔画的形态变化很多。如果按其长短、曲直和笔势走向来分，可以分到几十种。为了易于被人接受和掌握，必须进行科学的分类。在书写汉字时，不间断地一次写成的一个线条称为汉字的笔画。在这样一个定义的基础上，可以对成千上万的汉字加以分析。只考虑笔画的运行方向，而不计其轻重长短，根据使用频率的高低，把汉字的基本笔画归纳为横、竖、撇、捺、折5种，分别以1、2、3、4、5作为代号。具体如表3-1所示。

表3-1　汉字5种笔画

代　　号	笔画名称	笔画走向	笔画及其变型
1	横	左→右	一 ㇀
2	竖	上→下	丨 亅
3	撇	右上→左下	丿
4	捺	左上→右下	丶
5	折	带转折	乙 ㇉ ㇆ ㇄ ㇇ ㇋ ㇌

由标准笔画演变时应注意以下4点：

（1）“提笔”视为横，如现、扬、物、扛（各字左部末笔都是提，视为横）。

（2）“一点”视为捺，如永、寸、冗、学（各字中的点，包括冖的左点都为捺）。

（3）“左竖钩”视为竖，如利、刑、罚（各字中的末笔都是左竖钩，视为竖）。

（4）所有带转折的笔画除“左竖钩”外均为折。

动手做4　掌握汉字的3种字型

字根在组字时，同样的字根，摆放顺序和位置不同就会成为不同的汉字，如旦、申、旧、旭、旮、旯。

字根之间不同的组合方式称为字型。汉字共有3种字型，即左右型、上下型和杂合型。为了编码时使用方便，分别用数字1、2、3作为字型代号，如表3-2所示。

表3-2　汉字字型分类

字型代号	字　　型	字　　例
1	左右	你、让、洁、到
2	上下	字、室、花、型
3	杂合	连、凶、同、司、乘、飞、重、天、且

1. *左右型汉字*

在左右型汉字中包括两种情况：

（1）在双合字中，两个部分分列左右，整个汉字中有着明显的界限，如杜、胡、打、理等。

（2）在三合字中，整字的三个部分从左到右并列：或者单独占据一边的一部分与另外两个部分呈左右排列，如侧、加、让、谈等。

2. *上下型汉字*

在上下型汉字中也包括两种情况：

（1）在双合字中，两个部分分列上下，其间有一定的距离，如字、节、看等。

（2）在三合字中，三个部分上下排列，或者单占一层的部分与另外两部分作上下排列，如意、想、花等。

3. *杂合型汉字*

杂合型汉字指组成整字的各部分之间没有简单明确的左右上下型关系。如团、同、这、斗、飞、天、成等。

每一个有文化的中国人从上小学起就熟知汉字的图型特征。这里，可以用来作为识别汉字的一个重要依据。例如，“口”、“八”上下排列为“只”，左右排列即为“叭”等。因此，我们还可以把三种字型称为字要的三种排列方式。在向计算机中输入汉字时，除了输入组成汉字的字根外，有时还有必要告诉计算机输入的字根是以什么方式排列的，即补充输入一个字型信息。判定某汉字是1型（左右型）还是2型（上下型）时，要注意以下几点：

（1）构成1型（左右型）或2型（上下型）的双合体汉字的两个字根之间一般要有一定距离。如村、体、清、咀、涌等是左右型；又如是、要、字、华、花等是上下型。

（2）1型（左右型）或2型（上下型）的汉字都包含了三合体字。左右型的字是指字根按照从左到右的顺序排列，而不能理解为字根一左一右，如湘、侧等。上下型的字是指字根按从上到下的顺序排列，而不能理解为字根一上一下，又如意、室等。

（3）3型（杂合型）指整个字的各部分之间没有简单明确的左右或上下型关系。字根重叠、包围或半包围的字都属于杂合型。例如，圆、同、斗、回、飞、乘、幽、本、重、册、万等。

动手做5　了解字根之间的关系

一切汉字都是由基本字根组成的，或者说是拼合而成的，包括没有资格入选为基本字根的单体结构（注意并不一定都是汉字），也全部是由基本字根与基本字根或者基本字根与单笔画按照一定的关系组成的。基本字根在组成汉字时，按照它们之间的位置关系可以分为4种类型：单、散、连、交。

1. *单*

“单”是指基本字根本身就单独成为一个汉字，不与其他的字根发生联系。这样的字根称为成字字根，如“王、人、木、山、田、马、寸”等。

2. *散*

散，构成的汉字不止有一个字根，且字根间保持一定距离，不相连也不相交。一般汉字是属于左右或上下型结构，如吕、汉、照等。

3. *连*

连，五笔字型中字根间的相连关系并非通俗的望文生义的相互连接之意。五笔字型中并不把以下字是字根相连得到的，如足、充、首、左。

五笔字型中字根间的相连关系特指以下两种情况：

（1）单笔画与某基本字根相连。例如，自，丿连目；千，丿连十；且，月连一；尺，尸连丶；不，一连小；主，丶连王 。单笔画与基本字根间有明显间距者不认为相连，如个、少、么、旦、旧、孔。

（2）带点结构，认为相连，如太、术、主、义、斗、头。这些字中的点与另外的基本字根并不一定相连，其间可连可不连，可稍远可稍近。

4．交

“交”是指多个基本字根相互交叉连接汉字，字根之间有重叠的部分。例如，“中”是由“口丨”、“因”是由“口大”、“里”是由“日土”、“夷”是由“一弓人”交叉构成的等。

巩固练习

1．字根的选取标准主要基于哪几点？

2．分析一下下面汉字的字型结构。

汉 花 盘 部 数 按 农 电 进 凶 字 型 汗

胡 封 借 莫 华 过 里 国 司 呈 乘 国 打

项目任务3-2 认识五笔字型字根

探索时间

想一想五笔字型的字根在分区时是按照什么来划分的？

动手做1 掌握字根的分区划位

前面已经知道五笔字型的笔画共有5种，现在把所有的字根按其首笔笔画分为5个区。

第1区：GFDSA，主要放置横起笔的字根，如“王土大木工”等；

第2区：HJKLM，主要放置竖起笔的字根，如“目日口田山”等；

第3区：TREWQ，主要放置撇起笔的字根，如“禾白月人金”等；

第4区：YUIOP，主要放置点起笔的字根，如“言立水火之”等；

第5区：NBVCX，主要放置折起笔的字根，如“已子女又幺”等。

每个区又依次以1、2、3、4、5分为5个位号，这样就把100多个字根分到了5个区共25个位。每个键位都分布着一组字根，并与键盘上的一个字母相对应。每个字根都有一个区号和一个位号，合在一起就是该字根的区位号，又称为键位号。从每组中选出一个最有代表性的字根，称为键名字根，简称键名，共有25个，其分布如图3-1所示。

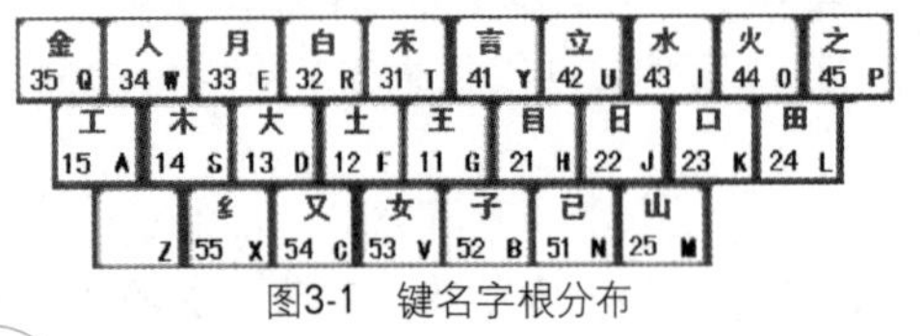

图3-1 键名字根分布

提示

Z键用做编码时可替代任何一个字母键，不代表某一特定字根。

动手做2 掌握五笔字型字根的键盘布局

汉字的输入最终要归结为按编码敲键，因此，结合键盘记忆字根更有好处。五笔字型的字根在键盘上的分布如图3-2所示。

五笔字型输入方法是将每个汉字拆分成若干个字根，再根据笔画顺序输入字根的编码（即键盘上的字母键），大家知道，每个键上的字根不只一个，如果不记住每个键所包含的字根，就不能准确、快速地输入汉字。

背记字根时，不要一上来就死记硬背，先要了解各个字根的排放规律。

五笔字根分区划位的一般规律如下：

（1）字根放置的区号由字根第一笔画决定，横起笔的字根放在1区，竖起笔的放在2区，撇、捺、折起笔的字根分别放在3区、4区、5区。

例：一、二、三、本，都是横起笔的字根，那么它们就放在1区。

禾、手、月、勹，都是撇起笔的字根，那么它们就放在3区。

（2）很多字根按它的第二笔画代号决定位号。

例：土，第一笔是横，横的代号是1，放在1区；第二笔是竖，竖的代号是2，第二笔画代号决定位号，所以，土，就放在了1区2位，F键（12）。

（3）由同一笔画组成的字根，如三、氵、彡等，放置的位号与笔画数相同。横竖撇捺折分别放在各区的第一位上。

例：三，第一笔是横，横的代号是1，放在1区，它的三笔都是横，根据由同一笔画组成的字根放置的位号与笔画数同的原则，给“三”这个字根的位号就是3，放在1区3位，D键（13）。

（4）有些形态意义相近的字根或同源字根放在同一区位上。

例：土、士、干，形态相近；艹、廾，形态相近。

耳和阝是同源字，手和扌是同源字，心、忄是同源字。

以上四个原则只对大部分字根适用，还有一少部分的字根，如车，就须要在平常练习时注意，学会灵活运用。

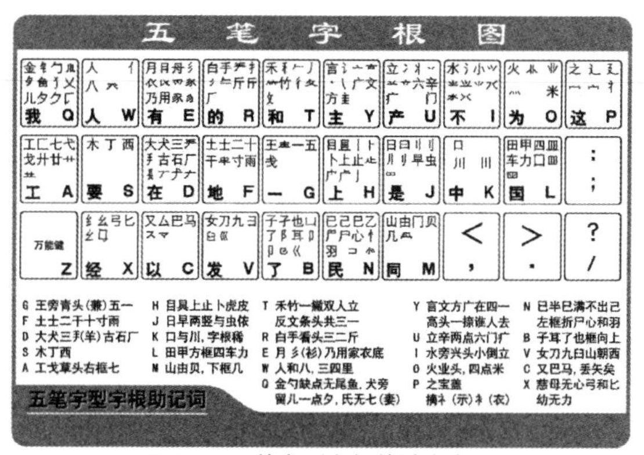

图3-2　五笔字型字根的键盘布局

巩固练习

1. 五笔字型的字根分布在哪些键位上？
2. 五笔字根分区划位的一般规律是什么？

项目任务3-3 根据字根口诀巧记字根

探索时间

小王一看到这么多字根就感觉到头晕脑胀，他应如何来记忆字根？

动手做1　掌握五笔字型的字根口诀

为了快速记忆字根，五笔字型的创始人王永民先生还编写了字根的助记词——字根口诀，此口诀不仅读起来顺口、有趣味，而且具有丰富的含意。明白了口诀的内在含义后，才能很好地记忆和使用字根。

记忆五笔字型的字根口诀如下：

11（G）王旁青头戋（兼）五一
12（F）土士二千十寸雨
13（D）大犬三羊古石厂
14（S）木丁西
15（A）工戈草头右框七
21（H）目具上止卜虎皮
22（J）日早两竖与虫依
23（K）口与川，字根稀
24（L）田甲方框四车力
25（M）山由贝，下框几
31（T）禾竹一撇双人立，反文条头共三一
32（R）白手看头三二斤
33（E）月衫乃用家衣底
34（W）人和八，三四里
35（Q）金勺缺点无尾鱼，犬旁留叉儿一点夕，氏无七
41（Y）言文方广在四一，高头一捺谁人去
42（U）立辛两点六门病
43（I）水旁兴头小倒立
44（O）火业头，四点米
45（P）之宝盖摘礻（示）衤（衣）
51（N）已半巳满不出己，左框折尸心和羽
52（B）子耳了也框向上
53（V）女刀九臼山朝西
54（C）又巴马，丢矢矣
55（X）慈母无心弓和匕，幼无力

动手做2　字根口诀详解与组字练习

为了能够使用户记住字根，下面再为用户详细介绍一下每个键上的字根，以及字根的组字练习。

1. 第1区字根详解

第1区主要放置的是横起笔的字根。

（1）11 G 王旁青头戋（兼）五一。

注解：

“王”是键名，“青头”即青字头“龶”，“兼”与“戋”同音，借音转义。由此句口诀可知“王、龶、戋、五、一”都是G键上的字根。

例：玩（王）青（龶）浅（戋）吾（五）不（一）

（2）12 F 土士二千十寸雨。

注解：

这七个字根都是单字，土是键名，可由“干”联想到字根“甲”。

“二”的横笔数是2，与位号一致。其余字根首笔为1，次笔为2。

“士”与“土”同形，“干”为倒转的“土”，都是字形相近。

例：坏（土）无（二）过（寸）雷（寸）华（十）革（丰）旱（干）

（3）13 D 大犬三（羊）古石厂。

注解：

“大”是键名，这里的“羊”指羊字底。

多数字根首笔为1，次笔为3。

“丆、ナ、𠂇”与“厂”字形相近，“古”与“石”字形相近。

“镸、𦍌、手”都和“三”象形，“ ”只能用于羊字底，如样、翔。

“三”的横笔数为3，故在13键位。

例：太（大）状（犬）丰（三）详（手）肆（镸）故（古）砍（石）压（厂）

（4）14 S 木丁西。

注解：

“木”为键名，首笔与区号一致，首末笔为14。

“西”的首笔为1，下部像四，故在14键位。

“丁”字在甲、乙、丙……中排第四，故放在了14键位。

例：村（木）钉（丁）牺（西）

（5）15 A 工戈草头右框七。

注解：

“工”是键名，“草头”就是草字头“艹”，也泛指与其形状相似的几个字根，如“廿、廾、龷”。

“右框”，即向右开口的框“匚”，如“区”字，“工”与“匚”的形状相似。

例：贡（工）花（艹）代（戈）世（龷）并（廾）框（匚）东（七）牙（匚）

2. 第2区字根详解

第2区主要放置的是竖起笔的字根。

（1）21 H 目具上止卜虎皮。

注解：

“具上”有两层含义，既指“具”字的上部“且”，又指字根“上”。

“虎皮”指“虎、皮”两个字的外皮“虍、⺁”。

“目”是键名，目与“且”形状相似，“上、止、龰、虍”的首2笔为21，“虍”与“⺁”相似，“虍”只用于皮。

“卜”的首2笔为21，而“卜”与“⺊”相似。

例：眼（目）具（且）肯（止）占（⺊）虎（虍）赴（卜）皮（⺁）

（2）22 J 日早两竖与虫依。

注解：

“日”为键名，“曰、⺜”是“日”的变形。“早”就是一个字根。

两竖是笔画类字根，“刂、丿”都是它的变形。

例：时（日）朝（早）师（丿）刚（刂）蛙（虫）

（3）23 K 口与川，字根稀。

注解：

“口”是键名，以“K”发音。“川”是笔画字根，“⺌”为“川”的变形。

例：叶（口）若（口）顺（川）带（⺌）

（4）24 L 田甲方框四车力。

注解：

“田”为键名，方框“囗”是包含其他字根的“田字框”，“甲”与“田”形状相近，“车”的繁体字也与“田”相近。

“四”的字义为4，与位号一致，还有几个相似的字根，如“皿、罒”。

“ ”是笔画字根，只有“舞”中使用。

例：男（田 力）鸭（甲）国（囗）孟（皿）黑（四）罪（罒）

（5）25 M 山由贝，下框几。

注解：

“山”是键名，各字根的首2笔为25，“下框”指朝下口开的框“冂”，由它可联想到“⺇”。

例：仙（山）邮（由）财（贝）同（冂）凡（几）骨（⺇）

3．第3区字根详解

第3区主要放置的是撇起笔的字根。

（1）31 H 禾竹一撇双人立，反文条头共三一。

注解：

“双人立”指双立人“彳”，“条头”指“夂”。

“禾”为键名，一撇即单笔画字根“丿”。

“𠂉、攵”字根首2笔为31。

例：科（禾）算（竹）每（𠂉）处（夂）故（攵）得（彳）秦（禾）自（丿）

（2）32 R 白手看头三二斤。

注解：

“看头”指字根“龵”，“白”是键名，“𠂒、手”都是一撇加两横。

“扌”是“手”的变体。“𠂆”是笔画字根。

例：掌（手）看（龵）忽（𠂆）近（斤）牛（𠂒）兵（斤）的（白）

（3）33 E 月彡(衫)乃用家衣底。

注解：

“彡”借用“衫”的音，“家衣底”指“豕、𧘇、㇃”。

“月”是键名，“用、乃、丹”与月形近。

“爫、豸”都与“彡”字形相近，故在33键位。

例：明（月）家（豕）盘（丹）貌（爫、豸）通（用）须（彡）良（㇃）衣（𧘇）

（4）34 W 人和八，三四里。

注解：

“人”是键名，“亻”即“人”。“八”的两笔画为34，字根“癶、𠓛”与“八”形状相近。

例：全（人）伯（亻）公（八）凳（癶）祭（𠓛）

（5）35 Q 金(钅)勹缺点无尾鱼，犬旁留叉儿一点夕，氏无七(妻)。

注解：

“勹缺点”指“勹”，“无尾鱼”指“⺈”。

“犬旁留叉儿”代表“犭、乂、儿”三个字根。

“一点夕”指“夕”、“⺈”（比夕少一点）、“夕”（比夕多一点）。“氏无七”即字根“𠂆”

例：钱（钅）句（勹）鲁（⺈）狗（犭）史（乂）兄（儿）然（夕）迎（𠂆）

4．第4区字根详解

第4区主要放置的是点起笔的字根。

（1）41 Y 言文方广在四一，高头一捺谁人去。

注解：

“言文方广”四个字根都在41键位。

“高头”指字根“亠、古”，“谁人去”指字根“讠、主”。单个点和捺是笔画类字根。

例：说（讠）信（言）亮（古）放（方）丈（丶）床（广）瞧（主）

（2）42 U 立辛两点六门疒。

注解：

“立”是键名，也包括“䒑”。

“冫、丷、丬、丷、六、疒”都有两点的特征，故在此键。

“疒”取“疾”的音。

例：站（立）总（丷）豆（丷）冲（冫）状（丬）交（六）帝（䒑）病（疒）

（3）43 I 水旁兴头小倒立。

注解：

“水旁”指“氵”，“兴头”指“⺍、⺍”。

“小倒立”即“\|/”，“水”为键名，该键上的字根一部分与水同源，另一部分都与三点类似。

例：泵（水）泰（水）学（⺍）兆（水）你（小）光（\|/）举（⺍）

（4）44 O 火业头，四点米。

注解：

“业头”指“业”，以及和它相似的“⺌、小”。

“火”是键名，其他字根都与四点类似，如“灬”。

例：灯（火）业（业）亦（小）料（米）煮（灬）

（5）45 P 之字军盖建道底，摘礻(示)衤(衣)。

注解：

“之”字泛指“之、辶、廴”，“字军盖”指“宀、冖”，“摘礻(示)衤(衣)”指“礻（示字旁）、衤（衣字旁）”摘除一点或两点而留下的“礻”

例：芝（之）守（宀）冠（冖）辽（辶）延（廴）礼（礻）补（礻）

5．第5区字根详解

第5区主要放置的是折起笔的字根。

（1）51 N 已半巳满不出己，左框折尸心和羽。

注解：

“已半巳满不出己”说明和字根“己”相似的“已、巳”都在本键。

“左框”即向左开口的框“コ”，“折”是指笔画“乙”，包括所有的折笔。

“コ、尸、尸”的首二笔为51，故在此键位。“心”字根还包括和它同义的“忄”。

例：民（尸）导（巳）记（己）亿（乙）眉（尸）志（心）翼（羽）

（2）52 B 子耳了也框向上。

注解：

“耳”包括“耳、卩、阝”三个字根，“框向上”指向上开口的“凵”。

“子”是键名，“孑、了”都与其字形相似。

例：防（阝）他（也）仓（卩）凶（凵）节（卩）职（耳）

（3）53 V 女刀九臼山朝西。

注解：

“山朝西”指字根“彐”，“巛”是三个折，是笔画字根。

例：好（女）召（刀）旭（九）灵（彐）滔（臼）巡（巛）

（4）54 C 又巴马，丢矢矣。

注解：

“丢矢矣”指字根“厶”，“又”是键名，“マ、ス”与“又”字形相似，也在此键位。

例：欢（又）轻（ス）预（マ）吧（巴）驰（马）

（5）55 X 慈母无心弓和匕，幼无力。

注解：

“母无心”指“母”字去掉中间部分所剩的“ ”。

“幼无力”指“幺”，“纟”是键名，“幺”与“纟”形状相似，也安排在X键。

例：红（纟）幻（幺）张（弓）旨（匕）母（ ）乡（乡）

巩固练习

说出下列字根对应的键位。

二 木 丁 戋 五 尸 石 口 九 乙 川 古 目 心 具

四 虫 早 山 彳 由 竹 贝 女 手 之 斤 立 月 辶

彡 六 人 亻 八 疒 甲 讠 言 火 方 耳 米 阝 幺

课后练习与指导

一、填空题

1．汉字结构的3个层次是________、________和汉字。

2．把汉字的基本笔画归纳为________、________、________、________、________5种，分别以1、2、3、4、5作为代号。

3．汉字共有三种字型，即________、________和________。

4．字根之间的关系有________、________、________、________4种。

5．第1区的键位为________，主要放置________的字根，如“王土大木工”等。

6．第2区的键位为________，主要放置________的字根，如“目日口田山”等。

7．第3区的键位为________，主要放置________的字根，如“禾白月人金”等。

8．第4区的键位为________，主要放置________的字根，如“言立水火之”等。

9．第5区的键位为________，主要放置________的字根，如“已子女又幺”等。

10．在汉字的5种笔画中________视为横，________视为捺，________视为竖，________的笔画除“左竖钩”外均为折。

二、实践题

练习1：将下列字中G键的字根填入括号内。

皇（　）责（　）麦（　）线（　）天（　）本（　）伍（　）

练习2：将下列字中F键的字根填入括号内。

地（　）壮（　）云（　）协（　）雪（　）守（　）斳（　）

练习3：将下列字中D键的字根填入括号内。

献（　）原（　）龙（　）羚（　）甜（　）差（　）鬃（　）套（　）

练习4：将下列字中S键的字根填入括号内。

李（ ）森（ ）宁（ ）果（ ）醋（ ）停（ ）可（ ）醒（ ）

练习5：将下列字中A键的字根填入括号内。

节（ ）民（ ）奔（ ）式（ ）战（ ）菜（ ）黄（ ）革（ ）

练习6：将下列字中H键的字根填入括号内。

眠（ ）虚（ ）破（ ）卢（ ）卡（ ）定（ ）直（ ）步（ ）

练习7：将下列字中J键的字根填入括号内。

星（ ）最（ ）蚂（ ）别（ ）界（ ）象（ ）归（ ）

练习8：将下列字中K键的字根填入括号内。

路（ ）训（ ）可（ ）滞（ ）

练习9：将下列字中L键的字根填入括号内。

办（ ）军（ ）血（ ）团（ ）罗（ ）闸（ ）柬（ ）

练习10：将下列字中M键的字根填入括号内。

岩（ ）朵（ ）袖（ ）货（ ）丹（ ）岛（ ）炯（ ）

练习11：将下列字中H键的字根填入括号内。

冬（ ）收（ ）才（ ）途（ ）少（ ）等（ ）莉（ ）昝（ ）

练习12：将下列字中R键的字根填入括号内。

匠（ ）鬼（ ）宾（ ）勿（ ）拳（ ）找（ ）牢（ ）拜（ ）

练习13：将下列字中E键的字根填入括号内。

极（ ）受（ ）角（ ）农（ ）展（ ）象（ ）毅（ ）豹（ ）暖（ ）

练习14：将下列字中W键的字根填入括号内。

父（ ）仁（ ）蔡（ ）空（ ）橙（ ）擦（ ）夜（ ）

练习15：将下列字中Q键的字根填入括号内。

银（ ）匀（ ）鲜（ ）猎（ ）饭（ ）列（ ）昏（ ）匹（ ）希（ ）

练习16：将下列字中Y键的字根填入括号内。

店（ ）房（ ）集（ ）久（ ）话（ ）誓（ ）夜（ ）高（ ）蚊（ ）

练习17：将下列字中U键的字根填入括号内。

闭（ ）痛（ ）美（ ）宰（ ）商（ ）新（ ）将（ ）并（ ）决（ ）

练习18：将下列字中I键的字根填入括号内。

堂（ ）逃（ ）尖（ ）函（ ）应（ ）沉（ ）当（ ）康（ ）

练习19：将下列字中O键的字根填入括号内。

来（ ）黑（ ）显（ ）炮（ ）恶（ ）燕（ ）迹（ ）

练习20：将下列字中P键的字根填入括号内。

福（ ）建（ ）安（ ）农（ ）迷（ ）社（ ）被（ ）

练习21：将下列字中N键的字根填入括号内。

异（ ）改（ ）所（ ）飞（ ）息（ ）性（ ）慕（ ）扇（ ）

练习22：将下列字中B键的字根填入括号内。

画（ ）孙（ ）存（ ）危（ ）即（ ）队（ ）粼（ ）

练习23：将下列字中V键的字根填入括号内。

安（ ）留（ ）雪（ ）执（ ）巢（ ）扫（ ）舅（ ）

练习24：将下列字中C键的字根填入括号内。

叔（ ）骂（ ）去（ ）色（ ）茎（ ）令（ ）参（ ）

练习25：将下列字中X键的字根填入括号内。

丝（ ）互（ ）组（ ）累（ ）幽（ ）弗（ ）贯（ ）

模块04 五笔汉字的拆分与输入

你知道吗？

掌握五笔字根在键盘上的分布后，要进行五笔打字就不难了，只需按照五笔汉字的拆分原则将汉字拆分成键盘上对应的字根，然后再敲击字根对应的键位，就将汉字输入到计算机中了。目前五笔输入法的版本很多，但都是以86版王码五笔字型输入法为蓝本进行编码的，这里首先为用户介绍一下在86版王码五笔字型输入法中如何拆分一个汉字，以及拆分后的输入方法。

学习目标

- 汉字拆分原则
- 五笔字型单字的输入
- 五笔字型简码的输入
- 五笔字型词组的输入
- 重码与容错码
- 万能Z键的使用

项目任务4-1 汉字拆分原则

探索时间

小王在拆分“园”字时按照书写顺序拆分为“冂、二、儿、一”，但是输入这四个字根却打不出“园”字，小王应怎样来拆分“园”字？

动手做1 了解汉字的原则拆分

前面已经提到，在使用五笔字型输入法进行汉字录入时，各字根的组成是有一定规则的，不同结构的汉字，它们的拆分规则也不相同，以下为不同结构汉字的拆分规则：

（1）成字字根是不必拆分的，只要按一定的编码规则就可以形成汉字。

（2）“散”方式形成的汉字，在拆分时只要将每个字根分离出来即可。

（3）“连”方式形成的汉字，拆分时先找出单笔画，再拆分出其相连的字根。

（4）“交”方式形成的汉字，仔细分清它是由哪些字根相交而成，然后再拆分。

在拆分汉字的时候，通常一个汉字有多种拆分方法，然而在使用五笔字型输入法录入汉字时，一个汉字只有一种编码是正确的，因此，要想准确地录入汉字，就必须掌握正确的拆分方法。

动手做2　按“书写顺序”原则拆分

“书写顺序”原则，是指按照正确书写汉字的顺序将汉字拆分成字根。书写顺序主要有以下三种：

（1）从左到右。

（2）从上到下。

（3）从外到内。

拆分汉字时也要按照这个顺序来进行。例如以下几个字的拆分。

“按”字的拆分应取：“扌”+“宀”+“女”。

“字”字的拆分应取：“宀”+“子”。

“团”字的拆分应取：“囗”+“十”+“丿”。

动手做3　按“取大优先”原则拆分

“取大优先”，又称为“优先取大”。按“书写顺序”为汉字编码时，不能无限制地采用笔画少的字根。否则，汉字都将变成单笔画字根了。要以“再添一个笔画，便不能构成为笔画更多的字根”为限度，每次都以那个“尽可能大”的，即“尽可能笔画多”的结构特征作为字根编码。

每次拆出尽可能大的字根，也就是说所拆出的字根应包含尽可能多的笔画。如果一个汉字有多种拆分方法，就取拆分后字根最少的那一种，并保证在书写顺序下拆分成尽可能大的基本字根，使字根数目最少，即“能大则不小”。例如以下几个字的拆分。

“横”字有以下几种拆分方法。

第一种拆法：十、八、艹、一、由、八。

第二种拆法：一、小、艹、一、由、八。

第三种拆法：木、艹、一、由、八。

第四种拆法：木、龷、由、八。

按其取大优先的原则，第四种是拆分后字根最少的，并且其拆分顺序也正确，所以第四种拆法才是“横”字的正确拆分。

“颗”字有以下几种拆分方法。

第一种拆法：日、十、八、厂、冂、人。

第二种拆法：日、一、小、厂、冂、人。

第三种拆法：日、木、厂、冂、人。

第四种拆法：日、木、厂、贝。

按其取大优先的原则，第四种是拆分后字根最少的，并且其拆分顺序也正确，所以第四种拆分是正确的。

提示

“末”和“未”字都可以拆分成“一、木”或“二、小”，但五笔字型规定，应该将“末”拆分为“一、木，将“未”拆分为“二、小”。

动手做4　按“能连不交”原则拆分

“连”是指一个基本字根连一个单笔画。“连”的关系只存在于“字根”与“单笔画”之间。存在连的关系时，字根与单笔画之间不分开一定距离，这就不可能是左右型或上下型，因此，由“连”的关系构成的汉字只能是杂合型。

“交”是指基本字根交叉套迭构成汉字。由“交”的关系构成的汉字也都属于杂合型。

“能连不交”原则是指在拆分汉字时，能拆分成互相连接结构的字根就不要拆分成相互交叉结构的字根。例如以下几个字的拆分。

“天”字的拆分应为“一”+“大”，而不应拆为“二、人”。因为“二、人”组合成“天”字时交叉了，而“一、大”组合成“天”字时遵循了“能连不交”的原则。

“午”字的拆分应为“𠂉”+“十”，而不能把“十”这个相交的字根分开。

“牛”字的拆分应为“𠂇”+“丨”。

“牛”字虽与“午”字的字型相似，但拆分方法不同。“牛”字有两种拆分方法“𠂉、十”和“𠂇、丨”，但根据“取大优先”原则，就该拆成“𠂇、丨”。

动手做5 按“能散不连”原则拆分

“散”是指构成汉字的基本字根之间保持一定的距离。“散”的关系只存在于“字根”与“字根”之间。既然存在散的关系的字的字根之间存在一定距离，那么它们一定是左右型或上下型，而不可能是杂合型。

如果一个汉字的字根之间有一定的距离，在拆分时就不要将该字拆成“连”的形式，并保证在书写顺序下拆分成尽可能大的字根。例如以下几个字的拆分。

“百”字有以下几种拆分方法。

第一种拆分法：一、白。

第二种拆分法：厂、日。

按其能散不连的原则，第二种最符合，并且其拆分的顺序也正确，所以“百”字的第二种方拆法是正确的。

“自”字有以下几种拆分方法。

第一种拆分方法：白、一。

第二种拆分方法：丿、目。

按其能散不连的原则，在这里应该选择第二种拆分方法。

动手做6 按“兼顾直观”原则拆分

“兼顾直观”是指在拆分汉字时，为了使拆分出来的字根容易辨认，有时需要暂时牺牲“书写顺序”和“取大优先”原则，形成极个别的例外情况。例如以下几个字的拆分。

“园”字应拆分为“囗”+“二”+“儿”。

“园”字如果按照书写顺序可拆分为“冂、二、儿、一”，但这种拆法即违背了该字的字源，也影响了该字的直观性。所以根据“兼顾直观”的原则，应拆为“囗、二、儿”。

“国”字应拆分为“囗”+“王”+“、”。

“国”字按书写顺序应拆写成“冂 王 、一”，这破坏了汉字的直观性，根据兼顾直观的原则，应拆成“囗 王 、”。

“自”字应拆分为“丿”+“目”。

“自”字按取大优先应拆成“亻 ㇆ 三”，这显然不直观，应拆成“丿 目”。

“羊”字应拆分为“丷”+“龶”。

“羊”字按取大优先应拆成“䒑 二 丨”，这样不直观，应拆成“丷 龶”。

动手做7 汉字拆分实例练习

本练习将根据前面介绍的汉字拆分原则来进行汉字拆分练习，在练习的同时将相应的字根编码写出来。

需要拆分的汉字如下：

因 出 牺 建 光 湃 衫 临 狗 春 衍 爱 寄

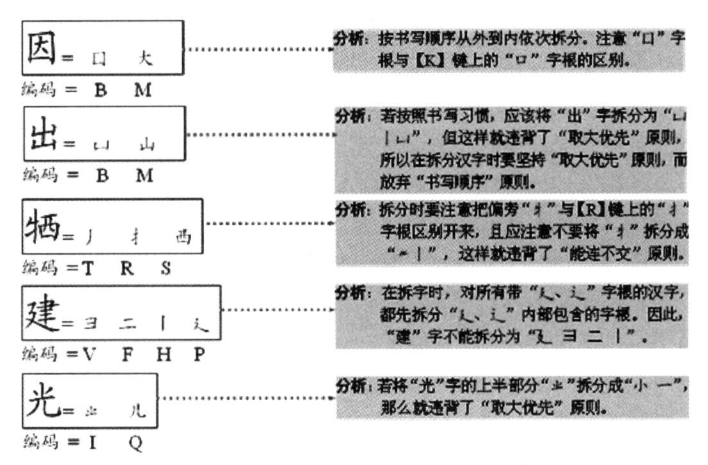

其他汉字的编码如下。

湃：IRDF　衫：PUE　临：JTYJ　狗：QTQK

春：DWJ　衍：TIFH　爱：EPDC　寄：PDSK

动手做8　熟悉常见难拆汉字

在日常使用中，有一些汉字结构较特殊，对于五笔初学者来说，拆分上有些难度。现将一些难拆汉字列举出来，只要这些字会拆了，其他的字也就没有什么困难了，触类旁通。

"尧"拆的顺序是七 丿 一 儿；编码为ATGQ。

"戌"拆的顺序是厂 一 乚 丶 丿；编码为DGNYT。

"夜"拆的顺序是亠 亻 夂 丶；编码为YWTY。

"片"拆的顺序是丿 丨 一 乛；编码为THGN。

"兜"拆的顺序是七 白 乛 儿；编码为QRNQ。

"乖"拆的顺序是丿 十 丬 匕；编码为TFUX。

"乘"拆的顺序是禾 丬 匕；编码为TUX。

"曹"拆的顺序是一 冂 廿 日；编码为GMAJ。

"敖"拆的顺序是王 勹 攵；编码为GQT。

"废"拆的顺序是广 乚 丿 又 丶；编码为YNTCY。

"鼎"拆的顺序是目 乁 𠂆 乙 乁；编码为HNDNN。

"县"拆的顺序是月 一 厶；编码为EGC。

"临"拆的顺序是刂 (丿 一) 丶 曰；编码为JTYJ。

"似"拆的顺序是亻 乚 丶 人；编码为WNYW。

"弓"拆的顺序是弓 乛 一 乙；编码为XNGN。

"瓦"拆的顺序是一 乚 丶 乙；编码为GNYN。

"巷"拆的顺序是廿 八 巳；编码为AWN。

"滚"拆的顺序是氵 六 厶 衣；编码为IUCE。

"插"拆的顺序是扌 丿 十 臼；编码为RTFV。

"班"拆的顺序是王 丶 丿 王；编码为GYTG。

"傻"拆的顺序是亻 丿 口 乂 夊；编码为WTLQT。

"捕"拆的顺序是扌 一 用 丨 丶；编码为RGEHY。

"底"拆的顺序是广 七 七 、；编码为YQAY。
"耗"拆的顺序是三 小 丿 二 乚；编码为DITFN。
"贵"拆的顺序是口 丨 一 贝；编码为KHGM。
"段"拆的顺序是亻 三 几 又；编码为WDMC。
"鼠"拆的顺序是臼 乚 冫 乚 冫 乚；编码为VNUNUN。
"惠"拆的顺序是一 日 丨 一 、 心；编码为GJHGYN。
"遇"拆的顺序是曰 冂 丨 一 、 辶；编码为JMHGYP。
"勤"拆的顺序是廿 口 王(出了头) 力；编码为AKGL。
"寒"拆的顺序是宀 二 刂 一 八 冫；编码为PFJGWU。
"寐"拆的顺序是宀 乚 丨 ア 二 小；编码为PNHDFI。
"逃"拆的顺序是("氺"去中间那一竖) 儿 辶；编码为IQP。
"舆"拆的顺序是亻 二 车 乛 二 一 八；编码为WFLNFGW。
"乎"拆的顺序是丿 ("丬"顺时针转90°）；编码为TUH。
"尴"拆的顺序是ア 乚 刂 (丿一) 、 皿；编码为DNJTYL。
"臼"拆的顺序是臼 丿 丨 乛 一 一 一；编码为VTHNGGG。
"竹"拆的顺序是竹 丿 一 丨 丿 一 亅；编码为TTGHTGH。
"洲"拆的顺序是氵 、 丿 、 丨 、 丨；编码为IYTYHYH。
"羽"拆的顺序是羽 乛 、 一 乛 、 一；编码为NNYGNYG。
"殷"拆的顺序是("乀"反方向) ヨ 乛 几 又；编码为RVNMC。
"离"拆的顺序是亠 ("冂"开口向上) 乂 冂 厶；编码为YBQMC。
"养"拆的顺序是("冫"交点向下) (三丿) 、 刂；编码为UDYJ。
"鹿"拆的顺序是广 ("匚"开口向左) 刂 匕 匕；编码为YNJXX。
"嗤"拆的顺序是口 ("冂"开口向上) 丨 一 虫；编码为KBHGJ。
"鹅"拆的顺序是丿 扌 乚 、 丿 勹 、 乁 一；编码为TRNYTQYNG。
"善"拆的顺序是V (三丨) ("丬"顺时针转90°）口；编码为UDUK。
"舞"拆的顺序是(丿二) (丨丨丨丨) 一 夕 匚 丨；编码为RLGQAH。
"藏"拆的顺序是艹 厂 乚 ア 匚 丨 ("匚"开口向左) 丨 乚 、 丿；编码为ADNDAHNHNYT。

巩固练习

1．什么是书写顺序拆分原则？举例说明。
2．什么是取大优先拆分原则？举例说明。
3．什么是能连不交拆分原则？举例说明。
4．什么是能散不连拆分原则？举例说明。
5．什么是兼顾直观拆分原则？举例说明。

项目任务4-2 五笔字型单字的输入

探索时间

想一想对于汉字的单字，在使用五笔字型输入时有哪些输入方法？

动手做1　键名汉字的输入

五笔字型的字根分布在键盘的25个字母键上，每个字母键都有一个键名汉字，它是键位上所有字根中最具有代表性的字根，其特征是组字频率较高，而形体上又有一定的代表性，即字根表中每个字母键所对应排在第一位的那个字根，如图4-1所示。

输入键名汉字的方法是，连续敲击该字根所在键位4次即可，即键名汉字敲四下。

例如：白：RRRR。

工：AAAA。

山：MMMM。

口：KKKK。

图4-1　键名汉字的分布

动手做2　单笔画的输入

在五笔字根的键盘分布图中，有横（一）、竖（丨）、撇（丿）、捺（丶）、折（乙）5种基本笔画，又称为单笔画。

单笔画的输入方法是，首先，按两次该单笔画所在的键位，再按两次L键。这里所以要加L而不加别的，是因为L键除便于操作外，作为竖结尾的单体型字的识别键码是极不常用的，足以保证这种定义码的唯一性。因此，L键可以称为“定义后缀”。

下面是5种单笔画的输入编码。

一：GGLL。

丨：HHLL。

丿：TTLL。

丶：YYLL。

乙：NNLL。

动手做3　成字字根的输入

在五笔字根的键盘分布图中可以看到，除了键名汉字外，还有一些完整的汉字，如S键上的“西”、U键上的“辛”和J键上的“虫”等，这就是成字字根汉字。

成字字根的输入方法是，先击该字根所在键一下先报户口，再击该字根第一、第二及最后一个单笔画的字根键（单笔画即横、竖、撇、捺、折5种笔画）。

因此成字字根汉字的输入编码如下：

键名代码+首笔画代码+次笔画代码+末笔画代码。

如果所输汉字只有二笔，则以空格键结束。如果所输汉字只有一笔，则再按两次L键。

例如以下几个字。

石：　石（报户口）一（首笔）丿（次笔）一（末笔）

13d　　11g　　31t　　11g

用：　用（报户口）丿（首笔）乙（次笔）丨（末笔）

33e　　31t　　51n　　21h

力：　力（报户口）丿（首笔）乙（次笔）
　　　24l　　31t　　51n　　空格

厂：　厂（报户口）一（首笔）丿（次笔）
　　　13d　　11g　　31t　　空格

所有成字字根都可按照上述方法输入。王码五笔中的成字字根共65个，列举如下。

横起笔的成字字根共19个：一五戋，
士二干十寸雨，
犬三古石厂，
丁西，
戈廿七。

竖起笔的成字字根共13个：卜上止，
早虫，
川，
甲四皿力，
由贝几。

撇起笔的成字字根共9个：竹，
手斤，
乃用豕，
八，
儿夕。

捺起笔的成字字根共8个：文方广，
辛六门，
小，
米。

折起笔的成字字根共16个：巳已心羽，
孑耳了也，
刀九臼，
巴马幺弓匕。

动手做4　合体字的输入

合体字就是由两个以上字根组成的汉字。也可以说是除键名字和成字字根这些键面字以外的汉字，因此，合体字又称为“键外字”。

在五笔字型输入法中，键名汉字和成字字根只占汉字极小的一部分，绝大部分的汉字是合体字。因此，掌握合体字的编码规则，对熟练地使用五笔字型输入法起着至关重要的作用。

合体字的取码原则：先根据书写顺序和拆分原则，将汉字拆分成字根，然后依据口诀：“有四码，取四码；多于四码取一、二、三、末码”进行取码。

1. 多元字的取码规则

“多元字”是有4个以上字根的字。

这种字，不管实际上有几个字根，仅仅“按书写顺序将第一、二、三及最末一个字根编码”，俗称“一二三末”，共编4个码。

以“缩”字为例，看一下多元字的取码方法：

“缩”＝“纟”＋“宀”＋“亻”＋“𠂇”＋“日”

“缩”字是由“纟、宀、亻、𠂉、日”组成的5个字根汉字，依据取码原则，取“纟、宀、亻、日”4个字根即“X、P、W、J”作为“缩”字的编码。

2. *四元字的取码规则*

“四元字”是指刚好有4个字根特征的字。其取码方法是“依照书写顺序将4个字根编码”。

以“毅、物”字为例，体会一下4个字根的汉字的取码方法：

“毅”=“立”+“豕”+“几”+“又”

“毅”字正好是由“立、豕、几、又”4个字根组成，这4个字根的编码依次是UEMC，那么在五笔输入法中，输入UEMC4个键，就输入了“毅”字。

“物”=“丿”+“扌”“勹”+“彡”

“物”字正好是由“丿、扌、勹、彡”4个字根组成，编码依次是TRQR，输入TRQR4个键，就输入了“物”字。

3. *不足四元字的取码规则*

当一个字拆不够4个字根时，它的输入编码是先打完字根码，再追加一个“末笔识别码”。加识别码后仍不足四码时，击空格键。

动手做5　掌握末笔识别码

了解了五笔字型输入法中合体字的拆分原则，对于不足4个字根的情况，会出现很多相同的编码，如“只”和“叭”这两个字的编码都是KW。

这时可以通过识别汉字的字型和末笔来进一步区分，当汉字的基本字根编码相同时，其字型和末笔一般是不一致的。

下面介绍五笔字型输入法中一个重要的内容——“末笔识别码”。

1. *末笔识别码的由来*

在用五笔输入法输入汉字时也存在少数的重码，有以下两种情况：

（1）由于字根的摆放位置不同引起重码，如“吧”与“邑”拆分后的字根相同。

（2）由于拆分后字根刚好位于相同键位引起重码，如“友”字应拆分为“𠂇、又”，“码”应拆分为“石、马”，但它们的五笔编码都是“DC”。

类似的情况还有许多，如表4-1所示。

表4-1　编码相同的汉字

汉　字	洒	沐	汀	杪	仁	佬	付
字根编码	IS	IS	IS	IS	WF	WF	WF

出现重码后，需要手动地选择所需的汉字，降低了输入速度。为提高输入速度，减少重码现象，五笔输入法引入了“末笔字型交叉识别码”的概念，简称“末笔识别码”或“识别码”。

2. *末笔识别码的组成*

末笔识别码由汉字的末笔笔画代码与字型的代码组成，即：末笔识别码 = 末笔笔画代码 + 字型代码。

因此末笔识别码为两位数字，第一位（十位）是末笔画类型编号（横1、竖2、撇3、捺4、折5），第二位（个位）是字型代码（左右型1、上下型2、杂合型3）。我们把这个数字与区位号联系起来，用区位号对应的字母作为识别码。例如，“好”字的末笔笔画为“一”，代码为1，汉字字型为左右型，代码为1，从而构成区位码11，11所对应的键位为“G”，相应的识别码也是“G”，因此“好”字的编码为“VBG”。

例如：

字　字根　字根码　末笔代号　字型　字型识别码　编码

苗　艹田　AL　一1　2　12F　ALF
析　木斤　SR　丨2　1　21H　SRH
灭　一火　GO　丶4　3　43I　GOI
未　二小　FI　丶4　3　43I　FII
迫　白辶　RP　一1　3　13D　RPD

末笔识别码的构成，如表4-2所示。

表4-2　末笔识别码表

末笔画及代号	左右结构	上下结构	其他结构
横1	G-11	F-12	D-13
竖2	H-21	J-22	K-23
撇3	T-31	R-32	E-33
捺4	Y-41	U-42	I-43
折5	N-51	B-52	V-53

3．对末笔识别码的特殊约定

在判定识别码时，要遵循以下几个特殊约定。

（1）由“辶”、“廴”、“门”和“疒”组成的半包围汉字，以及由“囗”组成的全包围汉字的末笔为被包围部分的末笔笔画。

例如：

“过”字是半包围汉字，其末笔是“寸”的末笔，即“、”，因而其识别码为43（I）。

“边”字是半包围汉字，其末笔是“力”的末笔，即“𠃌”，因而其识别码为53（V）。

“连”字是半包围汉字，其末笔是“车”的末笔，即“|”，因而其识别码为23（K）。

“圆”字是全包围汉字，其末笔是“员”的末笔，即“、”，因而其识别码为43（I）。

（2）对于末笔画的选择与书写顺序不一致的汉字，如最后一个字根是“力”、“刀”、“九”、“七”和“匕”等的汉字，一律以其“伸”得最长的“折”笔画作为末笔。

例如：

“劝”字是由“又、力”组成，最后一个字根是“力”，因而其末笔为“乙”，其识别码为51（N）。

“仇”字的最后一个字根为“九”，因而其末笔为“⺄”，其识别码为51（N）。

“券”字的最后一个字根为“刀”，因而其末笔为“𠃌”，其识别码为52（B）。

（3）对于“我”、“贱”、“成”等字，遵循“从上到下”的原则，一律规定撇（丿）为其末笔。

“我”字的识别码为31（T）。

“贱”字的识别码为31（T）。

（4）带单独点的字，如“义”，“太”，“勺”等，我们把点当做末笔，并且认为“、”与附近的字根是“连”的关系，所以为杂合型。

如“义”字，按笔顺拆字根，可以拆成“、”和“乂”，编码是YQ，把点当做末笔，杂合型，识别码为I，所以“义”的编码就是YQI。与此类似，“太”的编码是DYI，“勺”的编码是QYI。这种带单独点汉字的识别码基本上都是“I”。

另外，关于字型有如下约定：

（1）凡单笔画与字根相连者或带点结构都视为杂合型；

（2）字型区分时，使用“能散不连”的原则。“矢、卡、严”都视为上下型；

（3）内外型字属杂合型，如“困、同、匝”。但“见”为上下型；

（4）含两字根且相交都属杂合型，如“东、电、本、无、农、里”；

（5）下含“辶”偏旁的汉字为杂合型，如“进、远、过”；

（6）以下各字为杂合型：“司、床、厅、龙、尼、式、后、反、处、办、皮、习、死、序、压”，但相似的“右、左、有、看、者、布、包、友、冬、灰”等视为上下型。

4．快速判断末笔识别码

虽然只有很少的字需要加末笔识别码，但为了提高录入速度，快速、准确地判断末笔识别码变得很关键。通常按如下步骤判断：

（1）首先判断汉字的结构。

（2）然后根据汉字的最后一笔画判断识别码在哪一个区。

（3）最后结合汉字的结构与汉字的最后一笔画确定其识别码。

提示

前面所说的是根据字根的起笔分的区，同样适用于这里的用最后一笔画判断区位。例如，“位”字的最后一笔是横，那么它的识别码就一定在一区。

结合“五笔字根分区图”，从中发现以下规律。

（1）左右型字的识别码为与末笔相应的一倍字根（Y点、G横、H竖、T撇、N折）；

（2）上下型字的识别码为与末笔相应的二倍字根（U点点、F横横、J竖竖、R撇撇、B折折）；

（3）杂合型字的识别码为与末笔相应的三倍字根（I点点点、D横横横、K竖竖竖、E撇撇撇、V折折折）。

在输入识别码时也是有规律可循的，一般指法分工如下：

（4）食指负责打的字是“上下型”和“左右型”。

（5）中指则负责“杂合型”，除了“乙区”较特殊，其三种字型均是用“食指”。

（6）打识别码是不用无名指和小指的。

掌握了以上步骤及规律，就可以快速、准确地判断末笔识别码了，会大大提高汉字录入速度。同时，会最大程度地减少重码率。

动手做6　掌握五笔输入法单字输入编码规则

五笔字型汉字编码要求对每个汉字的编码最多只能有四码。可以少于四码，但不能超过四码。

掌握汉字的编码规则，熟悉每个汉字的编码，是五笔字型输入的基础，下面是单个字的五笔字型编码规则歌：

五笔字型均直观，依照笔顺把码编；

键名汉字打四下，基本字根请照搬；

一二三末取四码，顺序拆分大优先；

不足四码要注意，交叉识别补后边。

从这歌诀就可以看出五笔字型编码规则的大致面貌，同时口诀也概括了五笔字型拆字取码的五项原则：

（1）从形取其顺序按书写规则，即从左到右、从上到下、从外到内。

（2）以汉字拆分后的基本字根进行编码。

（3）对于字根数超过四个的汉字，按一二三末字根的顺序，最多只取四码。

（4）单体结构拆分取大优先。

（5）末笔与字型交叉识别。

图4-2所示是五笔字型编码流程图，以方便读者了解整个编码方案的概貌。

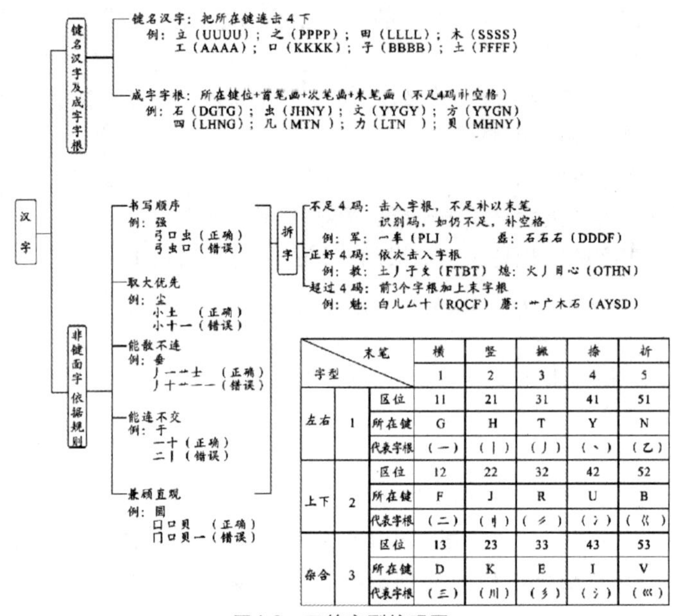

字型 \ 末笔			横	竖	撇	捺	折
			1	2	3	4	5
左右	1	区位	11	21	31	41	51
		所在键	G	H	T	Y	N
		代表字根	（一）	（丨）	（丿）	（丶）	（乙）
上下	2	区位	12	22	32	42	52
		所在键	F	J	R	U	B
		代表字根	（二）	（刂）	（彡）	（冫）	（巛）
杂合	3	区位	13	23	33	43	53
		所在键	D	K	E	I	V
		代表字根	（三）	（川）	（彡）	（氵）	（巛）

图4-2　五笔字型编码图

从图中可以总结出以下规律。

1. 键名字

“键名字”就是各个键上的第一个字根，即“助记词”中打头的那个字根，共有25个键名。

输入方法：在所对应的字母键上（除Z键以外）连击四下即可。

2. 成字字根

“成字字根”就是除了键名汉字以外，其本身就是一个汉字的字根。例如，方、厂、西、力等。

成字字根的编码规则有以下两种：

（1）当一个成字字根的笔画数由多笔构成时，其编码规则可以用以下公式表示：

编码 = 键名码 + 首笔码 + 次笔码 + 末笔码

例如：

成字字根	编码	成字字根	编码
雨	FGHY	寸	FGHY
门	UYHN	辛	UYGH
四	LHNG	小	IHTY

（2）当一个成字字根由两笔构成时，它的编码规则如下：

编码 = 键名码 + 首笔码 + 次笔码 + 空格

例如：

成字字根	编码	成字字根	编码
力	LTN	八	WTY
七	AGN	九	VTN

3．单个的一般汉字编码原则如下

（1）按汉字的书写（从上至下、从左至右、从内至外）顺序进行编码。

（2）以汉字拆分后的基本字根进行编码。

（3）每个汉字取第一、二、三、末个字根，最多只取四码。

（4）汉字拆分遵循“取大优先”的原则。

（5）后一笔画取“交叉识别码”。

单个汉字的一般编码分为以下几种情况。

（1）含有四个或四个以上字根的汉字编码：

编码 = 第一个字根码 + 第二字根码 + 第三个字根码 + 最后一个字根码

上面这一条规则的意思是如果这个汉字的字根超过四个的话，就只用第一、第二、第三和最后一个字根码，第三个与最后一个之间就不用了。

例如，“编”字可分为“纟”、一点、“尸”与草头，编码为XYNA。

（2）含有三个字根的汉字编码：

编码 = 第一个字根码 + 第二个字根码 + 第三个字根码+ 识别码

例如，“意”可分成“立”、“日”和“心”三个字根，也就是说它的第一个字根码是“U”，第二个字根码是“J”，第三个字根码是“N”,识别码是“U”。那么“意”字的编码是UJNU。

（3）含有两个字根的汉字编码：

编码 = 第一个字根码 + 第二个字根码 + 识别码 + 空格

这里的空格指当输完了第一个字根码、第二个字根码和识别码后，击一下键盘上的空格键。

动手做7　熟悉易混淆与拆错的汉字

掌握了五笔字型的编码规则后，对一般的汉字就能拆分了。但还有一些汉字，由于字根发生了形变，使得初学者拆起来容易混淆或出错。下面列举了一些有代表性的汉字，好好揣摩体会，看看这些汉字是如何选择字根并领会其拆解方式。

“凹”字拆分为冂冂一，汉字输入编码为MMG（D）。

“凸”字拆分为丨一冂一，汉字输入编码为HGMG。

“舞”汉字输入编码为RLGH，此字的关键就是L，L键上是四个竖（丨）。

“甚”字拆分为艹三八乙，汉字输入编码为ADWN。

“其”字拆分为艹三八，汉字输入编码为ADW。

“尔”字拆分为勹小，汉字输入编码为QI（U）。注意这个字，上半部分是勹，而不是冖（宝盖）。

“予”字拆分为マ卩，汉字输入编码为CB（J）。注意这个字下面是个耳朵旁。

“套”字拆分为大镸，汉字输入编码为DD（U）。

“鹿”字拆分为广乙刂匕，汉字输入编码为YNJX。

“脑”字拆分为月文凵，汉字输入编码为EYB。

“成”字拆分为厂乙乙丿，汉字输入编码为DNNT。

“添”字拆分为氵一大⺗，汉字输入编码为IGDN。

“舟”汉字输入编码为TE（I）。

“帝”字拆分为六冖冂丨，汉字输入编码为UPMH。

“第”字拆分为⺮弓丨丿，汉字输入编码为TXHT。

“典”字拆分为冂艹八，汉字输入编码为MAW。

“禺”字拆分为日冂丨丶，汉字输入编码为JMHY。

“州”字拆分为丶丿丶丨，汉字输入编码为YTYH。

“欠”字拆分为⺈人，汉字输入编码为QW。

“更”字拆分为一曰乂，汉字输入编码为GJQ。

“派”汉字输入编码为IRE（Y）。

“瓜”字拆分为厂厶丿，汉字输入编码为RCY。

“瓦”字拆分为一乙丶乙，汉字输入编码为GNYN。

“么”字拆分为丿厶，汉字输入编码为TC。

“兆”字拆分为汉字输入编码为IQ（V）。

“兴”字拆分为汉字输入编码为IW。

“曳”字拆分为汉字输入编码为日 匕JX（E）。

“戊”字拆分为汉字输入编码为ANTY。

“乐”字拆分为汉字输入编码为QI。

“雀”字拆分为小亻主，汉字输入编码为IWY。

“黑”字拆分为汉字输入编码为LFO。

“乘”字拆分为禾丬匕，汉字输入编码为TUX。

“卤”汉字输入编码为HLQ。

“卣”汉字输入编码为HL。

动手做8　熟悉常见部首的拆分与输入

在使用五笔字型输入法进行汉字拆分与输入的过程中，会经常遇到一些部首的拆分，如“犭、礻、衤、革、骨、黑”等。由于并不是所有的偏旁部首都被当做字根来使用，所以在遇到不是字根的部首时，就要注意它的拆分方法。并要牢记它是如何拆分的，这对于提高汉字的录入速度是很有帮助的。

下面将对一些常用的部首进行拆分。

（1）“犭”的拆分。

在王码五笔中，并没有把“犭”当做独立的字根，而是把它拆成了“丶、犭”。

犭+丿=犭

如“狼”，就可以拆为“犭、丿、丶、⻀”，编码QTYE。这样的字还有很多，如“猪、猫、猴、犯、猜、狗”等。

（2）“礻”和“衤”的拆分。

在汉字中，由“礻”和“衤”组成的汉字较多。因此，在五笔编码中，把“礻”少个点当做字根，即“⺅”。

这样，“礻”等于“⺅”加一个点，“衤”等于“⺅”加两个点。

⺅+丶=礻　⺅+⺀=衤

“礻”的编码为PY，“衤”的编码为PU，例如，“社”字的编码为PYF，“补”字的编码为PUH。

（3）“牜”的拆分。

这个部首在汉字中出现的也较多，如“特、牡、物”等。在拆分时，要注意，它可以看成是“丿”和“扌”组成。

丿+扌=牜

一定不要把它当成“牛”字来拆分。例如，“特”字的编码是TRFF。

（4）“舟”的拆分。

这个部首可以拆分成“丿”和“ ”组成。

丿+ 丹 = 舟

它的编码是TE。以“舟”为部首的汉字还有“船、盘、般”等。

（5）“走”的拆分。

“走”可以拆分成“土”和“龰”两个字根。

土 + 龰 = 走

它的编码是FH。以“走”为部首的汉字还有“趟、赶、越”等。与“走”相类似的部首还有“足”，它的编码是KHU。

（6）“饣”的拆分。

“饣”也是常用部首之一，可拆分成“𠂉”和“乚”。

𠂉 + 乚 = 饣

它的编码是QN。以“饣”为部首的字有很多，如“饭、饮、饿、饱”等。

还有一些不常用的部首，它的拆分也有自己的特点，如图4-3所示。

部首	拆分方法	编码	例子
革	廿 + 平 = 革	AF	鞋 鞭 勒
骨	冎 + 月 = 骨	ME	骷 髓 骼
鱼	𠂊田 + 一 = 鱼	QG	鲜 鲁 渔
酉	西 + 一 = 酉	SG	配 酒 尊
身	′ + 冂 + 三 + 丿 = 身	TMD	躯 射 躺
鼠	臼 + 乚 + 冫 + ㇂ = 鼠	VNU	鼬 鼹
鹿	广 + コ + 刂 + 匕 = 鹿	YNJX	麝 麟

图4-3 一些不常用的部首

巩固练习

1．根据键名汉字的输入方法，写出下面各键名汉字所在的键位。

日（ ）子（ ）女（ ）口（ ）言（ ）山（ ）水（ ）

目（ ）土（ ）大（ ）木（ ）又（ ）月（ ）田（ ）

2．请写出下列汉字的识别码。

住（ ）匡（ ）齐（ ）杉（ ）套（ ）幻（ ）戎（ ）

万（ ）音（ ）什（ ）笺（ ）隶（ ）元（ ）击（ ）

3．请写出下列汉字五笔输入法的编码。

参（ ）脸（ ）边（ ）夷（ ）站（ ）酒（ ）

疹（ ）渑（ ）脑（ ）淡（ ）攀（ ）疆（ ）

判（ ）哪（ ）默（ ）握（ ）物（ ）添（ ）

4．请写出下列成字字根五笔输入法的编码。

士（ ）二（ ）干（ ）十（ ）七（ ）戈（ ）

犬（ ）石（ ）厂（ ）匕（ ）小（ ）廿（ ）

项目任务4-3 五笔字型简码的输入

探索时间

小王想成为一个打字高手，那么他应掌握五笔字型的哪种输入方法？

动手做1 掌握一级简码的输入

前面介绍的单字输入一般都为四码。为了提高输入速度，五笔字型里减少了码长，提供了简码。

根据汉字使用的频度，将简码分为一、二、三级，分别只要击一、二、三个字母键，再击一次Space键来输入简码。

根据汉字字根的形态特征和使用汉字的频率，在5个区的25个键位上，每个键位安排一个使用频率最高的汉字，称为“高频字”，即“一级简码”，如图4-4所示。

图4-4 五笔字型的一级简码

一级简码分布的规律是按第一笔画来分类的，分为5个区，即横开始的放在一区，竖开始的放在二区，撇开始的放在三区，捺开始的放在四区，折开始的放在五区。

一级简码的取码方法：取第一码，如“和”字，第一码为“禾”，“T”键上就有个“禾”。

当然少数字也不符合此规律：如“我”，“为”，“发”，“以”等。不过“以”字的第一码，可以联想到C键上面有个“厶”；“发”字的第一个字根逆时针旋转45°，像个“V”字母吗？

一级简码的输入方法如下：

单击该字所在的键，再按一下Space键即可完成一个“高频字”的输入。

例如：

“人”字，先敲击W键，再击Space键；

“是”字，先敲击J键，再击Space键；

“中”字，先敲击K键，再击Space键；

“国”字，先敲击L键，再击Space键；

“工”字，先敲击A键，再击Space键。

提示

一级简码不同于前面所讲的键名字根，切勿混淆。

动手做2 掌握二级简码的输入

二级简码由单字全码的前两码组成。25个键位最多可放置二级简码25×25＝625个。在全部汉字中选出使用频率较高的625个字，赋以二级简码。（实际上只有589个字，有的二级简码没有对应的汉字。）

二级简码的取码方法：从全码中依次取出前两个字根的代码，即第一、第二码，来组成的二级简码。在输入时先击全码的前两码，再加击Space键。（两键一空格）

例如：

大：键名汉字，全码是“DDDD”，因为该字为二级简码，只需输入“DD”然后再加一个空格就可以了。

笔：“合体字”，全码是“TTFN”，该字也是二级简码。只需输入“TT”然后再加一个空格就可以了。

五：成字字根，全码是“GGHG”，只需输入“GG”然后再加一个空格就可以了。

并不是所有汉字都有二级简码，只有较常用的589个汉字作为二级简码。

二级简码大多数是较常用汉字，只要熟记其中常用的几十个二级简码字，就会使录入速度提高很多。表4-3列出了全部的二级简码汉字。

表4-3　五笔字型二级简码表

	GFDSA	HJKLM	TREWQ	YUIOP	NBVCX
G	五于天末开	下理事画现	玫珠表珍列	玉平不来	与屯妻到互
F	二寺城霜载	直进吉协南	才垢圾夫无	坟增示赤过	志地雪支
D	三夺大厅左	丰百右历面	帮原胡春克	太磁砂灰达	成顾肆友龙
S	本村枯林械	相查可楞机	格析极检构	术样档杰棕	杨李要权楷
A	七革基苛式	牙划或功贡	攻匠菜共区	芳燕东 芝	世节切芭药
H	睛睦 盯虎	止旧占卤贞	睡 肯具餐	眩瞳步眯瞎	卢 眼皮此
J	量时晨果虹	早昌蝇曙遇	昨蝗明蛤晚	景暗晃显晕	电最归紧昆
K	呈叶顺呆呀	中虽吕另员	呼听吸只史	嘛啼吵 喧	叫啊哪吧哟
L	车轩因困	四辊加男轴	力斩胃办罗	罚较 边	思 轨轻累
M	同财央朵曲	由则 崭册	几贩骨内风	凡赠峭 迪	岂邮 凤
	GFDSA	HJKLM	TREWQ	YUIOP	NBVCX
T	生行知条长	处得各务向	笔物秀答称	入科秒秋管	秘季限么第
R	后持拓打找	年提扣押抽	手折扔失换	扩拉朱楼近	所报扫反批
E	且肝 采肛	胆肿肋肌	用遥朋脸胸	及胶膛 爱	甩服妥肥脂
W	全会估休代	个介保佃仙	作伯仍从你	信们偿伙	亿他分公化
Q	钱针然钉氏	外旬名甸负	儿铁角欠多	久匀乐炙锭	包凶争色
Y	主计庆订度	让刘训为高	放诉衣认义	方说就变这	记离良充率
U	闰半关亲并	站间部曾商	产瓣前闪交	六立冰普帝	决闻妆冯北
I	汪法尖洒江	小浊澡渐没	少泊肖兴光	注洋水淡学	沁池当汉涨
O	业灶类灯煤	粘烛炽烟灿	烽煌粗粉炮	米料炒炎迷	断籽娄烃
P	定守害宁宽	寂审宫军宙	客宾家空宛	社实宵灾之	官字安 它
N	怀导居 民	收慢避惭届	必怕 愉懈	心习悄屡忱	忆敢恨怪尼
B	卫际承阿陈	耻阳职阵出	降孤阴队隐	防联孙耿辽	也子限取陛
V	姨寻姑杂毁	旭如舅	九 奶 婚	妨嫌录灵巡	刀好妇妈姆
C	对参 戏	台劝 观	矣牟能难允	驻 驼	马邓艰双
X	线结顷 红	引旨强细纲	张绵级给约	纺弱纱继综	纪弛绿经比

为了方便地记忆二级简码字，提高汉字输入时的速度，可以对二级图简码进行规律总结，例如，可以把二级简码汉字归入不同的类别。

方向类：东南北中左右下。

人称类：夫妻奶姑妈舅姨伯姆。

数字类：二三四五六七九。

颜色类：红绿粉灰棕。

动物类：龙虎凤弱马蝇蝗。

还有诸如语气类、动作类、姓氏类等。用户在大量练习五笔二级简码汉字输入的过程中，也可以总结出自己的记忆规律，以便迅速掌握使用二级简码输入汉字，提高输入的速度。

动手做3　掌握三级简码的输入

三级简码是指汉字输入时只需输入前三个字根的编码。

三级简码汉字是由三个以上字根组成的，不包括识别码。在五笔字型输入法中，三级简码有4000多个，五笔字型的部分三级简码如图4-5所示。

编:	纟、尸（XYN）	曼:	日 又（JLC）
熟:	子九（YBV）	华:	亻 十（WXF）
悉:	丿米心（TON）	想:	木目心（SHN）
需:	雨厂冂（FDM）	响:	口丿冂（KTM）
图:	口夂冫（LTU）	模:	木艹日（SAJ）
形:	一廾彡（GAE）	数:	米女攵（OVT）
英:	艹冂大（AMD）	输:	车人一（LWG）

图4-5 五笔字型的部分三级简码

三级简码取码方法是取第一、二、三码。

例如，“唐”字的全码是YVHK，简码就是YVH；再如“费”，全码是XJMU，简码为XJM。

三级简码的输入方法：输入汉字前三个字根对应的字母，再按Space键输入。

虽然加上空格后，这个字也要敲四下，但因为有很多字不用再判断识别码，这无形中提高了输入速度。

例如：

“兵”字，先敲击 R、G、W 键，再击 Space 键；
“模”字，先敲击 S、A、J 键，再击 Space 键；
“样”字，先敲击 S、A、D 键，再击 Space 键；
“华”字，先敲击 W、X、F 键，再击 Space 键；
“楼”字，先敲击 S、O、V 键，再击 Space 键；
“层”字，先敲击 N、F、C 键，再击 Space 键。

三级简码的数量繁多，所以一般不容易记住，只有多练、多用才能掌握。

在五笔字型编码方案中，具有简码的汉字总数达5000多个，已占国际基本集的5763个的绝大多数。因此，简码不但使用得编码输入变得非常简明直观，而且可以大地提高输入效率。

当然，由于简码都是四码简略而得，所以有的字就会同时有几种简码。例如“经”字，既有一级简码（X）、二级简码（XC），又有三级简码（XCA），还可以用四位输入（XCAG）。所以，最好能够将简码汉字背熟，对于一个有几种简码的汉字，尽量采用击键次数少为好，这样可以提高输入速度。

巩固练习

1. 请写出下列汉字的一级简码编码。

地（　　）在（　　）经（　　）要（　　）以（　　）发（　　）主（　　）
中（　　）国（　　）的（　　）人（　　）我（　　）同（　　）民（　　）

2. 请写出下列汉字的二级简码编码。

直（　　）菜（　　）芳（　　）划（　　）百（　　）夫（　　）过（　　）
由（　　）轩（　　）吕（　　）只（　　）电（　　）车（　　）困（　　）
拓（　　）尖（　　）部（　　）少（　　）水（　　）籽（　　）官（　　）

项目任务4-4 五笔字型词组的输入

探索时间

小王掌握了五笔字型的简码输入方法后，他要想提高打字速度，在输入汉字的时候还应采用哪种输入方法？

动手做1 熟悉词组的编码规则

许多方法的实践都证实，词汇编码输入可以有效降低重码率并显著缩短码长，从而大大提高速度、效率。在五笔字型输入方法中增强了词汇输入的功能，并给出开放式结构，以利于用户根据自己的专业需要自行组织词库。可以说，五笔字型最有效的还是词汇输入。

五笔字型提供了丰富的词组，词组是由两个或两个以上的汉字组合而成的。根据词组所含字的多少，词组又分为双字词、三字词、四字词、多字词，其编码规则也有所区别。

运用五笔字型输入法输入词组时，按照词组所含汉字的数目，可将词组的编码规则分为以下几种：

（1）双字词。

输入双字词只要顺序地输入词组中每一个汉字编码的前两位，组成四位编码。例如，编码（XYDC）、速度（GKYA）、根据(SVRN)等。

（2）三字词。

按顺序输入第一、二个汉字编码的第一个编码和最后一个汉字的前两个编码，一共组成四位。例如，共产党（AUIP）、解放军（QYPL）、电视机（JPSM）等。

（3）四字词。

按顺序输入每个汉字的第一个编码，组成四位编码。如程序设计（TYYY）等。

（4）多字词。

按顺序输入前三个，以及最后一个汉字的第一个编码，组成四位编码。例如，全国各族人民（WLTN）、中华人民共和国（KWWL）等。

有些时候，用一个编码输入汉字时会出现不同的汉字或词组，这些不同的汉字或词组就被称为重码汉字或词组。此时，屏幕上将显示出一个候选窗口，并且显示所有的重码字与词组，每一个重码汉字或词组前都对应着一个数字，选择不同的数字，就能够输入相应的汉字或词组。如果您所需的汉字或词组所对应的数字为“1”，则输入一个空格即可。

动手做2　掌握双词组的输入方法

两个字组成的词组的输入方法如下：

取第一个字的第一、二字根和第二个字的第一、二字根，组成四码。

例如：

词组“机器”，先敲击第一个字“机”的第一、二字根（木、几）S、M，再输入第二个字“器”的第一、二字根（口、口）K、K；

词组“计算”，先敲击第一个字“计”的第一、二字根（讠、十）Y、F，再输入第二个字“算”的第一、二字根（竹、目）T、H；

词组“我们”，先敲击第一个字“我”的第一、二字根（丿、扌）T、R，再输入第二个字“们”的第一、二字根（亻、门）W、U；

词组“劳动”，先敲击第一个字“劳”的第一、二字根（艹、冖）A、P，再输入第二个字“动”的第一、二个字根（二、厶）F、C。

动手做3　掌握三词组的输入方法

三个字组成的词组的输入方法如下：

取第一个字和第二个字的第一字根，取第三个字的第一、二字根，组成四码。

例如：

词组“计算机”，先敲击第一个字“计”和第二个字“算”的第一字根（讠、竹）Y、A，再输入第三个字“机”的第一、二字根（木、几）S、M；

词组“现代化”，先敲击第一个字“现”和第二个字“代”的第一字根（王、亻）G、W，再输入第三个字“化”的第一、二字根（亻、匕）W、X；

词组“操作员”，先敲击第一个字“操”和第二个字“作”的第一字根（扌、亻）R、W，再输入第三个字“员”的第一、二字根（口、贝）K、M；

词组“运动员”，先敲击第一个字“运”和第二个字“动”的第一字根（二、二）F、F，再输入第三个字“员”的第一、二字根（口、贝）K、M。

动手做4 掌握四词组的输入方法

四个字组成的词组、成语或短语的输入方法如下：

取第一、第二、第三和第四个字的第一字根组成四码。

例如：

词组“五笔字型”，先敲击前三个字“五笔字”的第一字根（五、竹、宀）G、T、P，再输入第四个字“型”的第一字根（一）G；

词组“程序设计”，先敲击前三个字“程序设”的第一字根（禾、广、讠）T、Y、Y，再输入第四个字“计”的第一字根（讠）Y；

词组“工人阶级”，先敲击前三个字“工人阶”的第一字根（工、人、阝）A、W、B，再输入第四个字“级”的第一字根（纟）X；

词组“知识分子”，先敲击前三个字“知识分”的第一字根（ 、讠、八）T、Y、W，再输入第四个字“子”的第一字根（子）B。

动手做5 掌握多词组的输入方法

多个字组成的词组的输入方法如下：

取第一、第二、第三个字和最后一个字的第一字根组成四码。

例如：

词组“中华人民共和国”，先敲击前三个字“中华人”的第一字根（口、亻、人）K、W、W，再输入最后一个字“国”的第一字根（囗）L；

词组“毛泽东思想”，先敲击前三个字“毛泽东”的第一字根（丿、氵、七）T、I、A，再输入最后一个字“想”的第一字根（木）S。

巩固练习

请写出下列词组的编码。

计算机（ ）爱慕（ ）烟雾（ ）参观（ ）淡薄（ ）观光（ ）谦逊（ ）

助学金（ ）多功能（ ）好莱坞（ ）国务院（ ）目的地（ ）重庆市（ ）

能工巧匠（ ）满面春风（ ）如获至宝（ ）艰苦奋斗（ ）操作系统（ ）

项目任务4-5 重码与容错码

在使用五笔字型输入法输入汉字时，同样的编码可能对应着多个汉字。

如果一个编码对应着几个汉字，这几个字称为重码字；几个编码对应一个汉字，这几个编码称为汉字的容错码。

在五笔字型中，当输入重码时，重码字显示在提示行中，较常用的字排在第一个位置上，并用数字指出重码字的序号，如果要的就是第一个字，可继续输入下一个字，该字自动跳到当前光标位置。如果是其他的重码字则需要用数字键加以选择。

例如，“去、云、支”三汉字的编码同为FCU，因为“去”字较常用，排在第一位，“支”字排在第二位，“云”字排在第三位，如图4-6所示。若需要“支”字则要用数字键“2”来选择。

中 王码万笔86 fcu

1. 去* 土厶⑤
2. 支* 十又⑤
3. 云* 二厶⑤
4. 支部K
5. 运送D
6. 支前E
7. 干劲冲天G

图4-6　编码FCU对应着多个汉字

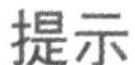

提示

当用户在提示行显示的一组重码中选择某个字后，还要继续选择这组重码中的其他字（包括已选择过的字），可首先按住Alt键，再用数字键选择。例如，当输入编码“FCU”且按2键选择“支”字后，若还要选择这组重码中的“去”字，可直接用Alt+1组合键实现。同理，此时若按Alt+2组合键，则可重复选择“支”字。

容错即允许犯错的意思。个别汉字因人们的书写习惯，很容易造成字根拆分顺序错误或识别码判断错误。为了不至于因这种原因而影响用户输入，五笔字型编码方案专门对这类汉字定义了两个甚至两个以上的合法编码。这样即使用户在拆分汉字或识别汉字时有错误，仍能够正常输入。这种“额外”定义的、折中的汉字编码就称为“容错码”。在五笔字型编码输入方案中，容错字有500多个。

（1）拆分容错码。

拆分容错码是指个别汉字因人们的书写习惯，容易造成拆分顺序错误而产生错误外码。例如：

“长”：正确拆分为丿、七、丶，识别码43，全码TAYI，简码TA。

容错拆分1：七、丿、丶，容错码ATYI。

容错拆分2：丿、一、𠃋、丶，容错码TGNY。

容错拆分3：一、𠃋、丿、丶，容错码GNTY。

因此，汉字“长”有三种拆分容错编码。

（2）识别容错。

识别容错是指个别汉字因人们书写的习惯顺序，容易造成识别码判断错误。

例如：

右：𠂇、口、12，即DKF（正确编码），简码为DK；𠂇、口，13，即DKD（字型容错），简码为DK。

连：车、辶、23，即LPK（正确编码）；车、辶、13，即LPD（末笔识别容错）。

占：上、口、12，即HKF（正确编码）；上、口，14，即HKD（字型容错）。

击：二、山、23，即FMK（正确编码）；二、山、22，即FMJ（字型容错）。

综合上述，由于容错码的存在，在输入某些汉字时即使没有按正确编码输入，同样能得到该汉字。但必须提醒读者：容错码终究是有限的，唯有努力避免出错，才能真正提高技能。

项目任务4-6 万能Z键的使用

不知用户有没有注意到，字根键盘里只用到英文键盘上的A～Y的25个字母作为字根键位。那么，这个Z键用来干什么的呢？它是一个学习键，又称为万能键。它可以代替模糊的识别码和拆分时搞不准的某个字根代码。

当某个字的识别码搞不准时，可以用Z键代替。例如，“处”字，输入“THZ”，在提示行中第2个位置出现“处”。并告之，该字的识别码为“I”，只要选“2”就行了，如图4-7所示。

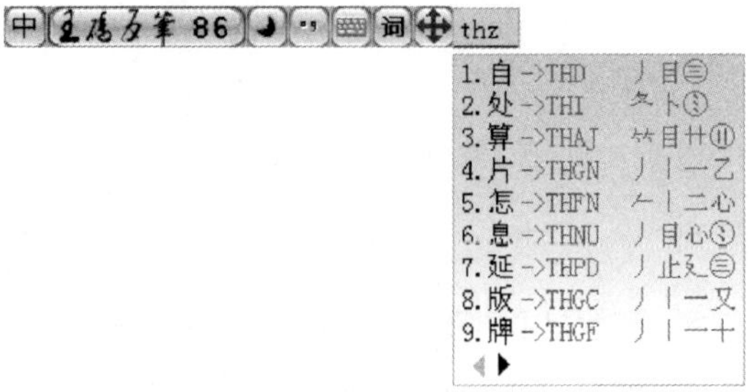

1. 自 ->THD
2. 处 ->THI
3. 算 ->THAJ
4. 片 ->THGN
5. 怎 ->THFN
6. 息 ->THNU
7. 延 ->THPD
8. 版 ->THGC
9. 牌 ->THGF

图4-7　用万能Z键输入“处”字

当某个字拆码搞不清时，也可以用它。如“键”字，只知道第一码和最后一码，中间两码搞不清，那么可以输入“QZZP”，如图4-8所示。

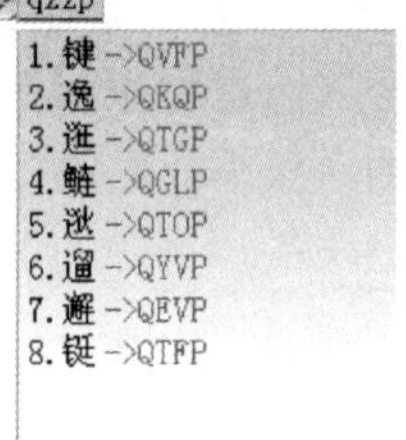

图4-8　用万能Z键输入“键”字

提示行显示的汉字自动按使用频度的高低次序排列，即按高频字、二级简码字、三级简码字、无简码字的顺序排列。因此，也可以通过Z键查阅某个汉字是否存在简码。

用Z键也可以查询二根字或三根字的识别码。例如，汉字“京”和“应”的字根编码（YI）相同。若想知道它们各自的末笔字型识别码，可输入“YIZ”。这时提示行将显示：

五笔字型：YIZ　　1. 就YI　　2. 京YIU　　3. 应YID　　4. 谄YIE　　5. 谠YIP

据此可知“京”的识别码是U（42），“应”的识别码是D（13）。

提示

所使用的万能Z键越多，提示行中显示的字也越多。甚至当输入4个Z时，国家标准的所有汉字会全部显示出来。因此，Z键虽然好用，但多用会使汉字的五笔字型输入变得没有实际意义。

课后练习与指导

一、选择题

1. 当一个成字字根超过两个笔画时，其编码规则用公式表示为（　　）。

   A. 编码 = 字根码1 + 字根码2 + 字根码3 + 字根码4

   B. 编码 = 字根码1 + 字根码2 + 识别码 + 空格

   C. 编码 = 键名码 + 首笔码 + 次笔码 + 末笔码

   D. 编码 = 字根码1 + 字根码2 + 字根码3 + 识别码

2. 在五笔字型输入法中，“戴”字应拆分成（　　），类似的汉字还有“载、哉、栽”等。

   A. 十戈田八　　B. 一丨田八　　C. 土田艹八　　D. 土戈田八

3. “报”字应拆分成（　　），类似的汉字还有“卫、叩”等。

A. 扌乙丨又　B. 扌丨乙又　C. 扌卩又　D. 扌乙又

4. 在拆分汉字时，应综合考虑汉字的完整性和直观性，这是拆分汉字的（　　）原则。

A. 兼顾直观　B. 取大优先　C. 能连不交　D. 能散不连

5. 在五笔输入状态下，输入（　　），便可输入“王”字。

A. GGLL　B. GG　C. GGGG　D. FFFF

6. 对于末笔画的选择与书写顺序不一致的汉字，如最后一个字根是“力”、“刀”、“九”、“七”和“匕”等的汉字，一律以（　　）笔画作为末笔。

A. 横　B. 撇　C. 折　D. 能散不连

7. 带单独点的字，如“义”、“太”、“勺”等，把点当做末笔，并且认为“丶”与附近的字根是“连”的关系，所以为（　　）。

A. 上下型　B. 左右型　C. 杂合型　D. 半包围型

8. 使用王码五笔输入“西”字时，其编码为（　　）。

A. SGHG　B. SSSS　C. SHGH　D. SSLL

9. 三字词“天安门”的五笔编码为（　　）。

A. DPUY　B. TAUM　C. GPUU　D. GPUY

10. 一级简码是用一个字母和一个Space键作为一个汉字的编码，共有（　　）个。

A. 8　B. 25　C. 26　D. 125

11. 简码字是为了简化输入，减少汉字输入码的个数，从而提高输入速度而设定的，因此（　　）。

A. 简码字不能使用全码输入

B. 简码字既可以简码输入，也可以全码输入

C. 简码字必须使用末笔识别码

D. 简码字是没有重码的

12. 在汉字中有些字的书写顺序往往因人而异，为了能适应这种情况，允许一个字有多种输入码，这些字就称为（　　）。

A. 容错字　B. 重码字　C. 简码字　D. 字根

二、填空题

1. 如果一个汉字有多种拆分方法，就取拆分后字根最少的那一种，并保证在书写顺序下拆分成尽可能大的基本字根，使字根数目最少，这就是汉字拆分的________原则。

2. 输入键名汉字的方法：连续敲击该字根所在键位________次即可。

3. 在五笔字型字根中，除了键名汉字外，还有一些完整的汉字，如S键上的“丁”、D键上的“古”和R键上的“手”等，这就是________。

4. 在五笔字型中，________就是由两个以上字根组成的汉字，也可以说是除键名字和成字字根这些键面字以外的汉字。

5. 由“辶”、“廴”、“门”和“疒”组成的半包围汉字，以及由“囗”组成的全包围汉字的末笔为________的末笔笔画。

6. 5种单笔画的输入方法：首先按两次该单笔画所在的键位，再按两次________键。

7. 在五笔字型输入法中，简码共有________种。

8. 双字词组的输入方法：取第________个字的第________字根和第________个字的第________字根，组成四码。

9．在键盘上的26个英文字母中，________键是为用户在汉字输入过程中提供帮助的，它是一个万能的按键，可以用它来代替模糊的识别码和拆分时搞不准的某个字根代码。

10．多字词“中国人民解放军”的五笔编码是________。

三、简答题

1．字根之间的关系可分为哪4种情况？

2．汉字的拆分原则有哪些？

3．键名汉字有哪些？怎样输入键名汉字？

4．怎样输入成字字根汉字？

5．怎样输入单笔画？

6．如何输入键外汉字？

四、实践题

练习1：在写字板中使用五笔字型输入法输入下面的成字字根。

广干方西卜厂马贝刀

止古手文门米心四儿

手巳竹川贝了七辛车

也几由羽止丁斤文心

耳虫早五雨己石夕寸

练习2：在写字板中使用五笔字型输入法输入下面的汉字。

瓶州文钏微望鸟道竟

既咸寐沙歌感画形须

拜离段凸起离位身假

夜典习编殷瓜横除出

鸿监凹曲提带恨脸舒

器假裤狐社宽球鸟善

成舆凶然负纺巫秉岸

拽兔现湛向延右恋年

末夏添面聪踊结构灿

练习3：输入以下短文，尽量使用简码和词组输入。

曲曲折折的荷塘上面，弥望的是田田的叶子。叶子出水很高，像亭亭的舞女的裙。层层的叶子中间，零星地点缀着些白花，有袅娜地开着的，有羞涩地打着朵儿的；正如一粒粒的明珠，又如碧天里的星星，又如刚出浴的美人。微风过处，送来缕缕清香，仿佛远处高楼上渺茫的歌声似的。这时候叶子与花也有一丝的颤动，像闪电般，霎时传过荷塘的那边去了。叶子本是肩并肩密密地挨着，这便宛然有了一道凝碧的波痕。叶子底下是脉脉的流水，遮住了，不能见一些颜色；而叶子却更见风致了。

荷塘的四面，远远近近，高高低低都是树，而杨柳最多。这些树将一片荷塘重重围住；只在小路一旁，漏着几段空隙，像是特为月光留下的。树色一例是阴阴的，乍看像一团烟雾；但杨柳的风姿，便在烟雾里也辨得出。树梢上隐隐约约的是一带远山，只有些大意罢了。树缝里也漏着一两点路灯光，没精打采的，是渴睡人的眼。这时候最热闹的，要数树上的蝉声与水里的蛙声；但热闹是它们的，我什么也没有。

模块05 98版王码五笔输入法

你知道吗？

王码五笔字型输入法目前有三个版本：86版五笔字型输入法、98版规范王码五笔字型输入法及新世纪五笔输入法。98版五笔字型是在86版五笔字型基础上发展而来的，由于98王码大部规则与86版五笔相同，按86版五笔的教程学习，再学其不同之处，98王码也基本掌握了。

学习目标

- 98版五笔字型输入法简介
- 98版五笔字型码元键盘分布
- 速记98版五笔字型码元
- 98版五笔字型补码码元
- 使用98版五笔字型输入法

项目任务5-1 98版五笔字型输入法简介

探索时间

想一想98版五笔字型输入法和86版五笔字型输入法有哪些不同？

动手做1 了解98版五笔输入法特点

98版五笔字型输入法是在86版的基础上发展而来的，在拆分原则和编码规则上大致相同，但也有着一定的区别。这里首先为用户介绍一下98版五笔输入法的特点。

98版五笔输入法具有以下几个新特点：

（1）动态取字造词或批量造词。用户可随时在编辑文章的过程中，从屏幕上取字造词，并按编码规则自动合并到原词库中一起使用；也可利用98王码提供的词库生成器进行批量造词。

（2）允许用户编辑码表。用户可根据自己的需要对五笔字型编码和五笔画编码进行直接编辑修改。

（3）实现内码转换。不同的中文平台所使用的内码并非都一致，利用98王码提供的多内码文本转换器可进行内码转换，以兼容不同的中文平台。不同的中文系统往往采用不同的机内码标准，如我国的GB码（国标码）、台湾的BIG 5码（大五码）等标准，不同内码标准的汉字系统其字符集往往不尽相同。98王码为了适应多种中文系统平台，提供了多种字符集的处理功能。

动手做2 了解98版五笔字型与86版五笔字型的区别

98版五笔字型在86版五笔字型的基础上做了大量的改进，其主要区别如下：

（1）处理汉字比以前多。

在98王码中，英文键符小写时输入简体、大写时输入繁体这一专利技术，98王码除了处理国标简体中的6763个标准汉字外，还可处理BIG 5码中的13053个繁体字及大字符集中的21003个字符。

（2）码元规范。

由于98王码创立了一个将相容性（用于将编码重码率降至最低）、规律性（确保五笔字型易学易用）和协调性（键位码元分配与手指功能特点协调一致）三者相统一的理论。因此，设计出的98王码的编码码元及笔顺都完全符合语言规范。

86版五笔字型称构成汉字的基本单元为“字根”，一共选取了130个字根。98版称构成汉字的基本单元为“码元”，一共选取了245个码元。86版五笔字型与98版五笔字型的编码规则及拆分方法应用完全一样，这里主要介绍98版的码元的分布及相应的一级简码、二级简码的应用。98版选取的245个码元中有5个单笔画，150个主码元和90个次码元（简称次元）。

（3）编码规则简单明了。

98王码中利用其独创的“无拆分编码法”，将总体形似的笔画结构归结为同一码元，一律用码元来描述汉字笔画结构的特征。因此，在对汉字进行编码时，无需对整字进行拆分，而是直接用原码取码。

（4）98版五笔字型的新增功能。

在98版五笔字型键盘表中包括下面几个主要部分。

① 键名字：每个键左上角打头的主码元，都是构词能力很强或者有代表性的汉字，又称为键名。

② 主码元：各键上代表各种汉字结构特征的笔画结构。

③ 次码元：具有主码元的特征，不太常有的笔画结构。

动手做3 掌握学习98版五笔字型应注意问题

86版老用户学习98版时，应该注意以下几个问题。

（1）注意新增码元。

注意与原码元形似的新码元。例如，新码元“丘”与原有码元“斤”形似，因而比较容易记住。

（2）最需要注意的是原有码元（字根）改动了键位。

正如前面所指出的，老用户转用新版本时，碰到的最大障碍是原有码元改到了新键位上，输入时常常下意识的击老键位，因而是最容易发生错误的地方。例如，码元“乃”从E键改到了B键上；码元“舟”从E键改到了U键上；码元“广”从Y键改到了O键上；码元“几”从M键改到了W键上等。

（3）注意新老版本不同的取码顺序。

虽然新老版本的取码规则是一样的，但是不少由同样码元构成的字，两版本的取码顺序却发生了明显变化。例如，“象”字的代码老版本为“QJEU”，新版本为“QKEU”；“面”字的代码老版本为“DMJD”，新版本为“DL”；“来”字的代码老版本为“GO”，新版本为“GUSI”；“那”字的代码老版本为“VFB”，新版本为“NGBH”；“凸”字的代码老版本为“HGMG”，新版本为“HGHG”等。

项目任务5-2 98版五笔字型码元键盘分布

探索时间

想一想98版五笔字型的码元是按照什么来分区的？

98版五笔字型输入法与86版一样，都是将一个汉字拆分成几个字根（码元），再按字根（码元）在键盘上的分布依次按键，从而输入汉字的。

98版五笔字型输入法把笔画结构特征相似、笔画形态及笔画数量大致相同的笔画结构作为编码的单元，即汉字编码的基本单位，简称“码元”。相对于86版五笔字型输入法来说，“码元”实质上等同于“字根”的概念，只是“码元”的称谓更加科学。

98版五笔字型输入法与86版一样，将键盘上除Z键外的25个字母键分为横、竖、撇、捺和折5个区，依次用代码1，2，3，4，5来表示区号；每个区有5个字母键，每个键称为一个位，依次用代码1，2，3，4，5来表示位号。将每个键的区号作为第1个数字、位号作为第2个数字，组合起来表示一个键，即“区位号”。

其中，第1区放置横起笔类的码元，第2区放置竖起笔类的码元，第3区放置撇起笔类的码元，第4区放置捺起笔类的码元，第5区放置折起笔类的码元，如图5-1所示。

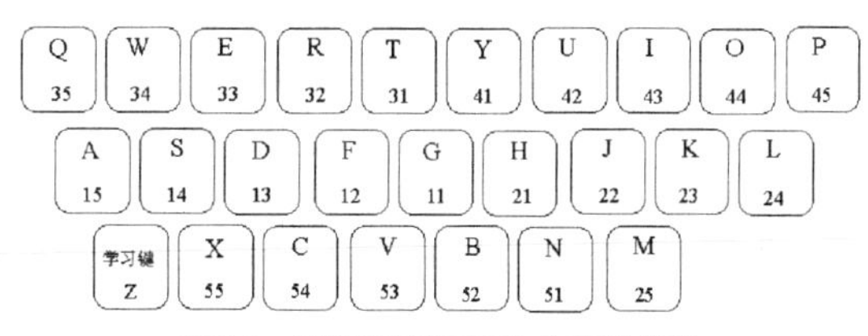

图5-1 98王码码元区位分布及规律

98王码中的码元共有245个，包括5个单笔画、150个主码元和90个次码元。将150个码元按科学规律和技术要求，分配在26个英文字母键除Z键以外的25个键位上，形成了98王码的“码元键盘”，如图5-2所示。

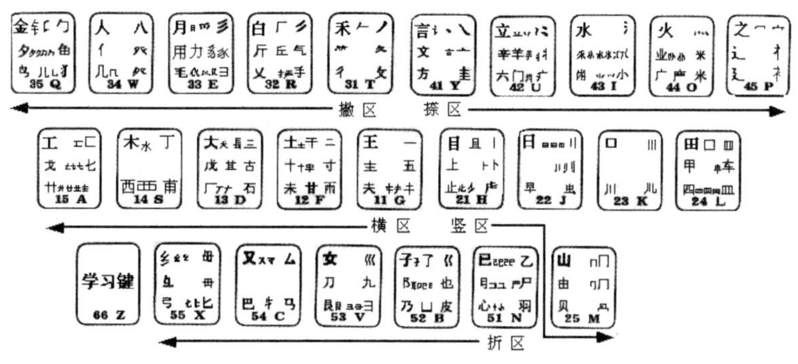

图5-2 98王码码元键盘分布

从码元键盘表中的码元可看出，86版五笔字型的字根数为130个，而98版王码的码元为245个。因此，对老用户学习98版王码时，应注意以下几个问题：

（1）在原键位上新增加了一些与原字根形似的新码元，如E键位上的“丘”码元与原有的字根“斤”形似。

（2）将一些常用的汉字作为新码元，如“夫、未、甘、甫、气、丘、毛、几、皮”等。

（3）对部分原有码元（即字根）调整了键位。例如，码元“力”从L键调整到E键上；码元

“乃”从E键调整到B键上；码元“几”从M键调整到W键上；码元“广”从Y键调整到O键上等。

（4）新老版本的取码顺序不同，如“犭、礻、衤”。

项目任务5-3 速记98版五笔字型码元

探索时间

对于98版五笔字型的码元，用户应如何来快速进行记忆？

学习98版五笔字型输入法也需要熟记码元助记词、一级简码和键名汉字的分布，其中，一级简码和键名汉字的分布与86版完全相同，不必再次记忆，只需要记忆码元助记词。

98版五笔字型输入法码元记忆口诀如下：

11王旁青头五夫一	21目上卜止虎头具	31禾竹反文双人立	41言文方点谁人去	51已类左框心尸羽
12土干十寸未甘雨	22日早两竖与虫依	32白斤气丘叉手提	42立辛六羊病门里	52子耳了也乃框皮
13大犬戊其古石厂	23口中两川三个竖	33月用力彡毛衣臼	43水族三点鳖头小	53女刀九艮山西倒
14木丁西甫一四里	24田甲方框四车里	34人八登头单人几	44火业广 四点米	54又巴牛厶马丢蹄
15工戈草头右框七	25山由贝骨下框集	35金夕鸟儿犭边鱼	45之字宝盖补	55幺母贯头弓和匕

记忆口诀每句七个字，对应一个键；五句为一组，对应一个区。从11，12，13，14，15，21，22，……55依次排列，一看就懂。然而，每键平均有十一个码元，七个字如何能描述完整？只能“抓重点”。

助记词中没有提及的主要是下列三类码元：

（1）形状与主元相似的次元，只要记住主元，次元自然也就记住了。

（2）一些很少用到的码元，尽量往形状相近的码元靠拢。

（3）十几个繁体码元，其中大部分与相同的简体码元放在一起，如車、馬、言、門、鳥字头、絲字旁、齊字头和齊字尾等；一部分与形状接近的码元放在一起，如亞字心（空心十）就和码元十放在一起。

将助记词和键位表仔细对照，用户就会发现助记词的一些字仅仅为了帮助记忆，码元只是它的局部。

例如，13中的“其”，21中的“具”，25里的“骨”，35中的“鱼”，42中的“病”，44中的“鹿”，都代表它们的头部，尽管没有像“王旁”、“鳖头”、“马失蹄”那么形象，只要知道这层意思也就可以了。

有些地方一字两用，如42中“病门”的门，本身是码元，由于在病字后面。又去说明病字只取外面的“门”，即没有“丙”的病字壳。

有些地方很有趣，如41中的“谁人去”，表示“谁”字去掉中间单人，左右两部分就成为两个独立的码元了。

助记词不仅要背诵，更需要理解。最好是分成五次，每次记一组。然后反复练习，逐步加深理解和记忆。熟悉上面的口诀对于记住字根有事半功倍的功效，请务必达到熟练程度。

用户还可以采用以下方法来记忆98版五笔字型码元。

1. “丿”区

Q：金鱼儿“扣”，勹夕“扣”，金鱼儿勹夕皃鸟“扣”。

W：人“不留”，八“不留”，人几登头“答不留”。

E：月衫“意”，用旧“意”，月衫用旧力毛“意”；力毛“意”；爪豸“意”力毛爪豸衣底“意”。

R：白“阿 尔”，手“阿尔”，白手叉丘斤“阿 尔”；斤“阿 尔”，气“阿 尔”，看头两撇打“阿 尔”。

T：禾竹“梯”，反文“梯”，禾竹反文双人“梯”；双人“梯”；卧人“梯”；双人卧人一撇“梯”。

2. “、”区

Y：言文“外”，方点“外”言文方点高头“外”；高头“外”，一捺“外”，点下带横捺圭“外”。

U：立辛“忧”，两点“忧”，两点横竖门病“忧”；反片“忧”，秃舟“忧”，反片秃舟六羊“悠”。

I：水族“埃”，鳖头埃”，水族鳖头倒小“埃”。

O：火业“欧”，赤米“欧”，火业赤米四点“欧”，赤米“欧”，四点“欧”，赤米四点广鹿“欧”。

P：走之“坯”，宝盖“坯”，走之宝盖破衣“披”。

3. “一”区

A：工戈“诶”，草头“诶”，工戈草七右框“诶”。

S：木“唉司”，丁“唉司”，木丁西甫坐“唉司”。

D：大犬“弟”，戊三“弟”，大犬戊三古石“弟”。古石“弟”，厂長“弟”，古石厂長其头“弟”。

F：土“唉 夫”，十“唉 夫”，土士二干雨“唉 夫”。未“唉夫”，甘“唉夫”，未甘革底寸“唉夫”。

G：一王“计”，青头“计”，一王青头夫五“计”。夫 五“计”，一 横“计”， 单腿残夫提笔“计”。

4. “丨”区

H：目“唉去”，止“唉去”，目具上止虎“唉去”，虎“唉去”，⺊“唉去”，虎头一竖少“唉去”。

J：日早“接”，两竖“接”，日早两竖虫器“接”。

K：口川“钘”，三竖“钘”，口川三竖川底“钘”。

L：田“唉哦”，甲“唉哦”，田甲四车框“唉哦”。四“唉哦”，车“唉哦”，四车方框皿“唉哦”。

M：山“唉木”，由“唉木”，山由贝，骨“唉木”，贝“唉木”，骨“唉木”，骨拿下框打“唉木”。

5. “乙”区

X：烂绞丝，弓匕“丝”，慈母象头“唉克丝”。

C：又巴“西”，三角“西”，三角缺又牛马“西”。

V：女刀“威”，九艮“威”，九艮横山三拐“威”。

B：子耳“璧”，了也“璧”，子耳了也上框“璧”。上框“璧”。耳刀 “璧”。上框耳刀乃皮“璧”。

N：已尸“恩”，左框“恩”，已尸左框心羽“恩”。

巩固练习

说出下列码元对应的键位。

目 王 方 竹 白 立 青 贝 禾 夫 丘 月 一 土 火 广
十 寸 羽 耳 未 甘 雨 几 金 大 犬 戊 其 里 工 干
古 石 厂 木 丁 西 戈 草 七 目 具 日 早 虫 口 尸
川 田 甲 里 山 由 斤 用 力 人 鱼 言 文 门 里 心

项目任务5-4 98版五笔字型补码码元

使用98版五笔字型输入法输入汉字的方法与86版完全相同：首先将汉字拆分成基本码元，然后根据基本码元所在的键位编码，依次按码元所在的键。具体方法这里不再讲解，下面介绍98版五笔字型输入法中新增的一个功能——“补码码元”。

“补码码元”又称为双码码元，实际上是成字码元的一种特殊形式。“补码码元”是指在参与编码时，需要两个码的码元，其中一个码元是对另一个码元的补充。

补码码元的取码规则：除了将取码码元本身所在的键位作为主码外，还要补加补码码元中的最后一个单笔画作为补码。98版五笔字型输入法中的补码码元共有3个，如图5-3所示。

所在键位	补码码元	主码（第 1 码）	补码（第 2 码）
35（Q）	犭	犭（Q）	丿（T）
45（P）	礻	礻（P）	丶（Y）
45（P）	衤	衤（P）	冫（U）

图5-3 补码码元

例如：

获（艹犭丿犬）（AQTD）；其中：丿为补码。

社（礻丶土）（PYFG）；其中：丶为补码。

补（衤冫卜）（PUH）；其中：冫为补码。

项目任务5-5 使用98版五笔字型输入法

探索时间

想一想使用98版五笔字型输入法输入汉字时有哪些输入方法？

动手做1 了解98版五笔字型输入法的基本输入方法

98王码输入方法：将汉字拆分成码元，由基本码元所在的键位进行编码，用1～4个英文字母组成的编码来表示一个汉字，最多只能取四码（输入时编码用小写）。在汉字编码中，共有6763个汉字。

98王码五笔字型编码遵从人们的习惯书写顺序，以基本码元为单位组字编码。其取码原则如下：

98王码均直观，依照笔顺把码编；
键名汉字打四下，基本码元请照搬；
一二三末取四码，顺序拆分大优先；
不足四码要注意，交叉识别补后边。

动手做2 键名汉字输入

键盘表中各键位左上角的主码元称为键名。键名是一组代表性强、组字频率高的基本码元。除X键的键名是“幺”外，其他键名本身就是一个汉字，一共有25个。

键名表示的汉字称为键名汉字，其编码规则为，连击该键4次即可。例如：

王（GGGG）	土（FFFF）	大（DDDD）	木（SSSS）	工（AAAA）
目（HHHH）	日（JJJJ）	口（KKKK）	田（LLLL）	山（MMMM）
禾（TTTT）	白（RRRR）	月（EEEE）	人（WWWW）	金（QQQQ）
言（YYYY）	立（UUUU）	水（IIII）	火（OOOO）	之（PPPP）
已（NNNN）	子（BBBB）	女（VVVV）	又（CCCC）	幺（XXXX）

动手做3　成字码元汉字输入

键盘表中各键位上除主码元键名外，能够单独构成汉字的码元，称为成字码元。其编码规则如下：

键名码＋首笔码＋次笔码＋末笔码

当成字码元只有两笔时，其编码规则为，键名码十首笔码十末笔码。

其中，编码不足4位时，输入Space键。

其中，首先打入键名代码，即该成字码元所在的字母键。然后，拆分出该成字码元的首笔码、次笔码和末笔码，并按先后顺序打入。注意，这里拆分出的笔画必须属于5种基本笔画，而不能是码元。例如：

字例	键名码	首笔码	次笔码	末笔码	编码
用	用	丿	乙	丨	ETNH
甲	甲	丨	乙	丨	LHNH
广	广	丶	一	丿	OYGT
毛	毛	丿	一	乚	ETGN
干	干	一	一	丨	FGGH
夕	夕	丿	乙	丶	QTNY
辛	辛	丶	一	丨	UYGH
门	门	丶	丨	乙	UYHN
力	力	乙	丿		ENT
古	古	一	丨	一	DGHG
七	七	一	乚		AGN
五	五	一	丨	一	GGHG
车	车	一	乙	丨	LGNH
八	八	丿	丶		WTY
刀	刀	乙	丿		VNT
乃	乃	乙	丿		BNT
丁	丁	一	丨		SGH
几	几	丿	乙		WTN
卜	卜	丨	丶		HHY
厂	厂	一	丿		DGT

动手做4　键外字的输入

凡是“字根总表”上没有的汉字，都是“键外字”。它们都是由几个码元（字根）组合而成的，这类字称为“合体字”。

任何一个汉字不管它包含多少个码元，其输入编码都不能超过4个。单个汉字编码取码规则可归纳为，依码元排列的顺序，取第一、第二、第三和最后一个码元代码，不足四码者，可加上末笔字型交叉识别码。

1. 四元字的取码规则

其取码方法是，取第一、第二、第三、第四个码元代码。

例如：

呼　口丿丷十　KTUF　　堪　土甘八乙　FDWn　　啷　口丶艮阝　KYVB

氇　毛𠂉业日　EUOJ　　蹼　口止业夫　KHOG　　哞　口厶丿扌　KCTG

2. 多元字的取码规则

“多元字”，是指含有4个或4个以上码元的汉字。其取码方法是：取第一、第二、第三、最末一个码元代码。

例如：

廨　广勹用刀牛　OQEG　　罱　罒十冂𠂉十　LFMF

谰　讠门一罒小　YUSL　　黔　罒土灬人丶乙　LFON

3. 不足四元字的取码规则

当一个字拆不够4个字根时，它的输入编码是，先打完字根码，再追加一个“末笔识别码”。加识别码后仍不足四码时，击Space键。

4. 末笔识别码

末笔字型交叉识别码是当普通汉字（码元键盘表以外的单个汉字）拆分出的码元不足4个，产生诸多的同码字时，需要补入的一位编码，简称为识别码。识别码是由所要输入的汉字的末笔画和该字的字型来决定的。

确定识别码的区位代码有如下具体步骤：

（1）末笔画是横则识别码在横区，是竖、撇、捺、折则类推。

（2）字型若为左右型，则识别码在已定区的第一位。

（3）字型若为上下型，则识别码在已定区的第二位。

（4）若以上二者都不是，则识别码在已定区的第三位。

由此可知，识别码是先由末笔定区，再由字型定位的。

汉字有5种笔画、3种字型，因此，末笔字型交叉识别码就是末笔和字型的5×3种交叉组合而成的15种代码。末笔字型交叉识别码如表5-1所示。

表5-1　末笔字型交叉识别码总表

末　笔　画	代　　号	左右结构	上下结构	其他结构
横	1	G（11）一	F（12）二	D（13）三
竖	2	H（21）丨	J（22）刂	K（23）
撇	3	T（31）丿	R（32）//	E（33）彡
捺	4	Y（41）丶	U（42）冫	I（43）氵
折	5	N（51）乙	B（52）巜	V（53）巛

识别码仅在所含码元数较少的字中才起到较明显的作用。如果一个字本身就可以拆分成4个字根，那么其码长也达到了极限，因而就不用识别码了。

末笔字型交叉识别码应用示例：

例字	末笔	字型	码元	识别码	编码
址	横	左右	土止	11G	FHG
旮	横	上下	九日	12F	VJF
自	横	杂合	ノ目	13D	THD

例字	末笔	字型	码元	识别码	编码
剂	竖	左右	文 刂 刂	21H	YJJH
午	竖	上下	十	23J	TFJ
巾	竖	杂合	冂 丨	23K	MHK
户	撇	杂合	丶 尸	33E	YNE
沐	捺	左右	氵 木	41Y	ISY
孔	折	左右	子	51N	BNN
疤	折	杂合	疒 巴	53V	UCV

动手做5　一级简码输入

简码输入：为了减少击键次数，提高输入速度，一些常用的字，除按其全码可以输入外，多数都可以只取其前边的一至三个字根，再加Space键输入，即只取其全码的最前边的一个、二个或三个字根（码）输入，形成一、二、三级简码。

早期的PC资源极其有限，输入法软件要尽量做得小一点，所以功能相当简单，很多输入法软件连提示窗口都没有；为了减少重码，很少采用容错技术。因此，很多内容要靠死记。简码，特别是一、二级简码也要背。现在当然不必再去背了，因为软件有很多提示功能。但有些软件仍然留下早期的印记，今后可能会改进。如王码公司一些98王码软件，容错功能就不多，是简码就得按简码输入，照正常规则打四键就出不来。建议用户对简码的内容还是要认真对待。

一级简码（又称为“高频字”）共有25个（与86五笔同键同字）。分别为一（G）、地（F）、在（D）、要（S）、工（A）、上（H）、是（J）、中（K）、国、（L）、同（M）、和（T）、的（R）、有（E）、人（W）、我（Q）、主（Y）、产（U）、不（I）、为（O）、这（P）、民（N）、了（B）、发（V）、以（C）、经（X）。

这些字，用户只要击所在的键位一下，就可按Space键上屏。

顺口词：要不是以为在中国有民主，我和这产地上的工人以经一同发了。

动手做6　二级简码输入

二级简码大多是常用字，输入方法：取前两个字根代码，再加Space键。

可能有25×25=625字

实际是“有二级简码的汉字”，在86版五笔编码中有606个字（其中有11个也是一级简码字），在98版五笔编码中有613个。

86王码和98王码的二级和三级简码内容在较大差异，不要用错。98王码二级简码表（取码时先行后列）如表5-2所示。

表5-2　五笔字型98王码二级简码表

	GFDSA	HJKLM	TREWQ	YUIOP	NBVCX
G	五于天末开	牙划或苗贡	麦珀表珍万	玉班不亚琛	与击妻到互
F	十寺城某域	直中吉雷南	才垢协零无	坊增示赤过	志坡雪支坶
D	三夺大厅左	还百右面而	故原历其克	太辜砂矿达	成破肆友龙
S	本票顶林模	牙查可柬贾	枚析杉机构	术样档杰枕	札李根权楷
A	七革苦莆式	牙划或苗贡	攻区功共匹	芳蒋东蘑芝	艺节切芭药
H	睛睦非盯瞒	步旧占卤贞	睡睥肯具餐	虔瞳叔虚瞎	虑　眼眸此
J	年等知条长	处得各备和	秩稀务答稳	入冬秒秋乏	乐秀委么每
K	号叶顺呆呀	足虽吕喂员	吃听另只兄	唁咬吵嘛喧	叫啊啸吧哟

	GFDSA	HJKLM	TREWQ	YUIOP	NBVCX
L	车团因困轼	四辊回田轴	略斩男界罗	罚较 辘连	思团轨轻累
M	赋财央崧曲	由则迥崭册	败冈骨内见	丹赠峭赃迪	岂邮 峻幽
T	年等知条长	处得各备身	秩稀务答稳	入冬秒秋乏	乐秀委么每
R	后质拓打找	看提扣押抽	手折拥兵换	搞皎泉扩近	所报扫反指
E	且肚须采肛	毡胆加舆觅	用貌朋办胸	肪胶膛脏边	力服妥肥脂
W	全什估休代	个介保佃仙	八风佣从你	信们偿伙伫	亿他分公化
Q	钱针然钉氏	外旬名甸负	儿勿角欠多	久匀尔炙锭	包迎争色锴
Y	证计诚订试	让刘各亩市	放义衣认询	方详就亦亮	记享良充率
U	半斗头亲并	着间问闸端	道交前闪次	六立冰普	闷疗妆痛北
	GFDSA	HJKLM	TREWQ	YUIOP	NBVCX
I	光汗尖浦江	小浊溃泗油	少汽肖没沟	济洋水渡党	沁波当汉涨
O	精庄类床席	业烛燥库灿	庭粕粗府底	广粒应炎迷	断籽数序鹿
P	家守害宁赛	寂审宫军宙	客宾农空宛	社实宵灾之	官字安 它
N	那导居懒异	收慢避惭届	改怕尾恰懈	心习尿屡忱	已敢恨怪尼
B	卫际承阿陈	耻阳职阵出	降孤阴队陶	及联孙耿辽	也子限取陛
V	建寻姑杂既	肃旭如姻妯	九婢姐妗婚	妨嫌录灵退	恳好妇妈姆
C	马对参牺戏	犋旨台细观	矣绵能难物	叉弱纱继这	予邓艰双牝
X	线结顷缚红	引旨强细纪	乡绵组给约	纺绨纱继综	纪级绍弘比

动手做7　三级简码输入

取码时只取正常取码的前三码。 98王码三级简码一共有4000多个，这里就不一一列出。现在各种输入法都有输入提示。二级和三级简码通常都参照提示输入，很少再靠记忆输入了。

动手做8　词组的输入

词组输入又称为“连打”。好多五笔字型输入法提供大规模词组数据库，使输入更加快速。通常还提供非常方便的自定义词组的功能。用好词组输入是提高输入速度的关键。

词组输入法按词组字数分为4种，其输入法如下：

（1）二字词输入。

输入规则：每字取其全码的前两码。

例如：

单独：UJQY；键盘：QVTE；速度：GKYA；经常：XCIP。

（2）三字词的输入。

输入规则：前两个字取其第一码，最后一字取其前两码。

例如：

实际上：PBHH；出版社：BTPY；打印机：RQSM。

（3）四字词的输入。

输入规则：每个字各取第一码。

例如：

集成电路：WDJK；想方设法：SYYI；满腔热情：IERN。

（4）多字词输入

输入规则：取第一、二、三、末字的第一码。

例如：

中国人民解放军：KLWP；

中华人民共和国：KWWL。

提示

“键名汉字”、“成字字根汉字”或“一级简码”参加组词时，应从其全码中取码（以下同）。

巩固练习

1．写出下列汉字的编码。

照（　　）都（　　）景（　　）樊（　　）戆（　　）靡（　　）

露（　　）址（　　）巾（　　）黔（　　）呼（　　）蹼（　　）

哞（　　）堪（　　）谰（　　）孔（　　）沐（　　）廨（　　）

2．写出下列汉字的二级简码。

夺（　　）向（　　）骨（　　）机（　　）虚（　　）矿（　　）

冬（　　）引（　　）六（　　）给（　　）寻（　　）色（　　）

处（　　）细（　　）肖（　　）宫（　　）结（　　）扫（　　）

线（　　）组（　　）军（　　）绍（　　）渡（　　）泉（　　）

3．写出下列词组的编码。

诚实（　　）迟缓（　　）重新（　　）出售（　　）创业（　　）春节（　　）

打印（　　）带领（　　）档案（　　）担任（　　）捣蛋（　　）道歉（　　）

电冰箱（　　）大学生（　　）服务员（　　）多功能（　　）记忆力（　　）

石家庄（　　）世界观（　　）无线电（　　）幼儿园（　　）展览会（　　）

翻天覆地（　　）繁荣昌盛（　　）环境保护（　　）环境污染（　　）

开源节流（　　）劳动人民（　　）满腔热情（　　）全心全意（　　）

课后练习与指导

一、选择题

1．98王码汉字输入法引进了（　　）新概念。

A．字根　　B．笔画　　C．笔型　　D．码元

2．98王码汉字输入法中码元共有（　　）种。

A．130　　B．168　　C．245　　D．235

3．1区码元的特点是其第一笔为（　　）开始。

A．竖笔　　B．横笔　　C．撇笔　　D．捺笔

4．98王码优选出的基本码元，安排在键盘上除Z以外的（　　）个英文字母键位上。

A．16　　B．23　　C．24　　D．25

5．E键位由（　　）个码元组成。

A．12　　B．11　　C．13　　D．15

6．下列哪一个不是键名汉字（　　）。

A．禾　　B．言　　C．女　　D．工

二、填空题

1．获的拆分编码为“艹、犭、丿、犬”（AQTD）；其中________为补码。

2．键名汉字的编码规则为________。

3．成字码元的编码规则为____________________________，当成字码元只有两笔时，其编码规则为________。

4．末笔识别码有________种。

5．一级简码共有________个为使用频率最高的汉字。

6．两字词的输入规则为________，三字词的输入规则为________，四字词的输入规则为________，多字词的输入规则为________。

三、简答题

1．简述98版与86版五笔字型的主要区别。

2．学习98版五笔字型应注意哪些问题？

3．98版五笔字型中，一级简码有哪些？

4．98版五笔字型的取码规则是什么？

四、实践题

练习1：将下面的成字码元打出来。

用 斤 早 川 四 十 车 由 贝 三
古 石 厂 丁 西 戈 七 下 止 卜
士 虫 二 干 寸 力 雨 犬 几 竹
门 戋 五 米 八 儿 夕 竹 方 广
辛 六 手 小 乃 尸 羽 了 耳 九
也 刀 甲 巴 马 心 皿 文 匕 豕

练习2：将下面的合体字加入识别码。

奇 余 黄 申 骨 处 外 近 无 志
导 高 肪 夹 系 序 罕 北 仓 均
予 民 因 江 录 远 灭 苏 错 应
充 令 矛 承 冗 陈 互 幻 夜 关
严 钱 朝 茹 世 功 训 或 卡 拉
坦 这 后 气 行 争 去 与 万 胶
可 受 业 号 及 云 兴 午 看 年
桉 画 根 有 帅 项 负 分 轩 区
习 飞 复 失 引 电 软 家 庆 朱
朵 同 册 呈 变 现 你 意 直 布

练习3：双字词组输入练习。

蓝图（　　）募集（　　）勤奋（　　）
贡献（　　）通道（　　）通信（　　）
畅谈（　　）因为（　　）默契（　　）
转动（　　）转眼（　　）黑暗（　　）

练习4：三字词组输入练习。

规范化（ ）互联网（ ）习惯性（ ）
尽可能（ ）飞行员（ ）居委会（ ）
广东省（ ）实业家（ ）写字楼（ ）
科学家（ ）自尊心（ ）统计表（ ）
市盈率（ ）旅游局（ ）工程师（ ）

练习5：四字词组输入练习。

脚踏实地（ ）服务质量（ ）妥善安置（ ）
脱贫致富（ ）脱颖而出（ ）违法犯罪（ ）
进口商品（ ）超额完成（ ）环境保护（ ）

练习6：用98版五笔字型输入法输入下面的短文。

盼望着，盼望着，东风来了，春天的脚步近了。

一切都像刚睡醒的样子，欣欣然张开了眼。山朗润起来了，水涨起来了，太阳的脸红起来了。

小草偷偷地从土里钻出来，嫩嫩的，绿绿的。园子里，田野里，瞧去，一大片一大片满是的。坐着，躺着，打两个滚，踢几脚球，赛几趟跑，捉几回迷藏。风轻悄悄的，草软绵绵的。

桃树、杏树、梨树，你不让我，我不让你，都开满了花赶趟儿。红的像火，粉的像霞，白的像雪。花里带着甜味，闭了眼，树上仿佛已经满是桃儿、杏儿、梨儿！花下成千成百的蜜蜂嗡嗡地闹着，大小的蝴蝶飞来飞去。野花遍地是：杂样儿，有名字的，没名字的，散在草丛里，像眼睛，像星星，还眨呀眨的。

“吹面不寒杨柳风”，不错的，像母亲的手抚摸着你。风里带来些新翻的泥土的气息，混着青草味，还有各种花的香，都在微微润湿的空气里酝酿。鸟儿将窠巢安在繁花嫩叶当中，高兴起来了，呼朋引伴地卖弄清脆的喉咙，唱出宛转的曲子，与轻风流水应和着。牛背上牧童的短笛，这时候也成天在嘹亮地响。

雨是最寻常的，一下就是三两天。可别恼，看，像牛毛，像花针，像细丝，密密地斜织着，人家屋顶上全笼着一层薄烟。树叶子却绿得发亮，小草也青得逼你的眼。傍晚时候，上灯了，一点点黄晕的光，烘托出一片安静而和平的夜。乡下去，小路上，石桥边，撑起伞慢慢走着的人；还有地里工作的农夫，披着蓑，戴着笠的。他们的草屋，稀稀疏疏的在雨里静默着。

天上风筝渐渐多了，地上孩子也多了。城里乡下，家家户户，老老小小，他们也赶趟儿似的，一个个都出来了。舒活舒活筋骨，抖擞抖擞精神，各做各的一份事去。“一年之计在于春”；刚起头儿，有的是工夫，有的是希望。

春天像刚落地的娃娃，从头到脚都是新的，它生长着。

春天像小姑娘，花枝招展的，笑着，走着。

春天像健壮的青年，有铁一般的胳膊和腰脚，他领着我们上前去。

模块06 新世纪五笔输入法

你知道吗？

新世纪五笔字型输入法，简称新世纪五笔，是王永民教授于2008年1月28日推出的第三代五笔字型输入法，该版本又称为标准版。新世纪五笔建立新的字根键位体系，重码实用频度降低，取码更加规范。

学习目标

- 新世纪五笔输入法简介
- 新世纪五笔字型码元键盘分布
- 新世纪五笔字型补码码元
- 使用新世纪五笔字型输入法
- 大一统五笔字型软件简介

项目任务6-1 新世纪五笔字型输入法简介

探索时间

想一想新世纪五笔输入法对86版和98版五笔字型输入法做了哪些改进？

新世纪五笔输入法从理论和实践两个方面，都取得了质的突破，实现了对86版和98版的再创新。新世纪五笔输入法重码实用频度降低，取码规范化，打起顺手；在规律性、易学性等方面也都有显著的进步。

新世纪版对86版和98版做了如下改进。

（1）规范性。

86版在某些字中的末笔识别码的取法上迁就了习惯写法，如我、找、龙、成……

这些字由于有一大部分有倒插笔的习惯，所以在86版中，人为地规定末笔为“丿”。而在国家笔顺规范中，这些字的末笔为“、”，因此，在新世纪版编码时，统一将这些字规定为依照国家标准，末笔均定义为“、”。

98版在编码取码上进行了规范性的改进，如“我、找”等字，用户书写习惯有的是以“丿”为末笔，有的是以“、”为末笔，在98版中，都按照国家笔顺规范，定义这些字的末笔为“、”，在新世纪版编码体系中，同样也沿袭了这些标准，末笔均定义为“、”。

（2）字根精减。

为确保编码方案最优，为更加方便用户记忆字根，新世纪版字根有所减少，比86版和98版都少了许多字根。

（3）键位变动。

以理论与实践为基础，为确保编码方案最优，对86版的7个字根的键位做了变动，放置在新世纪版的字根图中。如字根“乃”，在86版中是在E键上，但由于其规范笔顺为“乙、丿”，所以，新世纪中将该字根安排在了“乙”区的B键上。

对98版的4个字根的键位做了变动，重新放置在新世纪版的字根图中。如字根“牜”，在98版中是在C键上，考虑该字根以“丿”起笔，所以，新世纪中将该字根放在了“丿”区的R键上。

（4）编码兼容。

新世纪版有着科学、完备的编码体系，与86版、98版均有不同之处，但用户不用担心，新世纪版对这两个版本均做了兼容处理。

项目任务6-2 新世纪五笔字型码元键盘分布

探索时间

对于新世纪五笔字型的字根用户应如何来快速进行记忆?

为保持技术的连续性，新世纪五笔字型的25个“键名”没有变动，新设计的字根体系更加符合分区划位规律，更加科学易记而实用，按规范笔顺写汉字的人，取码输入将得心应手，新世纪字根键盘分布图如图6-1所示。

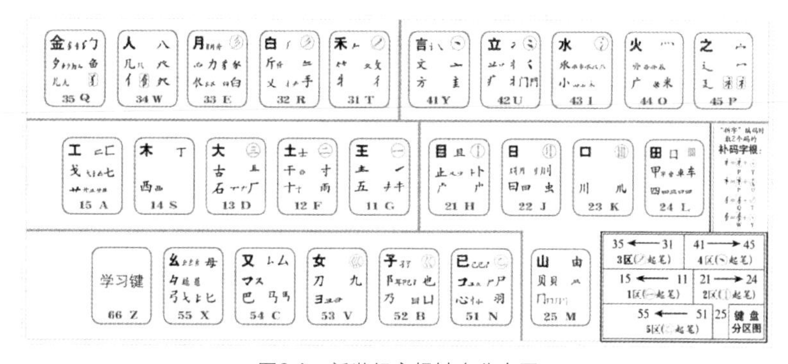

图6-1 新世纪字根键盘分布图

新世纪五笔字型输入法字根助记词口诀如下：

11 G 王旁青头五一提
12 F 土士二干十寸雨
13 D 大三肆头古石厂
14 S 木丁西边要无女
15 A 工戈草头右框七

21 H 目止具头卜虎皮
22 J 日曰两竖与虫依
23 K 口中两川三个竖
24 L 田框四车甲单底
25 M 山由贝骨下框里

31 T 禾竹牛旁卧人立
32 R 白斤气头叉手提
33 E 月舟衣力豕豸臼
34 W 人八登祭风头几
35 Q 金夕犭儿包头鱼

41 Y 言文方点在四一
42 U 立带两点病门里
43 I 水边一族三点小
44 O 火变三态广二米
45 P 之字宝盖补示衣

51 N 已类左框心尸羽
52 B 子耳了也乃齿底
53 V 女刀九巡录无水
54 C 又巴甬矣马失蹄
55 X 幺母绞丝弓三匕

项目任务6-3 新世纪五笔字型补码码元

在字根表中，用方圆框“框住”的犭、礻、衤、”(只用于繁体字)共4个字根，是“补码码元”，它们作为字根参与编码时，像姓氏中的复姓诸葛、司马一样，要编两个码：“主码（码元所在键位）+补码（规定取该码元最后的笔画结构）”，如图6-2所示。

补码码元	主码（第一码）	补码（第二码）
犭	犭 35. Q	丿 31. T
礻	礻 45. P	丶 41. Y
衤	衤 45. P	冫 42. U
[illegible]	[illegible] 32. W	丶 41. Y

图6-2 补码码元

这4个补码码元中的“犭、礻、衤”等3个字根，本身也是汉字，这3个汉字的编码规则是，要先“报户口”（主码+补码）（已占用两个码）、再打该字的第1笔和最后1笔，共取4码。即

┌─报户口─┐
第1码 + 第2码 + 首笔画 + 末笔画

犭：犭 丿 丿 丿 （字根拆分）
Q T T T （编码输入）

礻：礻 丶 丶 丶 （字根拆分）
P Y Y Y （编码输入）

衤：衤 冫 丶 丶 （字根拆分）
P U Y Y （编码输入）

提示

“补码码元”的设计，完全是为了保证键面字根的完整性和部件规范。其实，它们的编码效果和86版完全一样，只是改变了一个说法。也就是说，对于犭礻衤，就当做是86版的“犭”和“礻”仍然在Q和P键上，仍然按86版的犭＝丿、礻＝丶、衤＝冫编码输入，效果完全一样。

项目任务6-4 使用新世纪五笔字型输入法

想一想使用新世纪五笔字型输入法输入汉字时有哪些输入方法？

动手做1 了解新世纪五笔字型输入法的基本输入方法

新世纪五笔的输入方法：将汉字拆分成码元，由基本码元所在的键位进行编码，用1～4个英文字母组成的编码来表示一个汉字，最多只能取四码（输入时编码用小写）。

新世纪五笔字型的取码原则：

五笔字型均直观，依照顺序把码编。

键名汉字打四下，基本字根请照搬。

一二三末取四码，顺序拆分大优先。

不足四码要注意，交叉识别补后边。

拆字规则要牢记，字型结构要明辨。

动手做2 键名汉字输入

键盘表中各键位左上角的主码元称为键名。键名是一组代表性强、组字频率高的基本码元。除X键的键名是“幺”外，其他键名本身就是一个汉字，一共有25个。

键名表示的汉字称为键名汉字，其编码规则为，连击该键4次即可。例如：

王（GGGG） 土（FFFF） 大（DDDD） 木（SSSS） 工（AAAA）
目（HHHH） 日（JJJJ） 口（KKKK） 田（LLLL） 山（MMMM）
禾（TTTT） 白（RRRR） 月（EEEE） 人（WWWW） 金（QQQQ）
言（YYYY） 立（UUUU） 水（IIII） 火（OOOO） 之（PPPP）
已（NNNN） 子（BBBB） 女（VVVV） 又（CCCC） 幺（XXXX）

动手做3 成字码元汉字输入

键盘表中各键位上除主码元键名外，能够单独构成汉字的码元，称为成字码元。其编码规则如下：

键名码＋首笔码＋次笔码＋末笔码

当成字码元只有两笔时，其编码规则如下：

键名码十首笔码十末笔码

其中，编码不足4位时，输入Space键。

其中，首先打入键名代码，即该成字码元所在的字母键。然后，拆分出该成字码元的首笔码、次笔码和末笔码，并按先后顺序打入。注意，这里拆分出的笔画必须属于5种基本笔画，而不能是码元。例如：

字例	键名码	首笔码	次笔码	末笔码	编码
五	五	一	丨	一	GGHG
古	古	一	丨	一	DGHG
车	车	一	乙	丨	LGNH
广	广	丶	一	丿	OYGT
亻	亻	丿	丨		WTH

动手做4 键外字的输入

凡是“字根总表”上没有的汉字，都是“键外字”。它们都是由几个码元（字根）组合而成的，类字又称“合体字”。

任何一个汉字不管包含多少个码元，其输入编码都不能超过4个。单个汉字编码取码规则可归纳为，依码元排列的顺序，取第一、第二、第三和最后一个码元代码，不足四码者，可加上末笔字型交叉识别码。

1．四元字的取码规则

其取码方法：取第一、第二、第三、第四个码元代码。

例如：

照 日刀口灬 JVKO 重 丿一日土 TGJF
低 亻𠂆七丶 WQAY 事 一口彐亅 GKVH

2．多元字的取码规则

“多元字”，是指含有4个或4个以上码元的汉字。其取码方法：取第一、第二、第三、最末一个码元代码。

例如：

暨　彐厶匚儿日一　　VCAG　　攀　木乂乂木大手　　SRRR

3．不足四元字的取码规则

当一个字拆不够4个字根时，它的输入编码是：先打完字根码，再追加一个“末笔识别码”。加识别码后仍不足四码时，击Space键。

4．末笔识别码

末笔字型交叉识别码是当普通汉字（码元键盘表以外的单个汉字）拆分出的码元不足四个，产生诸多的同码字时，需要补入的一位编码，简称识别码。识别码是由所要输入的汉字的末笔画和该字的字型来决定的。

“识别码”是由“末笔”代号加“字型”代号构成的一个“复合附加码”。1、2、3型汉字的识别码共有15个（各有3种形式），其构成如表6-1所示。

表6-1　末笔字型交叉识别码总表

末　笔　画	代　　号	左右结构	上下结构	其他结构
横	1	G（11）一	F（12）二	D（13）三
竖	2	H（21）丨	J（22）刂	K（23）
撇	3	T（31）丿	R（32）〃	E（33）彡
捺	4	Y（41）丶	U（42）冫	I（43）氵
折	5	N（51）乙	B（52）巛	V（53）巛

识别码仅在所含码元数较少的字中才起到较明显的作用。如果一个字本身就可以拆分成4个字根，那么其码长也达到了极限，因而就不用识别码了。

末笔字型交叉识别码应用示例：

例字	末笔	字型	码元	识别码	编码
红	工	左右	纟工	11G	XAg
形	彡	左右	一 廾 彡	31T	GAEt
字	子	上下	宀子	12F	PBf
花	匕	上下	艹亻匕	52B	AWXb
同	口	杂合	冂一口	13D	MGKd

动手做5　一级简码输入

简码输入：为了减少击键次数，提高输入速度，一些常用的字，除按其全码可以输入外，多数都可以只取其前边的一至三个字根，再加Space键输入，即只取其全码的最前边的一个、二个或三个字根（码）输入，形成一、二、三级简码。

一级简码（又称为“高频字”）共有25个（与86五笔同键同字）。分别为一（G）、地（F）、在（D）、要（S）、工（A）、上（H）、是（J）、中（K）、国（L）、同（M）、和（T）、的（R）、有（E）、人（W）、我（Q）、主（Y）、产（U）、不（I）、为（O）、这（P）、民（N）、了（B）、发（V）、以（C）、经（X）。

这些字，用户只要击所在的键位一下，就可按Space键上屏。

顺口词：要不是以为在中国有民主，我和这产地上的工人以经一同发了。

动手做6　二级简码输入

二级简码大多是常用字，输入方法：取前二个字根代码，再加Space键。

新世纪二级简码表如表6-2所示。

表6-2 五笔字型新世纪二级简码表

	GFDSA	HJKLM	TREWQ	YUIOP	NBVCX
G	五于天末开	下理事画现	麦珠表珍万	玉平求来珲	与击妻到互
F	二土城霜域	起进喜载南	才垢协夫无	裁增示赤过	志地雪去盏
D	三夺大厅左	还百右奋面	故原胡春克	太磁耗矿达	成顾碌友龙
S	本村顶林模	相查可楞贾	格析棚机构	术样档杰枕	杨李根权楷
A	七著其苛工	牙划或苗黄	攻区功共获	芳蒋东蔗劳	世节切芭药
H	上歧非盯虐	止旧占卤贞	睡睥肯具餐	眩瞳眇眯瞎	卢　眼皮此
J	量时晨果暴	申日蝇曙遇	昨蝗明蛤晚	景暗晃显晕	电最归紧昆
K	号叶顺呆呀	中虽吕喂员	吃听另只兄	咬吖吵嘛喧	叫啊啸吧哟
L	车团因困羁	四辊回田轴	图斩男界罗	较圈　辘连	思辄轨轻累
M	峡周央岢曲	由则迥崭山	败刚骨内见	丹赠峭赃迪	岂邮　峻幽
T	生等知条长	处得各备向	笔稀务答物	入科秒秋管	乐秀很么第
R	后质振打找	年提损摆制	手折摇失换	护拉朱扩近	气报热把指
E	且脚须采毁	用胆加舅觅	胜貌月办胸	脑脱膛脏边	力服妥肥脂
W	全会做体代	个介保佃仙	八风佣从你	信位偿伙伫	假他分公化
Q	印钱然钉错	外旬名甸负	儿铁解欠多	久匀销炙锭	饭迎争色锴
Y	请计诚订谋	让刘就谓市	放义衣六询	方说诮变这	记诎良充率
U	着斗头亲并	站间问单端	道　前准次	门立冰普	决闻兼痛北
I	光法尖河江	小温溃渐油	少派肖没沟	流洋水淡学	泥池当汉涨
O	业庄类灯度	店烛燥烟庙	庭煌粗府底	广料应火迷	断籽数序庇
P	定守害宁宽	官审宫军宙	客宾农空冤	社实宵灾之	密字安　它
N	那导居怵展	收慢避惭届	必怕　惟懈	心习尿屡忱	已敢恨怪惯
B	卫际随阿陈	耻阳职阵出	降孤阴队隐	及联孙耿院	也子限取陛
	GFDSA	HJKLM	TREWQ	YUIOP	NBVCX
V	建寻姑杂媒	肀旭如姻妯	九婢退妗婚	娘嫌录灵嫁	刀好妇即姆
C	马对参　戏	台　观矣	能难允叉	巴邓艰叉	
X	纯线顷缃红	引费强细纲	张缴组给约	统弱纱继缩	纪级绿经比

动手做7　三级简码输入

取码时只取正常取码的前三码。三级简码的数量比较多，理论上有25×25×25=15625个，实际上有许多“空位”，这里不再列出。

动手做8　词组的输入

词组输入又称为“连打”。好多五笔字型输入法提供大规模词组数据库，使输入更加快速。通常还提供非常方便的自定义词组的功能。用好词组输入是提高输入速度的关键。

词组输入法按词组字数分为四种，它们的输入法如下：

（1）二字词输入。

输入规则：每字取其全码的前两码。

例如：

生产：丿　龶　立　丿　　TGUT；

建设：彐　二　讠　几　　VGYW。

（2）三字词的输入。

输入规则：前两个字取其第一码，最后一字取其前两码。

例如：

电视机：日 礻木 几 JPSW。

（3）四字词的输入。

输入规则：每个字各取第一码。

例如：

科学技术： 禾 扌木 TIRS。

（4）多字词输入。

输入规则：取第一、二、三、末字的第一码。

例如：

常务委员会： ⺌夂禾人 ITTW。

巩固练习

1．写出下列汉字的编码。

昏（ ）丞（ ）那（ ）飞（ ）书（ ）来（ ）
屯（ ）果（ ）监（ ）典（ ）垂（ ）禹（ ）
竹（ ）报（ ）县（ ）产（ ）鹤（ ）补（ ）
母（ ）贯（ ）敢（ ）庚（ ）首（ ）追（ ）

2．写出下列汉字的二级简码。

晨（ ）非（ ）由（ ）处（ ）且（ ）体（ ）
起（ ）才（ ）胡（ ）占（ ）轴（ ）貌（ ）
守（ ）马（ ）旭（ ）降（ ）审（ ）燥（ ）
妇（ ）安（ ）立（ ）派（ ）解（ ）偿（ ）

3．写出下列词组的编码。

校园（ ）效率（ ）献身（ ）细致（ ）吸引（ ）物质（ ）
危险（ ）为难（ ）威望（ ）武汉（ ）物理（ ）希望（ ）
拖拉机（ ）托儿所（ ）唯心论（ ）宣传部（ ）印度洋（ ）
积极性（ ）主动权（ ）自然界（ ）责任制（ ）印度洋（ ）
工作总结（ ）国家利益（ ）技术改造（ ）精神文明（ ）
领导干部（ ）埋头苦干（ ）少数民族（ ）数据处理（ ）

项目任务6-5 大一统五笔字型软件简介

大一统五笔字型普及版，是王码公司开发的正宗普及版五笔字型软件，含20项创新功能，如五笔、拼音无切换混打，动态造词，批量造词，智能数值，900个符号快捷输入法等。内含86、98、新世纪“三代版本”五笔字型，三个版本功能互不影响。

动手做1 五笔输入法状态条

安装王码大一统五笔字型2012后，用鼠标左键单击屏幕右下角的语言栏，便会弹出一个“输入法选择”列表，从中选择“王码五笔字型2012”，这时屏幕的左下角会出现五笔字型输入法状态条，如图6-3所示。

图6-3　新世纪输入法状态条

（1）“中英文切换”按钮。

这个按钮在状态条的最左端，它有两种状态。如当前的状态是中文状态，即五笔字型状态，状态条上用作标识。按一下Shift键或使用鼠标左键单击一下该按钮，即可切换为英文输入状态，这时该按钮上以作标识，再单击一下按钮或按一下Shift键，又可切换回到五笔字型输入法状态。

（2）当前输入法版本标识。

第一代：86版，输入法状态条显示“王码五笔 86”。

第二代：98版，输入法状态条显示“王码五笔 98”。

第三代：新世纪版，输入法状态条显示“王码五笔 新”。

（3）“全半角”按钮。

初始状态是半角状态时，按钮以月牙为标识。此时输入的字母、数字都占半个汉字位置。用鼠标左键单击一下该按钮，即可变成全角状态，该按钮上的半月变为满标识。此时输入的字母、标点和数字，都占一个汉字的位置。再单击一下该按钮，即可切换回到半角状态。

（4）“标点符号”按钮。

此按钮显示当前的标点符号属性。当状态是英文标点符时，按钮上以英文的句号和逗号作为标识。如用鼠标左键单击下该按钮，即可切换成中文标点状态；这时，该按钮上的英文标点符号变成中文的句号和逗号作为标识。若再点一下该按钮，又可以切换回到英文标点状态。

（5）“软键盘”按钮。

当“软键盘”按钮为状态时，说明软键盘处于关闭状态，此时，软键盘不可用，用鼠标左键单击一下软键盘按钮，即可打开软键盘，标识为。

（6）“造词”按钮。

在文本框中输入需要造的词语，然后选中该词语，再用鼠标单击下输入法状态栏上的按钮，就可以完成造词。

动手做2　版本的切换

大一统软件涵盖五笔字型（86、98、新世纪）的三代版本，用户可以在这三个版本之间进行切换。使用鼠标右键单击状态条，在快捷菜单中选择“设置”命令，打开“属性设置”对话框，如图6-4所示。在“检索参数”选项卡中单击“编码方案”下拉列表，用户可以选择自己习惯的五笔字型版本（软件默认新世纪版），设置完毕，单击“保存”按钮。

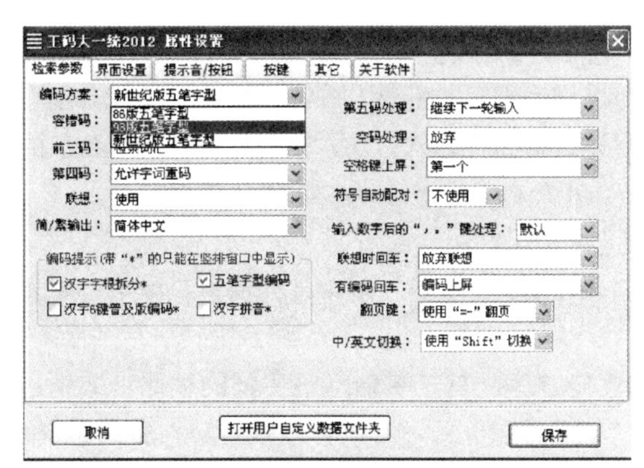

图6-4　设置大一统五笔的版本

动手做3 基本设置

在如图6-4所示的“属性设置”对话框中用户可以对五笔输入法的一些属性进行设置。

（1）容错码。当设置不允许状态时，系统只允许按正确的编码输入。

（2）“前三码”词汇检索方式。选择检索词汇方式，输入任何编码都显示词汇，选择不检索词汇方式，只有输入够四个编码时才显示词汇。

（3）字词联想。该功能开启后，系统自动地把词库中以刚刚输入的字开头的词语“联想”出来，显示在重码选择窗口中，用户可直接选择输入。

（4）联想时回车。当联想窗口显示时，按下Enter键有两种处理方法。一种是关闭联想窗口并且输入一个Enter键；另一种是只关闭联想窗口。

（5）符号自动配对。符号自动配对功能，实现了输入符号时的智能输入和转换。 当选择使用时，会自动输入左右两个符号。

（6）“简/繁体输出”。用户在此可以选择是简体输出还是繁体输出。

（7）在Space键上屏列表中如果选择第一个，则Space键上屏第一个候选字，如果选择第二个则Space键上屏第二个候选字。

在“属性设置”对话框中单击“界面设置”选项卡，如图6-5所示。

在“界面设置”选项卡中用户可以对五笔的界面进行以下设置：

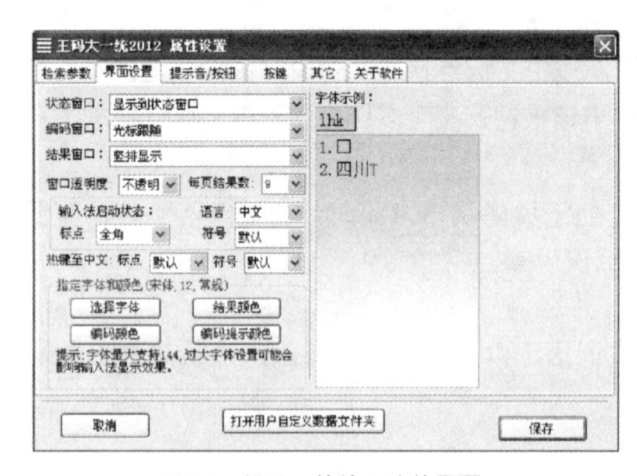

图6-5 设置五笔输入法的界面

（1）“编码”窗口。选择光标跟随编码输入窗口跟随光标自动移动；固定位置指编码输入窗口固定在屏幕下方。

（2）“输入法状态栏”窗口。显示到语言栏，表示输入法状态条会嵌入到输入法语言栏的窗口中，会跟随语言栏移动；显示到状态窗口，表示输入法状态条会独立的显示在屏幕上，手工可以移动屏幕的任何位置。

（3）结果窗口。用户可以选择结果窗口是横排还是竖排。

（4）“窗口透明度”。其中窗口包括状态条、编码输入窗口、候选列表窗口；透明度范围：0%～90%，如果其值为0% 窗口不透明，窗口显示在最上面，完全遮挡住下面的内容；如果其值为90%，窗口几乎是透明的，能够看到被窗口遮挡部分的内容。

动手做4 拼音输入

在王码大一统五笔字型2012输入状态下，可以按下Z键，再输入拼音，既可以打单字，也可以打词组。在王码大一统五笔字型2012（三个版本任一版本）中，都可以进行拼音输入。输入拼音后，在候选窗口的字词旁边列出了五笔编码，用户可以用来学习，如图6-6所示。

辅zhongguo
1. 中国 KHLG
2. 中 KHK
3. 种 TKHH
4. 重 TGJF
5. 众 WWWU
6. 终 XTUY
7. 钟 QKHH
8. 忠 KHNU
9. 仲 WKHH

图6-6 拼音输入

动手做5 重码字词调序

在王码大一统五笔字型2012软件中，用户可根据自己的需要随意调整重码字、重码词的优先顺序。

要调整一个字词的优先顺序，首先要输入该字词的编码，或输入词语的第一个字，并使将要调序的字词出现在“候选窗口”中，把鼠标指针移动到需要调整的字词序号上，此时出现“按下调整”提示，这时按下鼠标左键，把鼠标指针移动到需要调整的位置上放开鼠标按键，即可调整该字词在候选列表中出现的顺序。

例如，调整“广”字优先序，“广”原来的词序是第4个，如图6-7所示。调整后的顺序，“广”一词的词序为第2个，如图6-8所示。

图6-7 调整前的顺序

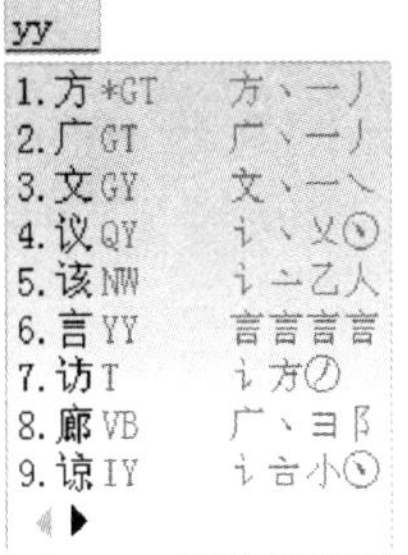

图6-8 调整后的顺序

动手做6 快捷键

在王码大一统五笔字型2012软件中有一些非常实用的快捷键：

（1）Z键：输入拼音。

（2）Shift：一键切换，实现中英文输入状态互换。

（3）Ctrl+.组合键：切换中英文标点。

（4）Shift+Space（空格键）组合键：切换全/半角。

（5）Ctrl+Space（空格键）组合键：打开、关闭输入法。

（6）Ctrl+Shift组合键：切换输入法。

（7）Enter（回车键）：上屏输入的编码，有使用联想功能时，可以关闭联想列表窗口（可选）。

（8）+、-键：结果窗口向后、向前翻页。

（9）Esc键：关闭编码框和结果窗口。

动手做7 造词功能

王码大一统五笔字型2012软件可以造长达32个汉字的词，词中可包含有字母、数字、标点符号，造词成功后系统自动按词汇的取码法生成编码。

第一种造词方法是在文字编辑软件中输入需要造的词语，然后选中该词语，再用鼠单击输入法状态栏上的词按钮，此时在屏幕上会显示如图6-9所示的提示，此时就完成了造词。

造词成功：空格键。编码：psqv

图6-9 造词提示

第二种造词方法是在文字编辑软件中选择王码大一统五笔字型2012输入法，按下Z键，输入新词语的全部拼音编码，然后依次选择对应的汉字，选择完后，按下Space键，新词就造好了。

用以上两种方法造词成功后，新词即被存入词库中，即可使用新词语。

动手做8 删词

王码大一统五笔字型2012软件中自带的词和用户新增加的词，都可以删除。

要删除一条词汇，首先要输入该词汇的编码，或输入该词的第一个字，并使将要删除的词汇出现在“候选窗口”中，把鼠标移动到要删除的词汇序号上，会出现“按下调整”提示，这时按下鼠标左键，然后把鼠标指针移动到窗口外，会出现“删除”提示，放开鼠标按键，即可将该词删除，如图6-10所示。

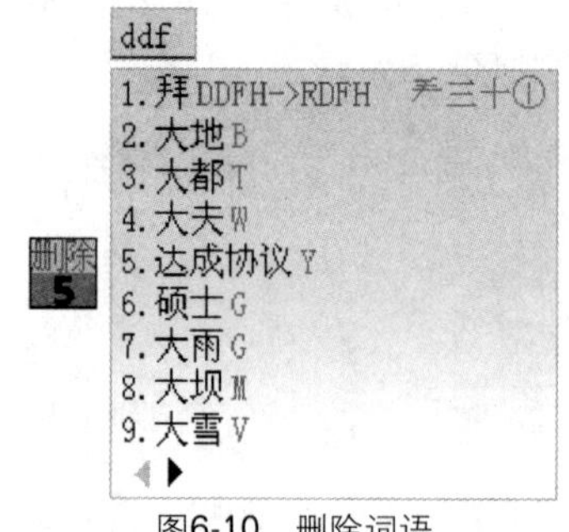

图6-10　删除词语

课后练习与指导

一、填空题

1. 犭的编码为________，礻的编码为________，衤的编码为________。
2. 键名汉字的编码规则为__________________。
3. 成字码元。其编码规则为__________________________________，当成字码元只有两笔时，其编码规则为_________________。
4. 末笔识别码是由所要输入的汉字的_______和该字的_______来决定的。
5. 二级简码大多是常用字，输入方法为____________________。
6. 选中某个词语，然后用鼠单击输入法状态栏上的_____按钮，即可完成造词。

二、简答题

1. 背诵一下新世纪五笔字型输入法字根助记词口诀。
2. 如何在大一统五笔字型软件中切换五笔字型的版本？
3. 如何在大一统五笔字型软件中使用拼音输入？
4. 新世纪五笔字型的取码规则是什么？

三、实践题

练习1：将下面的一级简码打出来。

一　地　在　要　工　上　是　中　国　同　和　的　有

人　我　主　产　不　为　这　民　了　发　以　经

练习2：利用二级简码打出下面的汉字。

域　起　才　过　志　并　站

左　还　故　达　成　底　广

林　相　格　枕　杨　之　密

工　牙　获　劳　世　嫁　刀

虑　止　餐　昡　卢　院　也

暴　申　昨　景　电　懈　心

呀　中　吃　咬　叫　陈　耻

羁　四　图　较　思　宙　客

曲　由　败　丹　岂　度　店
生　处　笔　入　乐　展　收
找　年　手　护　气　江　小

练习3：利用新世纪五笔打出下面的汉字。

正　兀　下　击　灭　歹　死　来
于　夹　与　屯　刺　夷　严　束
曹　柬　丙　亚　求　吏　囊　再
万　豕　事　平　甫　熬　才　未
鄢　无　夫　毂　井　考　墙　丧
武　戋　页　辰　靥　臧　丈　爽
太　尴　尬　尤　咸　戍　戊　成
戌　面　百　不　贰　盛　本　酉

练习4：两字词组输入练习。

一点　一面　一时　一同　一下　一再　整天　正是
因而　英国　于是　越南　酝酿　再三　正直　正巧
遭遇　早日　早上　真相　真正　整理　整整　正式
茁壮　字库　阻力　最近　医院　男性　爱情　帮忙
增长　增大　增设　赠送　崭新　战斗　战略　战术
装配　装卸　装置　壮大　壮丽　状态　战役　制造

练习5：三字词组输入练习。

财政部　邮电部　后勤部　拉萨市　所有制　拖拉机　技术员
单方面　北京市　摩托车　计算机　局限性　畜产品　评论员
司法部　发电机　展览会　必然性　展销会　必要性　司令员
工艺品　思想上　甚至于　共青团　基本上　大无畏　大规模
责任心　目的地　沈阳市　游泳池　少先队　电影院　必需品
电风扇　贵阳市　唯心论　国际部　国民党　图书馆　思想性
大城市　大幅度　有效期　十进制　南昌市　无所谓　动物园

练习6：四字词组输入练习。

蒸蒸日上　劳动模范　基本原则　与此同时　严格要求　显而易见
同甘共苦　由此可见　岂有此理　基础理论　基本国策　共产主义
有理有据　奋不顾身　顾此失彼　大显身手　历史意义　有根有据
献计献策　不言而喻　电报挂号　归根到底　电话号码　另一方面
中国政府　中央委员　唯物主义　中间环节　默默无闻　国务委员
各式各样　科研成果　先进事迹　自动控制　和平共处　微不足道

练习7：多字词组输入练习。

有志者事竟成　内蒙古自治区　中央政治局　西藏自治区　有志者事竟成
内蒙古自治区　广西壮族自治区　中华人民共和国　人民代表大会
中国共产党　国务院总理　中国人民解放军　新闻发布会
中国共产党　中中央委员会　人民大会堂　从实际出发　为人民服务
中国科学院　全民所有制　中国科学院　中央政治局　中央书记处

模块07 万能五笔输入法

你知道吗？

万能五笔输入法集百家之长，而自成特色。它集成了通用的五笔、拼音、英语、笔画、拼音 + 笔画、英译中等多种输入法，成为一个学习和使用连成一体、功能强大而又使用方便的输入软件。它所包含的输入法全部输入都是智能化，不需要用户在各种输入方法之间切换，使用起来方便快捷。你会五笔打五笔；会拼音打拼音；会英语打英语；五笔、拼音、英语都不会，就打5个简单的笔画；还有拼音+笔画等。你想到什么就打什么，无需任何手工转换，轻轻松松，随心所欲，一看就懂，一学就会，一生享用。

学习目标

- 万能五笔的基础知识
- 用万能五笔输入文字
- 万能五笔实用技巧
- 万能五笔的设置

项目任务7-1 万能五笔的基础知识

探索时间

想一想万能五笔有哪些特点？

动手做1 万能五笔的特点

万能五笔可谓是集百家之所长，又不失自身特色的新型输入法，其特点如下。

（1）多元输入法。

万能五笔用多重（多元）汉字编码代替传统的单一编码。具体地说，就是要设计并实现一种包含多种互不冲突、相辅相成、相互取长补短的汉字编码方案的万能汉字输入法，即在一种汉字编码输入状态下，对任一个汉字或词组短语，同时存在多种编码输入途径，从而提供更便利、更高效的编码输入。

（2）自动转换编码输入方式。

万能五笔最大的特点是在一种状态下多种输入方式并存，互不冲突而又相互补充，而且无需用户做任何的手工切换，就可以直接使用最熟悉的输入法。只要想到什么，就输入什么，用户输入汉字（词）的方式可随时自动变换，十分自然，让用户面对的是一个具有智能的汉字输入工具，倍感方便。

（3）输入方便自然。

具备步步提示功能，输入编码与转换汉字能同步进行，输入错误能得到及时纠正，不用输全编码就能选字上屏。

（4）可最大限度提高输入效率。

万能五笔是多种输入方式的结合，使输入效率得到了大大提高。使用万能五笔时，首选当然是五笔型，因为它重码最少；拼音可随时作为补充，在忘记五笔型编码时，可以尽快完成输入。有词组就尽量输词组，有简码就尽量输简码。对于有些用拼音不标准、英语很难表达、五笔难拆的汉字，可尝试用既原始又简单可行的单笔画输入，保证百试百中。对于一些重码特别多的拼音单字输入，可用拼音+笔画的方法以尽量减少重码，又可避免繁琐的翻页查找。

（5）“英译中”、“中译英”输入功能。

如果英语比较熟练的话，可以采用英语来输入汉字，这种方法不仅适用于很多常用的词组和短语，而且可以用来输入很多特定的专业词组，这有助于最大限度地提高汉字输入的效率。

万能五笔还可以作为简易的电子词典，实现“中英互译”的功能。如果遇到英语单词不懂它的中文意思时，可以直接用万能五笔输入该英语单词，就可以知道它的中文意思了。而“中译英”功能，更能让用户直接输入中文，而选择最合适的英文单词上屏，是用户写英文文章的好伙伴。

（6）强大的反查编码学习功能。

通过一种输入法学习另一种新的输入法变得更加容易。

以一种输入方式输出任何一个字词上屏后，在汉字提示区中便会反查出刚上屏的汉字。词所对应的各种反查编码以绿色显示，顺序通常为拼音、拼音加笔画、英语、五笔。

如果只选择反查五笔，在汉字提示区中便反查出只是五笔的编码，这样万能五笔又变成了学习五笔的好工具。

（7）智能记忆。

用户凡是输入过一次的重码字或词，万能五笔均会自动记忆，用户下一次再输入该字或词，万能五笔会把该字或词自动调频在第一位，用户只需直接按Space键即可上屏，无需再选数字。

（8）问号“？”万能学习查询键。

用户在输入过程中对于不懂的编码随时可用问号“？”代替，除第一个编码外其他任何一个编码均可用？代替。

动手做2　万能五笔的版本

万能五笔现有两种形式的版本：外挂版与内置版。

内置版是微软的IME内置插件，就像传统的输入法一样，其启动方法也一样，但是每新建一个窗口就必须启动一次输入法，每个窗口都要启动一个输入法程序与连接。

外挂版是一个通用的程序，只要启动一次，在所有窗口均可共用万能五笔输入法窗口，这也是EXE输入法方便使用的一大特色，同时只要用Shift单键即可以切换中英文。

外挂版和内置版的使用方法基本相同，只不过界面和设置有所不同，本模块以外挂版为例介绍一下万能五笔的使用方法。

项目任务7-2　用万能五笔输入文字

探索时间

如果小王在使用万能五笔的五笔输入时不能正确地输入某个汉字的编码，他还可以使用哪些方法来输入汉字？

动手做1 万能五笔五笔输入

在使用五笔输入时按传统的五笔字型86版正常输入即可，如使用五笔输入“舞”，如图7-1所示。

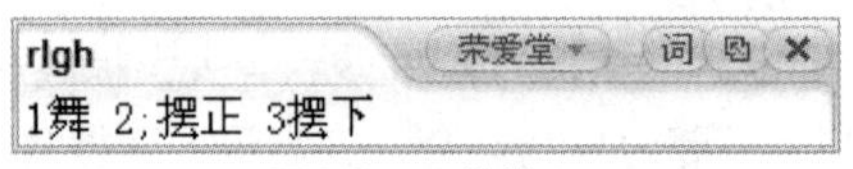

图7-1 五笔输入

1．键名汉字的输入

键名是指各键位左上角的黑体字根，它们是组字频度较高，而形体上又有一定代表性的字根，它们中绝大多数本身就是汉字，只要把它们所在键连击4次就可以了。

例如：

王：GGGG　　立：UUUU

2．成字字根汉字的输入

键名代码+首笔代码+次笔代码+末笔代码，如果该字根只有两笔画，则以Space键结束。

例如：

字例	键名码	首笔码	次笔码	末笔码	编码
石	石	一	丿	一	DGTG
厂	厂	一	丿	空格	DGT
广	广	丶	一	丿	YYGT

3．单字的输入

这里的单字是指除键名汉字和成字字根汉字之外的汉字，如果一个字可以取够4个字根，就全部用字根输入，只有在不足4个字根的情况下，才有必要追加识别码。

在输入时用户可以使用全码输入，例如，“笔”的全码为TTFN，用户在输入时可以直接输入全码，如图7-2所示。

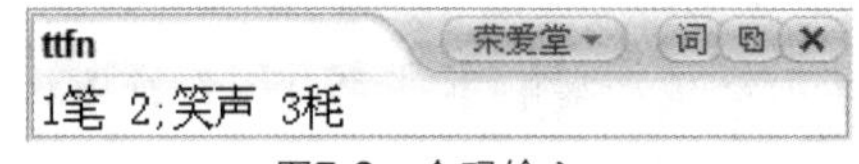

图7-2 全码输入

另外用户还可以使用简码输入，例如，“能”的全码为CEXX，简码为CE或CEX，用户在输入时可以输入全码得到能字，也可以输入简码得到能字，如图7-3所示。

图7-3 简码输入

4．简码的输入

为了提高输入速度，将常用汉字只取前边一个、两个或三个字根构成简码。

万能五笔的一级简码（又称为“高频字”）共有25个（与86五笔同键同字）：一（G）、地（F）、在（D）、要（S）、工（A）、上（H）、是（J）、中（K）、国（L）、同（M）、和（T）、的（R）、有（E）、人（W）、我（Q）、主（Y）、产（U）、不（I）、为（O）、这（P）、民（N）、了（B）、发（V）、以（C）、经（X）。

二级简码大多是常用字，输入方法：取前两个字根代码，再加Space键。

例如：

吧：口巴（KC）给：纟人（XW）

三级简码由单字的前三个根字码组成，只要击一个字的前三个字根加Space键即可。

例如，华的全码是“人七十＝”（WXFJ），再输入时输入简码“人七十”（WXF）即可。

5. 输入两个字的词组

在输入两个字的词时，每字各取前两个字根，组合成四码，例如，“万能”的编码为DNCE；“五笔”的编码为GGTT；“电脑”的编码为JNEY，如图7-4所示。

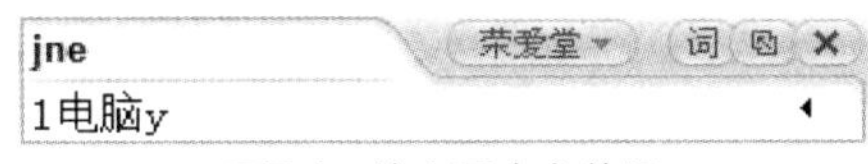

图7-4　输入两个字的词

6. 输入三个字的词组

在输入三个字的词时，取1、2两字各前1码，第3个字前两码，组合成四码。例如，“计算机”的编码为YTSM；“电脑报”的编码为JERB，如图7-5所示。

图7-5　输入三个字的词

7. 输入四个字的词组

在输入四个字的词时，取1、2、3、4字前各1码，组合成四码。例如，“万能五笔”的编码为DCGT，如图7-6所示。

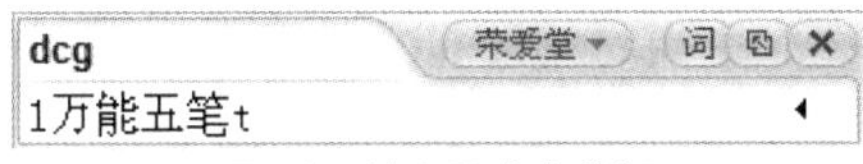

图7-6　输入四个字的词

8. 输入多字词

在输入多字的词时，取1、2、3字前各1码，末字前1码，组合成四码。例如，“中国工商银行”的编码为KLAT，如图7-7所示。

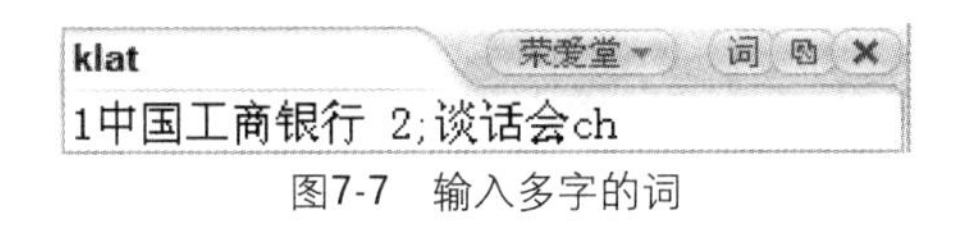

图7-7　输入多字的词

动手做2　万能五笔拼音输入

不用任何切换，直接敲入要打的字的拼音就可以了。有词组输词组，有简拼输简拼，以便更好地提高录入效率，如使用拼音输入“舞”，如图7-8所示。

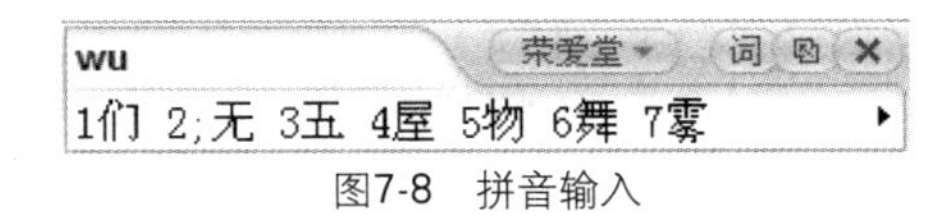

图7-8　拼音输入

1. 单字输入

在输入单字时可以使用全拼输入，如万（wan）；能（neng）；电（dian）；脑（nao）；软（ruan）；件（jian），如图7-9所示。

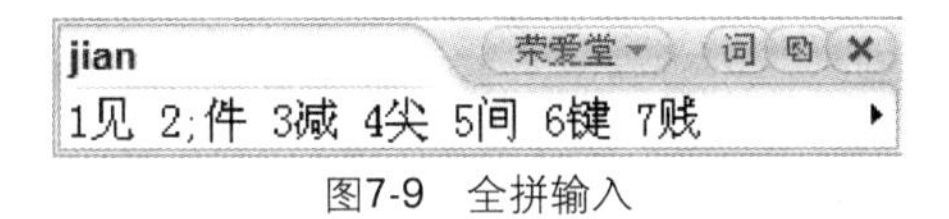

图7-9　全拼输入

2. 二字词

输入两字拼音组合，如：中国（zg、zhongguo）；电脑（diannao）；文件（wenjian）；

编辑（bianji），如图7-10所示。

图7-10　输入二字词

3．三字词

输入第一个字声母+第二个字声母+第三个字声母，如计算机（jsj）；办公室（bgs），如图7-11所示。

图7-11　输入三字词

4．四字词

输入第一个字声母+第二个字声母+第三个字声母+第四个字声母，如共产党员（gcdy）；以身作则（yszz）；万能五笔（wnwb），如图7-12所示。

图7-12　输入四字词

5．多字词

输入第一个字声母+第二个字声母+第三个字声母+最末字声母，如中华人民共和国（zhrg），如图7-13所示。

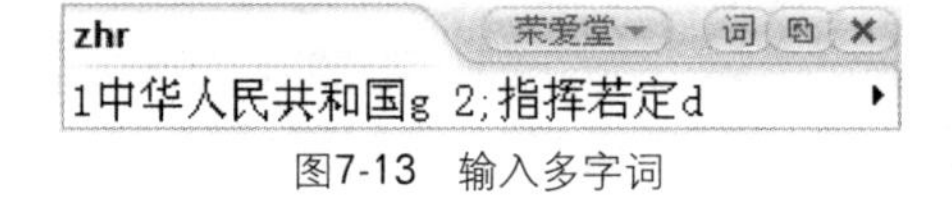

图7-13　输入多字词

动手做3　万能五笔英语输入

与其他输入法不同的是万能五笔多元输入法还提供英语输入功能，如果你英语水平不错，可用英语输入，这在某种程度上提高输入效率，因为中文有词组的英语中一个单词就搞定。

如果用户的英语水平不太理想，该功能可以帮助用户学习和运用英语，作为广大的计算机用户来说，常有一些在屏幕出现的英语单词不懂它的中文意思时，可以直接利用万能五笔输入英语单词，就可以方便地看到其中文意思了。用这功能既不用去求人也不会浪费时间，既可输入又可学习，真是一举两得。

直接输入英语单词，无需做任何的手工切换。

例如，输入“file”可以选择输出“文件”；输入“apple”可以选择输出“苹果”；输入“edit”可以选择输出“编辑”；输入“help”可以选择输出“帮助”，如图7-14所示。

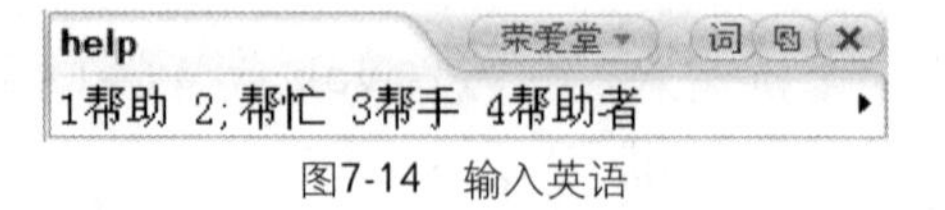

图7-14　输入英语

动手做4　万能五笔笔画输入

当用户遇到一些用拼音、五笔或英语不会输入的字，那该怎么办呢？万能五笔提供了笔画输入功能。这种原始的方法，能绝对保证在整个输入系统里一定能输入所需的汉字。

万能五笔的笔画与前面介绍的汉字的五种笔画相同，如表7-1所示。

表7-1 汉字五种笔画

笔画名称	所有键位	笔画走向	笔画及其变型	附注
横	H	左→右	一 /	提视为横
竖	I	上→下	丨 亅	
撇	P	右上→左下	丿	
捺	N	左上→右下	丶	点视为捺
折	V	带转折	乙 ㄴ ㇋ ㄅ	所有带弯钩转折

使用笔画输入汉字的方法为，前4笔+末1笔共5笔输入，不足5笔+O键输入。

例如，“用”字可以拆分为丿、乙、一、一、丨5个笔画，在使用笔画输入时可以直接输入这5个笔画的键位“PVHHI”，如图7-15所示。

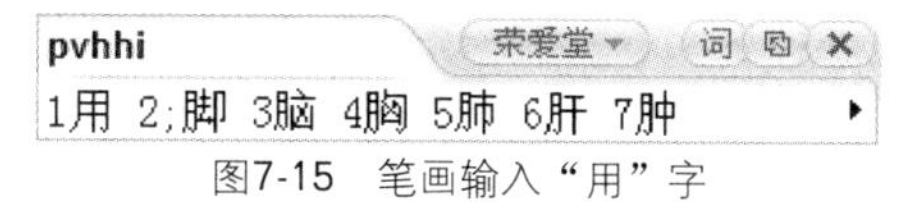

图7-15 笔画输入“用”字

“舞”字的前四个笔画为丿、一、一、丨，末笔画为丨，在使用笔画输入时可以直接输入这5个笔画的键位“PHHII”，如图7-16所示。

phhii
荣爱堂
词
1年 2;舞 3卸 4郗 5缶

图7-16 笔画输入“舞”字

“二”字只有两个笔画一和一，因此在输入时可以输入“hho”，如图7-17所示。

hho
荣爱堂
词
1二 2;卡类d 3恢弘ng 4上火o

图7-17 笔画输入“二”字

字例	第一笔	第二笔	第三笔	第四笔	末笔	编码
三	一	一	一			HHHO
肿	丿	乙	一	一	丨	PVHHI
中	丨	乙	一	丨		IVH IO
人	丿	丶				PNO
分	丿	丶	乙	丿		PNVPO
电	丨	乙	一	一	乙	IVHHV
国	丨	乙	一	一	一	IVHHH
彳	丿	丿	丨			PPIO
钟	丿	一	一	一	丨	PHHHI
脑	丿	乙	一	一	丨	PVHHI
凸	丨	一	丨	乙	一	IHIVH
学	丶	丶	丿	丶	一	NNPNH
打	一	乙	一	一	乙	HVHHV
藏	一	丨	丨	一	丶	HIIHN
凹	丨	乙	丨	乙	一	IVIVH
会	丿	丶	一	一	丶	PNHHN
字	丶	丶	乙	乙	一	NNVVH
繁	丿	一	乙	乙	丶	PHVVN
兕	丨	乙	丨	乙	乙	IVIVV

字例	第一笔	第二笔	第三笔	第四笔	末笔	编码
学	丶	丶	丿	丶	一	NNPNH
雷	一	丶	乙	丨	一	HNVIH
刘	丶	一	丿	丶	乙	NHPNV
基	一	丨	丨	一	一	HIIHH

动手做5 万能五笔拼音加笔画输入

这种方法主要是针对一些拼音重码特别多的单字输入，有助于减少单字重码，最大限度地避免了繁琐的翻页查找。在输入时，先输入该字的全拼音，再输入该字首笔与末笔的编码。例如，输入“即”，如使用拼音直接输入“ji”，翻页后排行在第 6 位，既要翻页还要再选“6”才能输出，如图7-18所示。

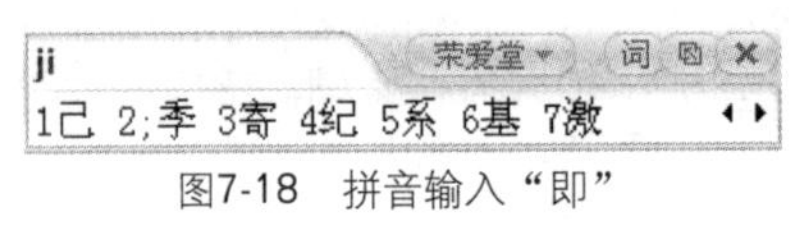

图7-18　拼音输入“即”

如果使用拼音+笔画输入，即“jihh”，输入后按Space键直接上屏，如图7-19所示。

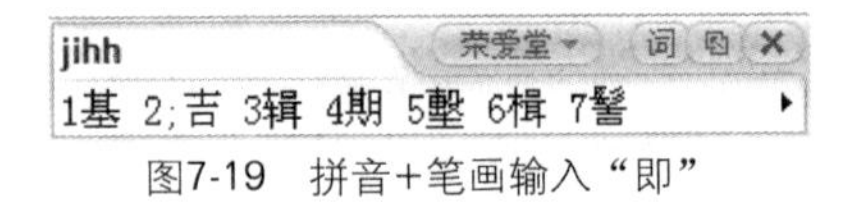

图7-19　拼音+笔画输入“即”

动手做6　特殊符号的输入

在万能五笔中除了像其他输入法一样，键盘对应的一些标点符号外，还拥有非常多的特殊符号，而且输入非常简便、多样。

在万能五笔中特殊符号输入的方法有5种：选择相应的符号命令、编码输入、调出符号软键盘。

1．编码输入

直接输入“zzb”、“zzt”和“zsz”可快速查找所有特殊符号，如不在当页可按翻页键查阅，如图7-20所示。

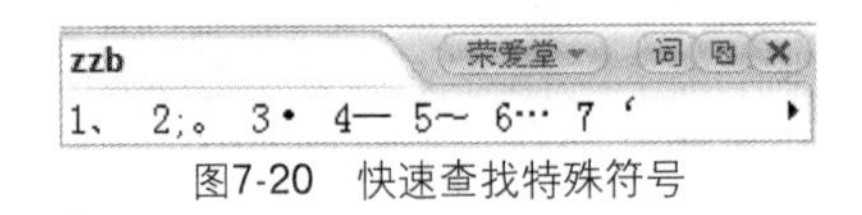

图7-20　快速查找特殊符号

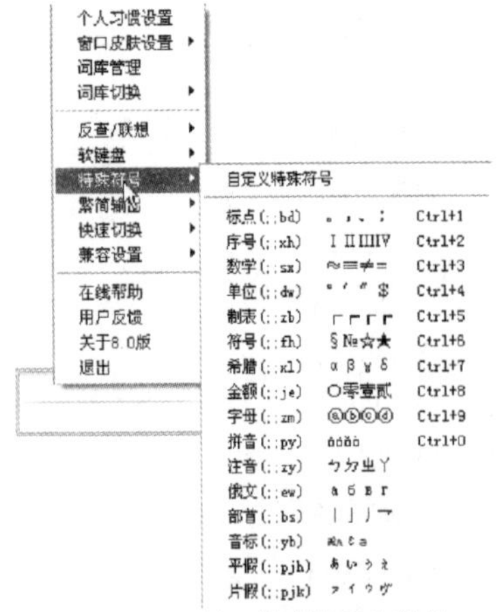

图7-21　“输入特殊符号”菜单

万能输入法在造词中将所有标点、特殊符号的编码都用“z”表示，所以zzt和zzb用来快速查找。

2．选择相应的符号命令

在输入窗口上单击鼠标右键，在打开的功能菜单中选择“输入特殊符号”命令，打开一个子菜单，如图7-21所示。

其中有12大类的特殊符号供用户选择，选择后一种类型的符号后，在操作窗口中可以显示出该类的符号，按数字键即可完成符号输入，如图7-22所示。

1Ⅰ 2;Ⅱ 3Ⅲ 4Ⅳ 5Ⅴ 6Ⅵ 7Ⅶ

图7-22 选择符号

巩固练习

1．使用万能五笔输入下列汉字，在输入时用户可以采用不同的输入方法。

给（ ）蛤（ ）答（ ）娄（ ）搂（ ）屡（ ）占（ ）

卤（ ）站（ ）粘（ ）各（ ）格（ ）客（ ）观（ ）

现（ ）宽（ ）长（ ）张（ ）涨（ ）约（ ）哟（ ）

药（ ）交（ ）胶（ ）较（ ）曾（ ）增（ ）赠（ ）

后（ ）垢（ ）牙（ ）呀（ ）你（ ）称（ ）服（ ）

霜（ ）载（ ）帮（ ）顾（ ）基（ ）睡（ ）餐（ ）

2．使用万能五笔输入下列词组，在输入时用户可以采用不同的输入方法。

草案（ ）测量（ ）陈述（ ）城市（ ）城镇（ ）翅膀（ ）

处理（ ）处境（ ）传播（ ）磁带（ ）代表（ ）担保（ ）

劳动者（ ）流水线（ ）年轻化（ ）偶然性（ ）普通话（ ）

商业部（ ）少先队（ ）日用品（ ）图书馆（ ）团支部（ ）

体育运动（ ）计划生育（ ）再接再厉（ ）国务院办公厅（ ）

自负盈亏（ ）扬长避短（ ）欣欣向荣（ ）信托投资公司（ ）

项目任务7-3 万能五笔的造词方法

探索时间

小王在使用万能五笔输入法时，经常要输入一个网络新词，为了提高该词的输入速度他应如何来做？

动手做1 屏幕取字造词

在网页或者文档中选中一个词，然后单击万能五笔窗口右侧的“词”按钮，或使用Ctrl+F10快捷键，打开“自定义词组”对话框，如图7-23所示。

在对话框的编码区，造词工具会自动生成相对应的五笔编码，如果需要全拼或简拼，也可以选中这两个选项，在下次输入时，直接输入在对话框中设置的编码，即可输入该词。

动手做2 手工造词

直接单击界面上的“词”按钮，或按Ctrl+F10快捷键，打开“自定义词组”对话框。然后在词条文本框中输入词组，造词工具会自动生成相对应的五笔编码，如果需要全拼或简拼，也可以选中这两个选项。

动手做3 自动造词

先把想要造的词组用单字打法逐个打出来，然后再用词组打法把它打出来，即可造成该词。下次就可以直接打词组。例如，“七夕节”（系统词库尚无该词），先逐个打出“ag

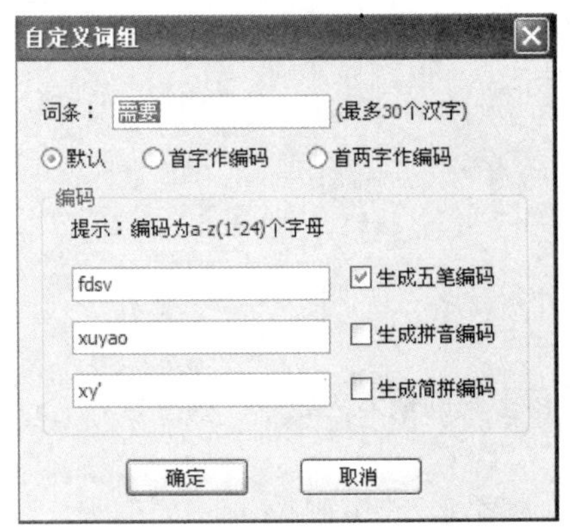

图7-23　“自定义词组”对话框

七”、“qtny夕”、“ab节”三个单字，万能五笔会临时生成“七夕节”这个词，然后打字过程中按词组打法输入“aqab”，可以看到候选词中多了“七夕节”这个词。若选择“七夕节”上屏则会自动保存到用户词库中（方便以后输入），否则关闭输入法后“七夕节”将自动清除。自动造词的设置在“个人习惯设置”的“基本设置”选项卡的“其他”设置里。

动手做4　词库的管理

在输入窗口上单击鼠标右键，在打开的功能菜单中选择“词库管理”命令，打开“词库管理”对话框。万能五笔的词库管理选项有“系统词库”、“DIY词库”、“用户词库”、“特殊符号”，选择“系统词库”选项，如图7-24所示。

图7-24　系统词库

在系统词库中可以设置列表中某一词库为系统词库，设置为系统词库后，万能五笔只使用当前的系统词库，列表中其他的词库不被使用。万能五笔默认带有两个词库，如果通过DIY词库后，列表中就会出现所DIY的词库。删除词库只能删除DIY词库，万能五笔自带的词库不能删除。

选择“DIY词库”选项，如图7-25所示。DIY词库是万能五笔的特色，完全可以用万能五笔DIY词库功能设计自己的输入法。

方法一，假设合成一个五笔98版+全拼的词库。首先安装有王码98版五笔输入法和全拼输入法，然后单击导入Windows输入法词库，选择王码98版五笔输入法和全拼输入法导入。导入后，DIY的列表中出现刚才导入的词库，接着选择这两个词库，再单击“生成词库”按钮，并给新词库起一个名字，单击“确定”按钮后生成。生成后的新词库就会出现在系统词库列表中，到“系统词库”选项中把它设置为系统词库，这样五笔98版的万能五笔就完成了。

方法二，自己编写的输入法。自己发明了一种输入法，但由于不会写程序怎么办？可以使用万能五笔的“DIY词库”功能来完成。使用记事本，以“编码+空格+字词”每一行一词条的格式编码好，保存，然后单击“导入词库”按钮，把它引入，然后选中生成。用户可以独立生成为新词库或与其他词库组合。

图7-25 DIY词库

选择“用户词库”选项，如图7-26所示。“用户词库”选项主要是对用户手工造词、自动造词或导入词库进行管理。可以进行查询、添加词组、删除词库、导入词组、导出词组、清空所有等操作。

图7-26 用户词库

项目任务7-4 万能五笔的设置

在输入窗口上单击鼠标右键，在打开的功能菜单中选择“个人习惯设置”命令，打开“万能五笔外挂功能设置”对话框。选择“基本设置”选项，如图7-27所示。

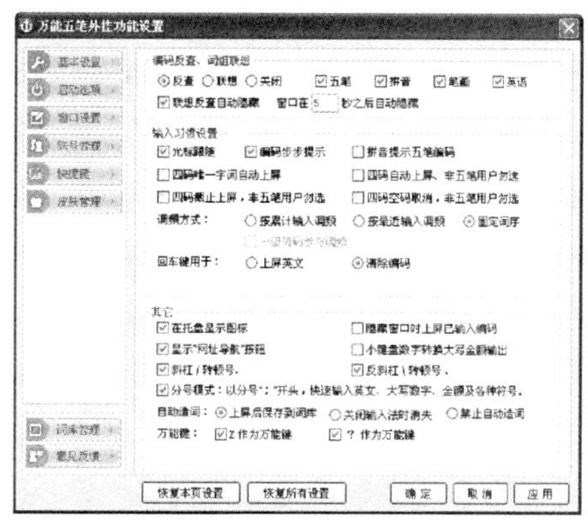

图7-27 基本设置

在“编码反查、词组联想”区域用户可以选择显示反查或联想，如果这两者都不需要可以选择“关闭”。编码反查可以选择显示某一种或多种编码，还可以设定显示编码反查和词组联想的时间。

在“输入习惯设置”区域有以下选项。

（1）光标跟随：选中该复选框后输入窗口跟着光标的位置改变而移动。

（2）编码步步提示：选中该复选框后输入时提示相关的字词编码，如输入“你好”，当输入“wqv”时，提示“你好b”。

（3）拼音提示五笔编码：当使用拼音输入时会在候选字词后面提示相应的五笔编码，如在输入“舞”时输入拼音“wu”，则在窗口中的“舞”字中会提示五笔编码，如图7-28所示。

（4）四码唯一上屏：四码唯一字词自动上屏，是指当输入第四码时只有一个对应候选字词组时就自动上屏；四码自动上屏，是指当输入第四码时有多个对应字词，而且当输入第五码时没有对应的字词（包括步步提示的字词），则前四码对应字词的首个候选字词就自动上屏；四码空码取消，是指输入第四码时没有对应的候选字词，如果再继续输入第五码就会自动清空前面四个编码，这是五笔习惯，如果选中这个选项，就会对其他的输入方式有影响；四码截止上屏，是指输入第四码时有多个对应的候选字词，当输入第五码时，前面四码对应的第一个候选字词就会上屏。

（5）词频方式：按累计输入调频是把输入次数多的字词调整到前面；按最近输入调频是把最近输入的字词调到最前面；固定词序是不改变现在的词序。在词频调整时还可以设定一级简码参不参与调频，如果选择不参与，那一级简码永远是排在第一位。

（6）Enter键的功能：一种是按Enter键清空所输入编码；另一种是把输入编码上屏。

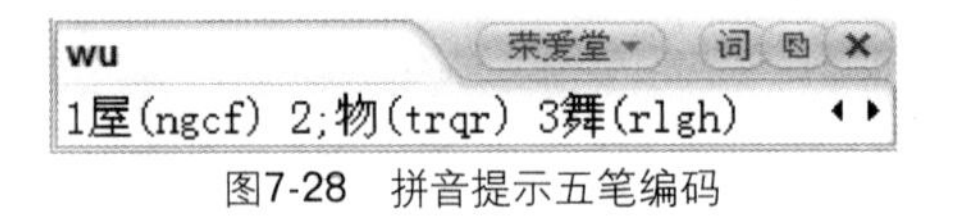

图7-28　拼音提示五笔编码

在其他设置区域有下面一些选项。

（1）在托盘显示图标：选中该复选框后，当按Shift键隐藏万能五笔时，托盘区就显示“中文CN”万能五笔的图标，如果去掉这个选项就不显示。

（2）隐藏时上屏已输入的编码：选中该复选框后，输入编码还没有处理，并且按了Shift键隐藏万能五笔，那所输入的编码就会上屏。

（3）显示“网址导航”按钮：这个选项控制万能五笔界面上的“网址导航”按钮显示或关闭。

（4）分号模式：选中该复选框后启用分号模式。

（5）自动造词：先把想造的词组单字逐个连贯输入，然后就输入词组。假设系统词库中没有“五笔”这个词，需要自动造“五笔”这个词，先打“gg五tt笔”，然后就可以打“ggtt五笔”了，这样就造成“五笔”这个词。随时保存到词库，就是把自动造成的词立即保存到词库；关闭输入法时消失，就是自动造成的词只是临时使用，并没有保存在词库，关闭输入法后就消失了。

项目任务7-5 万能五笔的使用技巧

探索时间

小王想使用万能五笔快速输入大写金额，他应如何输入？

动手做1 编码反查

使用编码反查功能，当用户输入某个汉字，可以快速反查及学习其他输入编码，无需求人和查字词典，通过一种输入法学习另一种新的输入法变得更加容易，用户可根据自己所需进行选择。如果用户在万能五笔“基本设置”的“编码反查”、“词组联想”区域选中了“五笔”、“拼音”、“笔画”和“英语”，则在输入一种编码后可以反查另外四种编码。

例如，使用拼音输入“xi”，如图7-29所示。在使“西”上屏后，会出现“编码反查”窗口，如图7-30所示。其中“sghg”是五笔编码，“hivph”是笔画编码，而“west”则是英语单词。

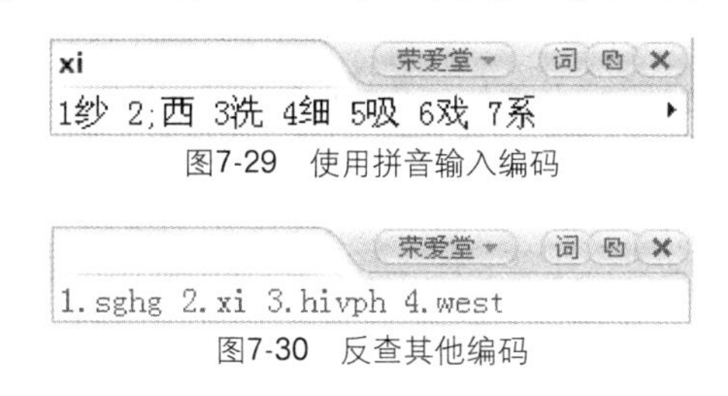

图7-29 使用拼音输入编码

图7-30 反查其他编码

动手做2 词语联想功能

使用词语联想功能输入某个汉字时，会根据词义自动进行上下文联想，使用户更加快捷地输入。

例如，用户在万能五笔“基本设置”的“编码反查、词组联想”区域选择了词语联想，使用五笔输入“uplg”，如图7-31所示。在使“帝国”上屏后，会出现“词语联想”窗口，如图7-32所示，按3键则上屏“帝国主义者”。

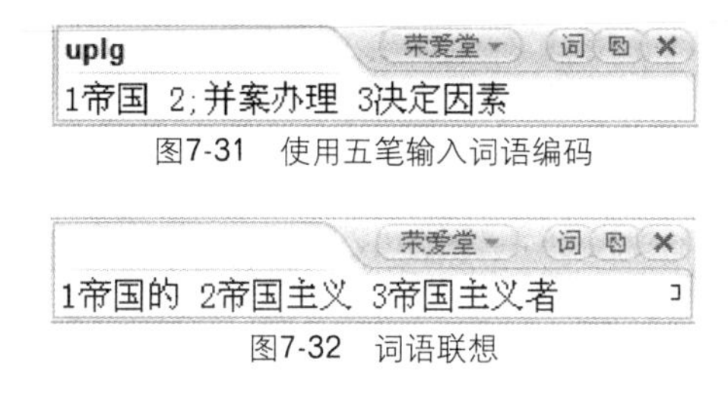

图7-31 使用五笔输入词语编码

图7-32 词语联想

动手做3 分号功能

在万能五笔中分号有很多特殊的功能，要想使用分号功能，必须在“基本设置”中选中“分号模式”复选框。

（1）分号加英文字母按Enter或Space键，英语直接上屏。

如果只是要输入少数的英文字母，可先打一个分号（；）再输入字母，再按Enter或Space键，可直接输入英文。例如，输入“；www.hxedu.com.cn”，按Enter或Space键，直接输出 www.hxedu.com.cn，如图7-33所示。

图7-33 使用分号输入英文

（2）重码时按分号选择第2位字词直接上屏。

在输入框凡是第2个字词可用分号直接上屏，代替传统的选数字 2 方法，无需移动正常指法位，又可减少手指频繁移动的疲劳。

（3）双分号加数字加j，输出大写金额元角分。

例如，输入“;; 56328j”按Space键上屏为“伍万陆仟叁佰贰拾捌元”，如图7-34所示。

输入“;; 56328.6j”按Space键上屏为“伍万陆仟叁佰贰拾捌元陆角”，如图7-35所示。

;;56328j 荣爱堂 词
1伍万陆仟叁佰贰拾捌元

图7-34　双分号输出“伍万陆仟叁佰贰拾捌元”

;;56328.6j 荣爱堂 词
1伍万陆仟叁佰贰拾捌元陆角

图7-35　双分号输出“伍万陆仟叁佰贰拾捌元陆角”

输入“;; 56328.69j”按Space键上屏为“伍万陆仟叁佰贰拾捌元陆角玖分”，如图7-36所示。

;;52368.69j 荣爱堂 词
1伍万贰仟叁佰陆拾捌元陆角玖分

图7-36　双分号输出“伍万陆仟叁佰贰拾捌元陆角玖分”

（4）双分号加数字加d，输出大写数字。

例如，输入“;; 123d”按Space键上屏为“壹贰叁”，如图7-37所示。

;;123d 荣爱堂 词
1壹贰叁

图7-37　双分号输出“壹贰叁”

（5）双分号加数字加h，输出汉字。

例如，输入“;; 56328h”按Space键上屏为“五六三二八”，如图7-38所示。

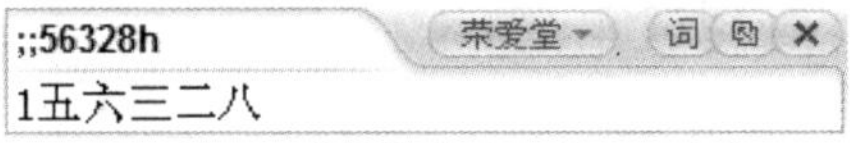

;;56328h 荣爱堂 词
1五六三二八

图7-38　双分号输出“五六三二八”

（6）双分号加数字，输出各种数据。

控制符jh输出为汉字，jd输出为大写。

例如，输入“;; 56328jh”按Space键上屏为“五万六千三百二十八”。

输入“;; 56328jd”按Space键上屏为“伍万陆仟叁佰贰拾捌”。

（7）双分号后加数字及多个小数点转换输出年月日时分秒。

控制符s输出为数字，h输出为汉字。

例如，输入“;; 2013.3.3.s”按Space键上屏为“2013年3月3日0时”，如图7-39所示。

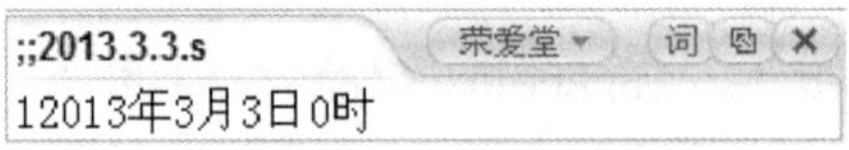

;;2013.3.3.s 荣爱堂 词
12013年3月3日0时

图7-39　双分号输出“2013年3月3日0时”

输入“;; 2013.3.3.h”按Space键上屏为“二〇一三年三月三日零时”，如图7-40所示。

;;2013.3.3.h 荣爱堂 词
1二〇一三年三月三日零时

图7-40　双分号输出“二〇一三年三月三日零时”

（8）双分号后加date或time输出系统日期或时间。

例如，输入“;; date”按Space键上屏为当天日期，如图7-41所示。

;;date 荣爱堂 词
12013年3月24日 2;2013-3-24

图7-41　双分号输出当天日期

例如，输入“;; time”按Space键上屏为当前时间，如图7-42所示。

;;time 荣爱堂 词
12013年3月24日 17:51:1

图7-42　双分号输出当前时间

巩固练习

利用万能五笔的分号功能输入下列内容：

肆仟伍佰玖拾柒元　　陆仟捌佰玖拾伍元捌角　　伍仟捌佰柒拾肆元叁角伍分

叁肆捌柒　　肆伍玖捌陆叁　　八九七六　　二三九六四八

2013年8月3日　　二〇一三年八月三日十七点六分十八秒

课后练习与指导

一、选择题

1. 用户在用万能五笔输入过程中对于不懂的编码随时可用（　　）代替。
   A. ？　　B. ！　　C. *　　D. ；
2. 使用（　　）快捷键会打开“自定义词组”对话框。
   A. Ctrl+F10　　B. Ctrl+？　　C. Ctrl+F1　　D. Ctrl+ Q
3. 万能五笔在使用拼音输入汉字时需先（　　）。
   A. 输入一个分号　　B. 先按下Z键　　C. 直接输入拼音　　D. 先按下O键
4. 在使用万能五笔笔画输入时“折”为（　　）键位。
   A. H　　B. V　　C. P　　D. N

二、填空题

1. 万能五笔之五笔输入下，“能”字的编码是________。
2. 万能五笔之拼音输入下，“能”字的编码是________。
3. 万能五笔之笔画输入下，“能”字的编码是________。
4. 使用笔画输入汉字的方法为________共5笔输入，不足5笔+________键输入。
5. 万能五笔拼音加笔画输入时先输入该字的全拼音，再输入该字________的编码。
6. 直接输入________、________和________可快速查找所有特殊符号。
7. 重码时按分号选择第2位字词直接上屏。
8. ________加数字加________，输出大写金额元角分。
9. ________加数字加________，输出大写数字。
10. ________加________输出系统当前时间。

三、简答题

1. 简述万能五笔的造词功能。
2. 简述万能五笔输入特殊符号的方法。
3. 怎样使用万能五笔的反查功能？
4. 怎样使用万能五笔的词语联想功能？
5. 怎样使用万能五笔输入符号？

四、实践题

练习1：利用万能五笔输入法输入以下汉字。

夫 替 辇 铺 脯 膊 傅 舅 岳 乒 乓
差 样 槎 限 郎 银 既 味 抹 每 毒
毓 流 慌 荒 仪 驳 架 边 别 豺 豹
貂 貅 貌 毡 毽 氇 氍 牝 牟 牡 牧
物 驵 驸 驹 驻 驼 双 驰 驽 驾 奶
仍 及 风 夙 朵 凯 凰 凳 庄 庆 床
店 庚 庭 席 座 廓 臾 舂 导 高 肪

练习2：利用万能五笔输入法输入以下词组。

一望无际 谨防 斩草除根 克勤克俭 水落石出 瑰宝
从容不迫 炎黄子孙 朦胧 艰苦奋斗 友好城市 每期
拥政爱民 岳阳楼 盘古开天 马到成功 业精于勤 勤恳
神情 吹毛求疵 广泛 互助互爱 爱莫能助 百尺竿头

练习3：利用万能五笔输入法输入以下段落。

对房地产企业而言，CRM是一个新概念，它指的是用信息化的手段有效地改善市场、销售、服务环节的流程，缩减销售周期和降低销售成本，增加收入、寻找扩展业务所需的新的市场和渠道，提高客户的价值、满意度、赢利性和忠实度，从而提升企业的核心竞争能力。万科董事长王石曾经指出："通过CRM系统，可以将市场策划、新技术应用、产品营销、售后服务等业务系统，围绕以客户为中心进行网络管理。CRM的特点是：发展商同客户互动，企业部门之间连动，信息反应及时快捷，是传统管理手段无法比拟的。"对于大多数房地产企业而言，他们还停留在交易营销的阶段。

交易营销指的是计划、组织和实施将产品转化为货币的活动。交易营销的宏观背景就是卖方市场，卖方占据主导地位，产品相对短缺，信息严重不对称等。交易营销的目标就是如何尽快赢得新的客户，把房子卖出去，把钱收回来，项目公司一般都是这种思想，品牌公司要好得多，他们为了日后再开发项目的销售，会在建立客户关系上做一些工作，但是，和客户建立关系的工作，一般又都是透过物业管理这个环节来展开的，从发展商的角度来看，和客户建立长久关系的思想并没有真正地建立起来，即便是有这样想法的发展商，也难以通过更好的方法将客户关系落实到具体的行动上。透过发展商营销预算的支出也可以清楚地看到，其中大量的钱是投到了如何赢得新客户上面，而对老客户的关注显然不够，或者是根本没有去关注，既缺乏关注老客户的动力，也缺乏关注老客户的方法。

模块 08 搜狗拼音输入法

拼音输入法是按照拼音规定来进行输入汉字的，不需要特殊记忆，符合人的思维习惯，只要会拼音就可以输入汉字。目前拼音输入法有多种，常用的有搜狗拼音输入法、QQ拼音输入法、百度拼音输入法、紫光拼音输入法、微软拼音输入法等。这些拼音输入法的使用方法大同小异，本模块就介绍一下拼音输入法的使用方法。

学习目标

- 搜狗拼音输入法的基本使用方法
- 搜狗拼音输入法的使用技巧
- 搜狗拼音输入法的设置

项目任务8-1 搜狗输入法的基本使用方法

探索时间

小王在QQ空间的说说中发表自己的心情，他想使用一个表情和符号来表达自己的心情，小王使用搜狗拼音输入法能输入表情和符号吗？

动手做1　搜狗拼音输入法的特点

搜狗拼音输入法是2006年6月由搜狐（SOHU）公司推出的一款Windows平台下的汉字拼音输入法。搜狗拼音输入法是基于搜索引擎技术的、特别适合网民使用的、新一代的输入法产品，用户可以通过互联网备份自己的个性化词库和配置信息。

搜狗拼音输入法具有以下特点：

（1）网络新词。搜狐公司将网络新词作为搜狗拼音最大优势之一。鉴于搜狐公司同时开发搜索引擎的优势，搜狐在软件开发过程中对网页进行了分析，将字、词组按照使用频率重新排列。

（2）快速更新。不同于许多输入法依靠升级来更新词库的办法，搜狗拼音采用不定时在线更新的办法，这就减少了用户自己造词的时间。

（3）整合符号。搜狗拼音将许多符号表情整合进词库，如输入“haha”得到“^_^”。另外还有提供一些用户自定义的缩写，如输入“QQ”，则显示“我的QQ号是×××××”等。

（4）笔画输入。笔画输入时以“u”做引导可以“h”（横）、“s”（竖）、“p”（撇）、“n”（捺，又作“d”（点））、“t”（提）用笔画结构输入字符。值得一提的是，竖心的笔顺是点点竖（nns），而不是竖点点。

（5）手写输入。新版本的搜狗拼音输入法支持扩展模块，联合开心逍遥笔增加手写输入功能，当用户按U键时，拼音输入区会出现“打开手写输入”的提示，或者查找候选字超过两页也会提示，单击可打开手写输入（如果用户未安装，单击会打开扩展功能管理器，可以单击“安装”按钮在线安装）。该功能可帮助用户快速输入生字，极大地增加了用户的输入体验。

（6）输入统计。搜狗拼音提供一个统计用户输入字数、打字速度的功能。但每次更新都会清零。

（7）输入法登录。可以使用输入法登录功能登录搜狗、搜狐、chinaren、17173等网站。

（8）个性输入。用户可以选择多种精彩皮肤，更有每天自动更换一款的“皮肤系列”功能。最新版本按I键可开启快速换肤。

（9）细胞词库。细胞词库是搜狗首创的、开放共享、可在线升级的细分化词库功能。细胞词库包括但不限于专业词库，通过选取合适的细胞词库，搜狗拼音输入法可以覆盖几乎所有的中文词汇。

动手做2　汉字的基本输入方法

全拼输入是搜狗拼音输入法中最基本的输入方式，切换到搜狗输入法，在输入窗口输入字词的拼音即可，然后依次选择你要的字或词即可。

如输入“任命”词组，输入“任命”二字的全部拼音“renming”，此时就会出现发“renming”音的所有词组，如图8-1所示。搜狗输入法的输入窗口很简洁，上面的一排是输入的拼音，下一排就是候选字，输入所需的候选字对应的数字，即可输入该词。第一个词默认是红色的，直接按Space键即可输入第一个词。因为“任命”二字的序号是“2”，所以可以按下2键，或者用鼠标单击“任命”，完成输入。

图8-1　拼音输入

搜狗拼音输入法默认的是5个候选词，如果第一页的候选词没有用户需要的字词用户可以可以通过单击提示板上的向右或向左黑三角进行翻页。另外用户还可以利用翻页键进行翻页，搜狗拼音输入法默认的翻页键是逗号（，）键和句号（。）键，即输入拼音后，按句号（。）键进行向下翻页选字，相当于Page Down键，找到所选的字词后，按其相对应的数字键即可输入。输入法默认的翻页键还有减号（–）键和等号（=）键及左右方括号（[]）键。

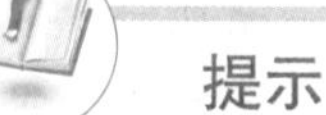

提示

推荐用户使用逗号（，）键和句号（。）键这两个键翻页，因为用逗号（，）键和句号（。）键时手不用移开键盘主操作区，效率最高，也不容易出错。

动手做3　简拼输入

简拼是输入声母或声母的首字母来进行输入的一种方式，有效地利用简拼，可以大大地提高输入的效率。搜狗输入法现在支持的是声母简拼和声母的首字母简拼。例如，想输入“赵树林”，只要输入“zhshul”或者“zsl”都可以输入“赵树林”，如图8-2所示。

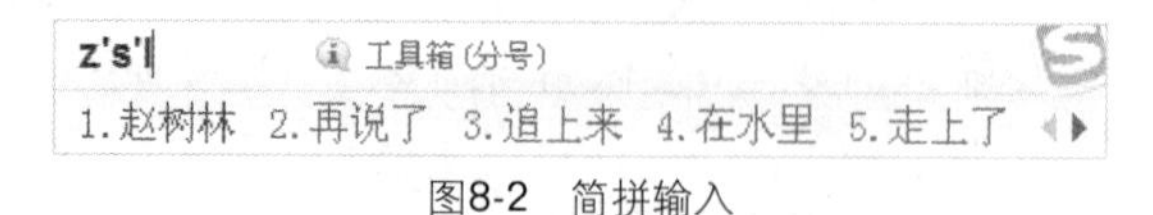

图8-2　简拼输入

同时，搜狗输入法支持简拼全拼的混合输入，例如，输入“srf”、“sruf”和“shrfa”

都可以得到“输入法”。

有效地利用声母的首字母简拼可以提高输入效率，减少误打。例如，输入“指示精神”这几个字，如果输入传统的声母简拼，只能输入“zhshjsh”，需要输入的字母多而且多个h容易造成误打，而输入声母的首字母简拼“zsjs”，就能很快得到想要的词，如图8-3所示。

z's'j's
1.指示精神 2.在世界上 3.知识竞赛 4.转瞬即逝 5.在设计上

图8-3 简拼模式

另外简拼由于候选词过多，可以采用简拼和全拼混用的模式，这样能够兼顾最少输入字母和输入效率。例如，想输入“指示精神”，输入“zhishijs”、“zsjingshen”、“zsjingsh”、“zsjingsh”和“zsjings”都是可以的，打字熟练的用户可以使用全拼和简拼混用的方式，如图8-4所示。

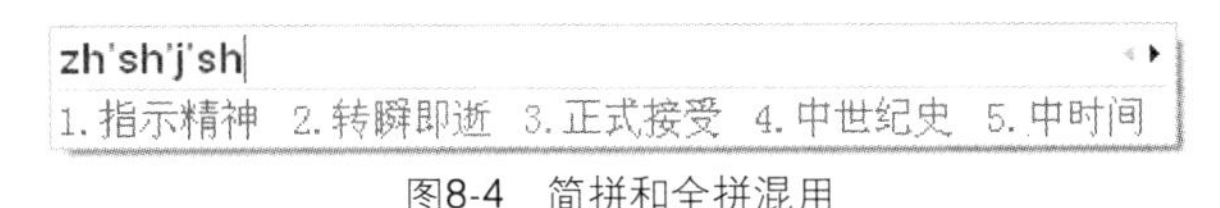

图8-4 简拼和全拼混用

动手做4 快速输入网址

搜狗拼音输入法特别为网络设计了多种方便的网址输入模式，让用户能够在中文输入状态下就可以输入几乎所有的网址。

当用户输入以“www.”、“http:”、“ftp:”、“telnet:”、“mailto:”等开头的网址时，输入法自动识别进入到英文输入状态，后面可以输入如www.phei.com.cn、ftp://phei.com.cn等类型的网址，如图8-5所示。

www.phei.com.cn　　ftp://phei.com.cn

图8-5 输入网址

动手做5 常用符号输入

搜狗输入法为用户提供丰富的表情、特殊符号库及字符画，不仅在候选上可以有选择，还可以单击上方提示，进入表情&输入专用面板，随意选择自己喜欢的表情、符号、字符画。

如用户想输入错号，此时用户只需输入“cuo”，第五个选项就是错号，如图8-6所示。使用该方法可以输入√、△等常用符号。

图8-6 输入符号

在输入时单击输入条上的提示“更多特殊符号”，则进入如图8-7所示的“搜狗拼音输入法快捷输入”对话框。在对话框的“特殊符号”列表中用户可以选择要输入的符号，也可以查看这些特殊符号的快捷输入方法。

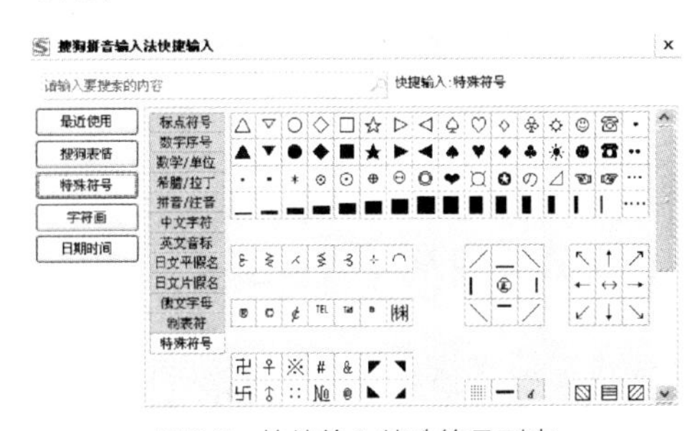

图8-7 快捷输入特殊符号列表

动手做6　表情符号输入

如果用户要输入类似于“O(∩_∩)O~”这样的表情符号，可以直接输入“heh”，第四个选项就是，如图8-8所示。

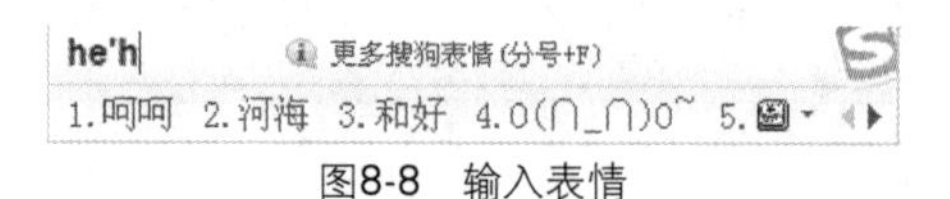

图8-8　输入表情

在输入时单击输入条上的提示“更多搜狗表情”，则进入如图8-9所示的“搜狗拼音输入法快捷输入”对话框。在对话框的“搜狗表情”列表中用户可以选择要输入的表情，也可以将鼠标指向这些表情查看表情的快捷输入方法。

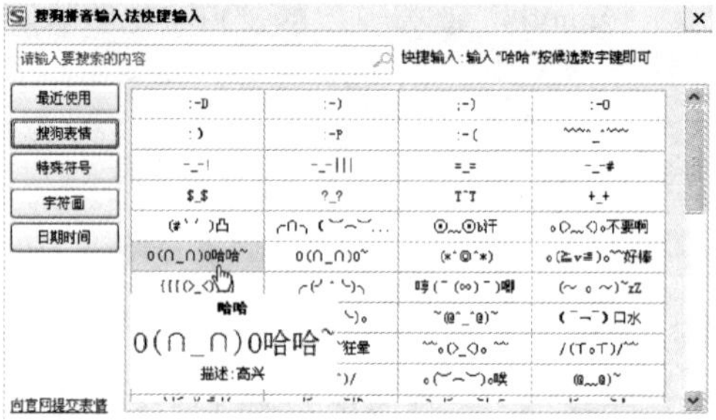

图8-9　搜狗表情

动手做7　快速插入日期

使用搜狗输入法可以快速插入日期，如要输入当前日期，只需输入“日期”的简拼“rq”，在候词窗口中还可以选择日期的格式，如图8-10所示。同样用户可以输入“时间”或“星期”，只需输入“sj”或“xq”即可。

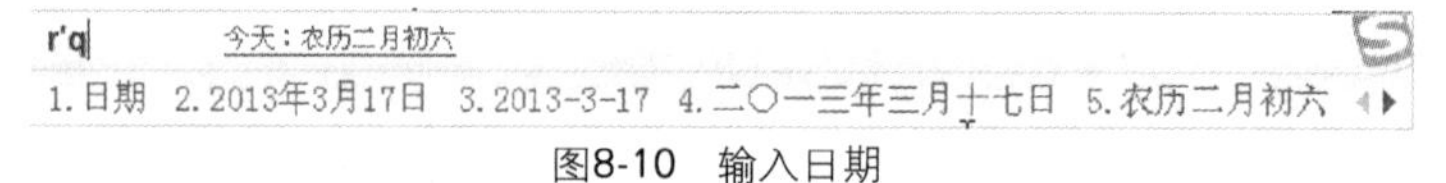

图8-10　输入日期

动手做8　生僻字的输入

在中文中类似畾、嫑、犇这样一些字看似简单但是又很复杂，大部分用户知道这些字的组成部分，却不知道这些文字的读音。对于这类文字搜狗输入法为用户提供了便捷的拆分输入，可以化繁为简，这类字用户直接输入生僻字的组成部分的拼音即可。如要输入“犇”，直接输入“niuniuniu”，第6项就是犇，如图8-11所示。

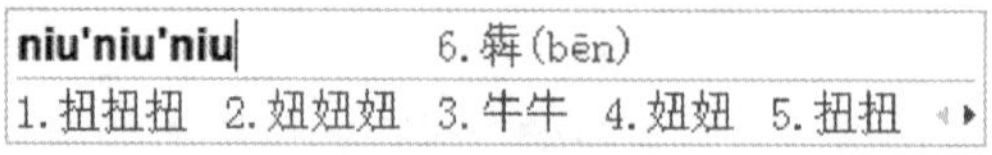

图8-11　输入生僻字

动手做9　中英文混输

搜狗拼音输入法还支持中英文混输，如输入“我要去party”，直接在中文模式下就可以打出，如图8-12所示。

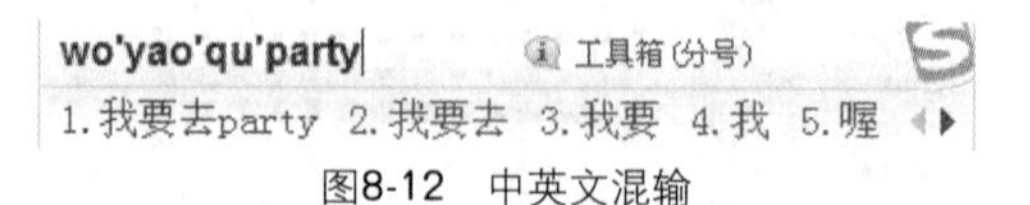

图8-12　中英文混输

动手做10　错音提示

搜狗拼音输入法还提供了错音提示功能，如“烘焙（bei）”如果错误地读成了“烘焙

（pei）”，输入法也能打出来，并提供正确的读音，如图8-13所示。

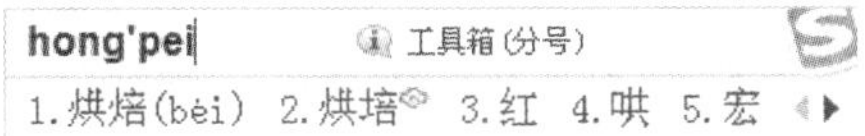

hong'pei 工具箱(分号)
1.烘焙(bèi) 2.烘培 3.红 4.哄 5.宏

图8-13 错音提示

巩固练习

1. 使用搜狗拼音输入法输入下列生僻字。

呖（ ）嫑（ ）仝（ ）堃（ ）衾（ ）耄（ ）稔（ ）

梏（ ）聒（ ）焱（ ）淼（ ）尕（ ）孖（ ）仄（ ）

竸（ ）朊（ ）棼（ ）欤（ ）汆（ ）炏（ ）燚（ ）

妏（ ）夼（ ）圻（ ）垧（ ）垤（ ）垚（ ）堍（ ）

2. 使用搜狗拼音输入法输入下列表情与符号。

o(≧v≦)o~~好棒　O(∩_∩)O哈哈哈~　(⊙o⊙)是的　(⊙o⊙)哇

∮ ∝ ¤ $ ￥ ♀ ♂ ≌ ∑ ∪ ∈

项目任务8-2 搜狗输入法的使用技巧

探索时间

小王想使用搜狗拼音输入法输入偏旁部首冖和宀，他应如何输入？

动手做1　双拼输入

双拼是用定义好的单字母代替较长的多字母韵母或声母来进行输入的一种方式。如果使用双拼，在设置属性窗口把“双拼”选中即可。具体方法如下：

（1）用鼠标单击输入法状态栏上的小扳手或者在状态栏上面单击鼠标右键，打开一个菜单，在菜单中选择“设置属性”命令，打开“输入法设置”对话框。

（2）在左侧选择“高级”选项，在“特殊习惯”区域，选择“双拼”，如图8-14所示。

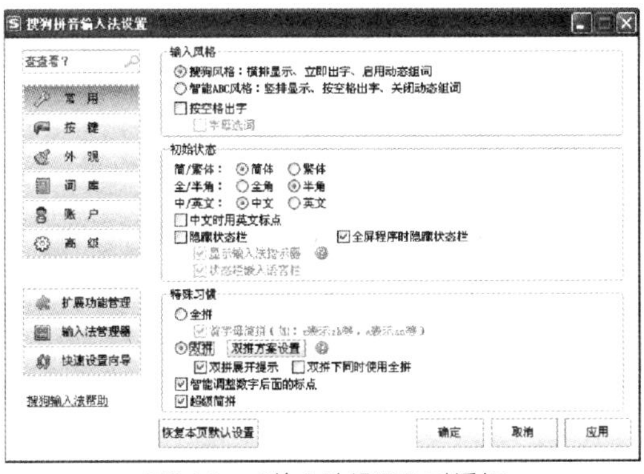

图8-14 “输入法设置”对话框

（3）如果选中“双拼展开提示”复选框，会在输入的双拼后面给出其代表的全拼的拼音提示。如果选中“双拼下同时使用全拼”复选框，双拼和全拼将可以共存输入。这两者基本上没有冲突，这可以供双拼新手初学双拼时使用。

（4）单击“双拼方案设置”按钮，打开“双拼方案设置”对话框，如图8-15所示。在该对话框中用户可以设置各个键位对应的双拼方案。

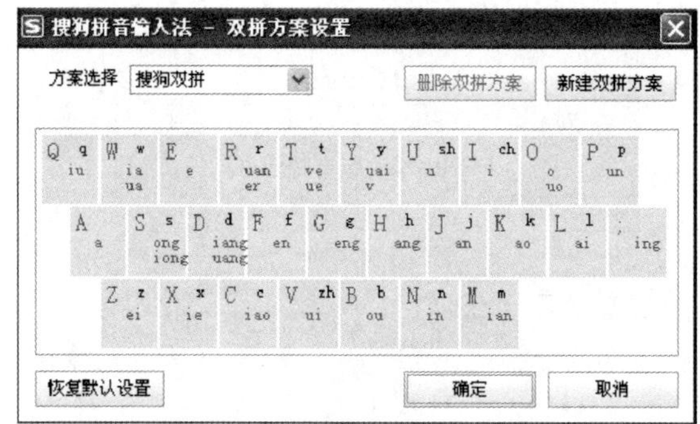

图8-15　“双拼方案设置”对话框

在启用双拼后，如要输入“天”，因为双拼方案T=t，M=ian，所以输入两个字母“TM”就会输入拼音“tian”，如图8-16所示。使用双拼可以减少击键次数，但是需要记忆字母对应的键位，熟练之后效率会有一定提高。

图8-16　双拼输入

动手做2　模糊音输入

模糊音是专为对某些音节容易混淆的人设计的，启用模糊音的具体方法如下：

（1）用鼠标单击输入法状态栏上的小扳手或者在状态栏上面单击鼠标右键，打开一个菜单，在菜单中选择“设置属性”命令，打开“输入法设置”对话框。

（2）在左侧选择“高级”选项，在“智能输入”区域单击“模糊音设置”按钮，打开“模糊音设置”对话框，如图8-17所示。

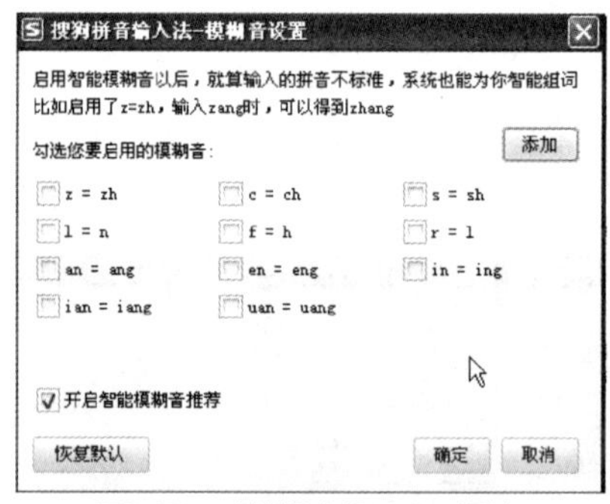

图8-17　“模糊音设置”对话框

（3）在“勾选您要启用的模糊音”区域选择要启用的模糊音，然后单击“确定”按钮。如果“勾选您要启用的模糊音”区域没有用户要启用的模糊音，用户还可以单击“添加”按钮自定义模糊音。

搜狗支持的模糊音如下。

声母模糊音：s <--> sh，c<-->ch，z <-->zh，l<-->n，f<-->h，r<-->l。

韵母模糊音：an<-->ang，en<-->eng，in<-->ing，ian<-->iang，uan<-->uang。

当启用了模糊音后，如sh<-->s，输入“si”也可以出来“十”，输入“shi”也可以出来“四”，如图8-18所示。

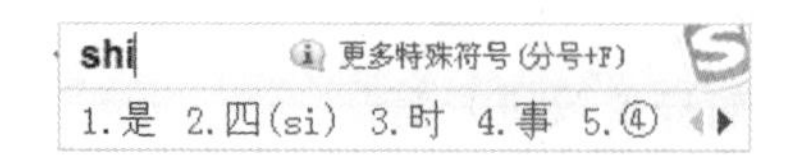

图8-18　模糊音输入

动手做3　U模式笔画输入

U模式主要用来输入不会读（不知道拼音）的字。在按下U键后，输入笔画拼音首字母或者组成部分拼音，即可得到想要的字。由于双拼占用了U键，所以双拼下需要按Shift+U组合键才能进入U模式。

U模式下的具体操作有以下几种。

1. 笔画输入

用户可以通过输入文字构成笔画的拼音首字母来打出想要的字。例如，木字由横（h）、竖（s）、撇（p）、捺（n）构成，因此在输入时可以输入“uhspn”，此时输入效果如图8-19所示。

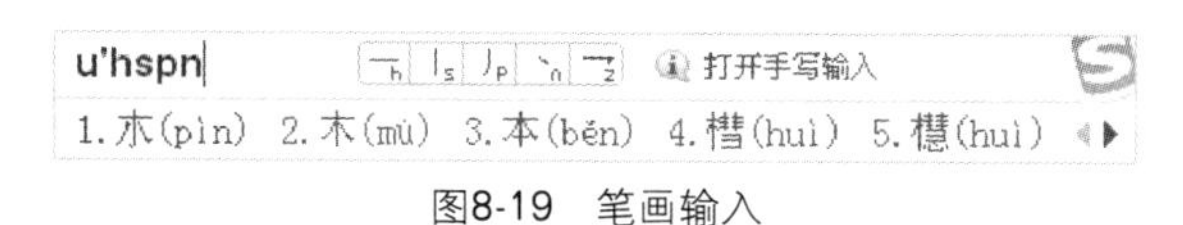

图8-19　笔画输入

其中 一h 丨s 丿p 丶n 乛z 为笔画提示区，上方是常见笔画：一、丨、丿、丶、乛，右下方为各笔画拼音的首字母。用户可以在此区域用鼠标单击输入笔画，也可以通过键盘敲入“hspnz”等输入笔画。具体笔画及对应的按键如图8-20所示 。

笔画	按键
横/提	h
竖/竖钩	s
撇	p
点/捺	d或 n
折	z

图8-20　具体笔画及对应的按键

键盘上的1、2、3、4、5也代表h、s、p、n、z。另外在搜狗拼音中，“忄”的笔顺是点点竖（dds），不是竖点点、点竖点。

2. 拆分输入

在U模式下可以将一个汉字拆分成多个组成部分，U模式下分别输入各部分的拼音即可得到对应的汉字。如“装”，可拆分为两个独立的“壮”和“衣”字，如图8-21所示。

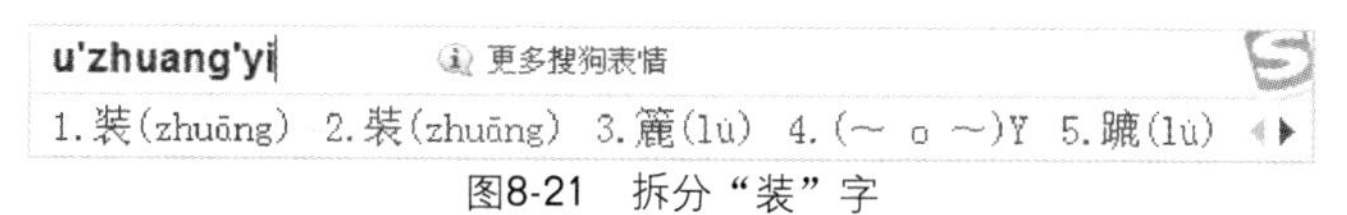

图8-21　拆分“装”字

又如“曙”字，可以拆分成“日”、“罒”和“者”，如图8-22所示。

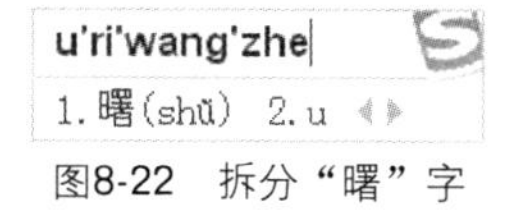

图8-22　拆分“曙”字

另外也可以做部首拆分输入。如“汄”，可拆分为“氵”和“人“，如图8-23所示。

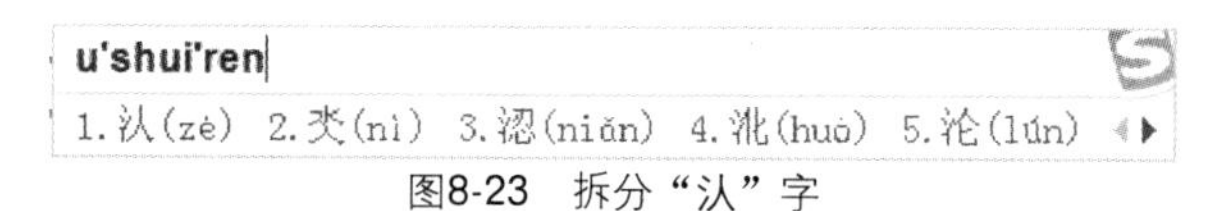

图8-23　拆分“汄”字

常见部首的拼写输入如图8-24所示。

偏旁部首	输入	偏旁部首	输入
阝	fu	忄	xin
卩	jie	钅	jin
讠	yan	礻	shi
辶	chuo	廴	yin
冫	bing	氵	shui
宀	mian	冖	mi
扌	shou	犭	quan
纟	si	幺	yao
灬	huo	罒	wang

图8-24　常见部首的拼写输入

3. 笔画拆分混输

用户还可以进行“笔画+拆分”混合操作。例如，“踅”的输入可以先输入“折”的拼音，然后再输入“乙”的笔画，如图8-25所示。

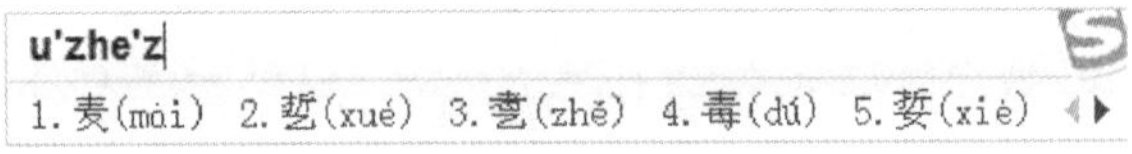

图8-25　拆分“踅”字

动手做4　笔画筛选

笔画筛选用于输入单字时，用笔顺来快速定位该字。使用方法是输入一个字或多个字后，按下Tab键（Tab键如果是翻页的话也不受影响），然后用h横、s竖、p撇、n捺、z折依次输入第一个字的笔顺，一直找到该字为止。要退出笔画筛选模式，只需删掉已经输入的笔画辅助码即可。例如，快速定位“涡”字，输入了“guo”后，按下Tab键，然后输入“涡”的前两笔“nn”，就可定位该字，如图8-26所示。

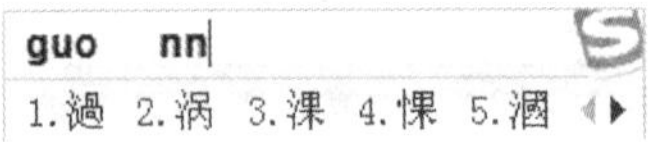

图8-26　笔画筛选

动手做5　使用拆字辅助码

拆字辅助码让用户快速地定位到一个单字。例如，想输入一个汉字“淉”，但是非常靠后，不好找，那么用户就可以使用拆字辅助码来快速定位。首先输入“guo”，然后按下Tab键，再输入“淉”的两部分“氵”和“果”的首字母“sg”，就可以快速找到“淉”字了，输入的顺序为guo +Tab+ sg，如图8-27所示。

独体字由于不能被拆成两部分，所以独体字是没有拆字辅助码的。

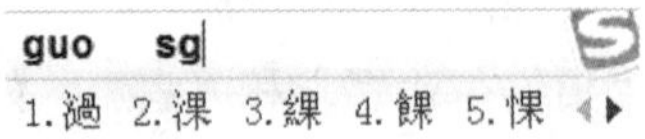

图8-27　使用拆字辅助码

动手做6　V模式输入

V模式是一个转换和计算的功能组合。由于双拼占用了V键，所以双拼下需要按Shift+V组合键才能进入V模式。

V模式下的具体操作有以下几种。

1. 数字转换

如果输入“V+ 整数数字”，如V386，搜狗拼音输入法将把这些数字转换成中文大小写数字，如图8-28所示。

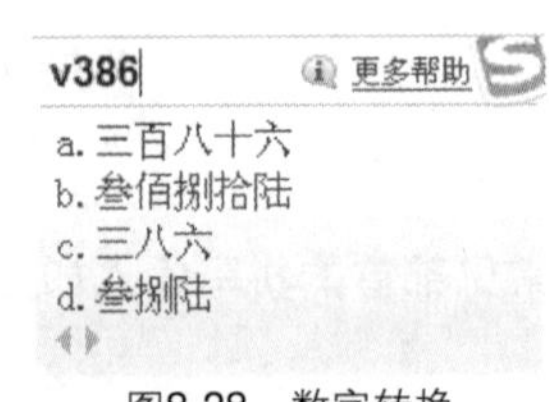

图8-28　数字转换

特别的是，如果输入99以内的整数数字，还将得到对应的罗马数字，如V16的c选项，如图8-29所示。

如果输入“V+小数数字”，如V28.6，将得到对应的大小写金额，如图8-30所示。

图8-29 得到罗马数字　　图8-30 得到对应的大小写金额

2. 日期转换

如果输入“V+日期”，如V2013.3.3，搜狗拼音输入法将把简单的数字日期转换为日期格式，如图8-31所示。

另外用户也可以进行日期拼音的快捷输入，如图8-32所示。

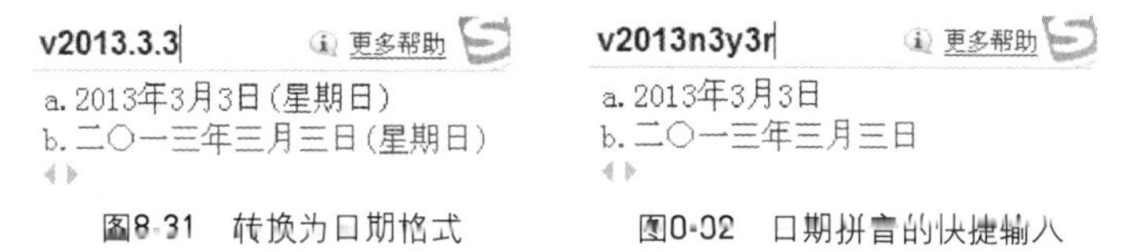

图8-31 转换为日期格式　　图8-32 日期拼音的快捷输入

3. 算式计算

输入“V+算式”，将得到对应的算式结果及算式整体候选。例如，输入“V5*2+8”，则得到如图8-33所示的结果。

4. 函数计算

除了+、-、*、/运算之外，搜狗拼音输入法还能做一些比较复杂的运算，如输入“V3^3”，则得到如图8-34所示的结果。

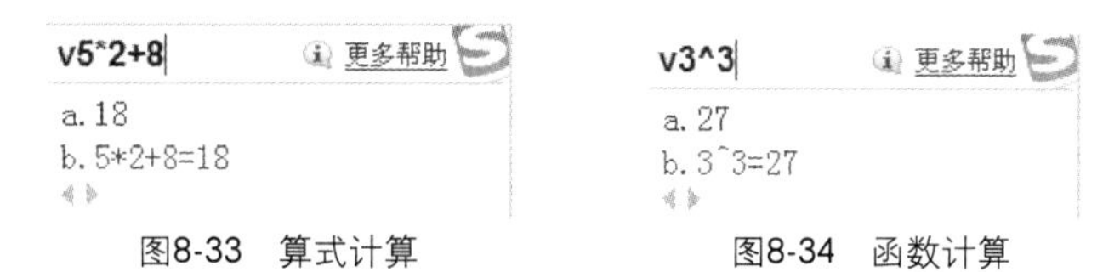

图8-33 算式计算　　图8-34 函数计算

目前，搜狗拼音输入法V模式支持的运算/函数有如图8-35所示的几种。

搜狗拼音输入法支持函数列表

函数名	缩写	函数名	缩写
加	+	开平方	sqrt
减	-	乘方	^
乘	*	求平均数	avg
除	/	方差	var
取余	mod	标准差	stdev
正弦	sin	阶乘	!
余弦	cos	取最小数	min
正切	tan	取最大数	max
反正弦	arcsin	以e为底的指数	exp
反余弦	arccos	以10为底的对数	log
反正切	arctan	以e为底的对数	ln

如：v3+2

图8-35 V模式支持的运算/函数

动手做7 手写输入

新版本的搜狗拼音输入法支持扩展模块，联合开心逍遥笔增加手写输入功能，当用户按U键时，拼音输入区会出现“打开手写输入”的提示，单击可打开手写输入（如果用户未安装，单击会打开扩展功能管理器，可以单击“安装”按钮在线安装），如图8-36所示。

使用鼠标在手写区域写出自己要输入的文字，然后在右侧的文字列表中选择要输入的文字即可输入。

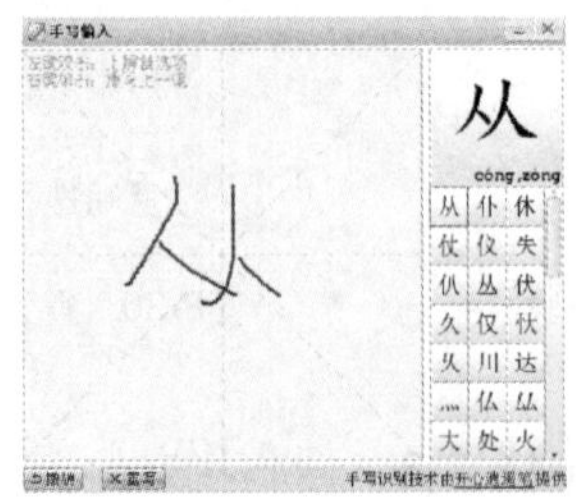

图8-36　手写输入

动手做8　细胞词库

细胞词库是搜狗首创的、开放共享、可在线升级的细分化词库的功能名称。

细胞词库是相对于系统默认的词库而言的，其意义是满足用户的个性化输入需求。一个细胞词库就是一个细分类别的词汇集合，细胞词库的类别可以是某个专业领域（如医学领域词库），也可以是某个地区（如北京地名词库），也可以是某个游戏（如魔兽世界词汇）。

用户可以去搜狗输入法细胞词库官网直接下载需要的词库，细胞词库是一个格式为.scd的文件，如图8-37所示。下载后，双击确认安装即可。

图8-37　细胞词库

搜狗输入法会根据用户的输入习惯，不定期推荐给用户最需要的细胞词库，弹出提示，用户直接单击使用即可。

（1）用鼠标单击输入法状态栏上的小扳手或者在状态栏上面单击鼠标右键，打开一个菜单，在菜单中选择“设置属性”命令，打开“输入法设置”对话框。

（2）在左侧选择“词库”选项，如图8-38所示。

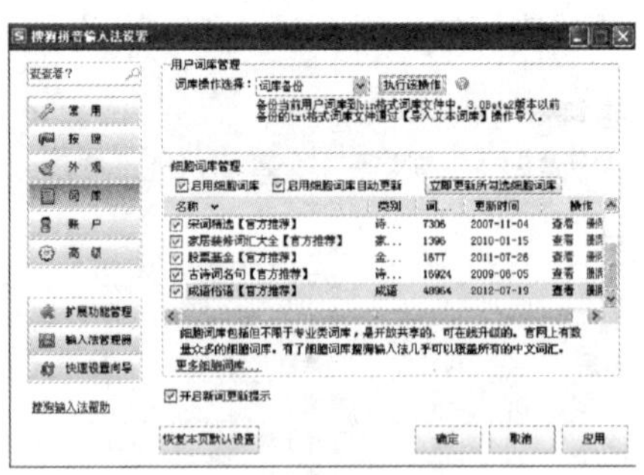

图8-38　细胞词库管理

（3）选中“启用细胞词库”复选框可以启用细胞词库，在“名称”列表中用户可以取消不需要启用的细胞词库前面复选框的选中状态。

（4）如果选中“启用细胞词库自动更新”复选框，则细胞词库会自动更新，一旦官网的细胞词库增加了词条，那么输入法将自动把本地细胞词库升级到最新版本。

巩固练习

1．使用搜狗拼音输入法输入下列内容。

叁佰伍拾陆　陆佰捌拾玖元捌角　二〇一三年八月三日(星期六)

13*6+8=86　　3*(6+3)+98=125　　2^3=8　8/2+6/3=6

2. 使用搜狗拼音输入法U模式输入下列汉字。

堉（　　）埥（　　）圹（　　）圻（　　）垱（　　）嫤（　　）岦（　　）

惔（　　）挌（　　）斱（　　）暎（　　）毜（　　）淋（　　）炤（　　）

项目任务8-3 搜狗输入法的设置

输入法默认的设置一般都是效率最高、最适合多数人使用的选项，但是用户可以根据自己的喜好对默认设置进行更改。

动手做1　设置常规选项

用鼠标单击输入法状态栏上的小扳手或者在状态栏上面单击鼠标右键，打开一个菜单，在菜单中选择“设置属性”命令，打开“输入法设置”对话框。在左侧选择“常用”选项，如图8-39所示。

图8-39　输入法设置“常用”选项

在“输入风格”区域提供了两种输入风格：搜狗风格和智能ABC风格。在搜狗默认风格下，将使用候选项横式显示、输入拼音直接转换（无空格）、启用动态组词、使用“，”和“。”键翻页，候选项个数为5个。搜狗默认风格适用于绝大多数的用户，即使长期使用其他输入法直接改换搜狗默认风格也会很快上手。当更改到此风格时，将同时改变以上5个选项，当然，这5个选项可以单独修改，以适合自己的手感。

为充分照顾智能ABC用户的使用习惯，搜狗输入法还设计了智能ABC风格。在智能ABC风格下，将使用候选项竖式显示、输入拼音空格转换、关闭动态组词、不使用“，”和“。”键翻页，候选项个数为9个。智能ABC风格适用于习惯于使用多敲一下Space键出字、竖式候选项等智能ABC的用户，如图8-40所示。当更改到智能ABC风格时，将同时改变以上5个选项，当然，这5个选项可以单独修改，以适合自己的手感。

图8-40　智能ABC输入风格

动手做2　设置按键选项

在“输入法设置”对话框的左侧选择“按键”选项，如图8-41所示。

图8-41　输入法设置“按键”选项

在“中英文切换”区域用户可以选择中英文切换的按键，默认是“Shift”键，用户可以选择“Ctrl”键，也可以选择“不使用快捷键”，如果选择“不使用快捷键”，则在中英文间切换时，用户需单击输入法状态条上的“中英文切换”按钮 。

在“候选字词”区域的“翻页键”区域用户可以选择用来翻页的按键，为默认的翻页键“逗号（，）句号（。）”、“减号（-）等号（=）”和“左右方括号（[]）”。

在“以词定字”区域用户可以选择以词定字的按键，当用户想输入某个字，但是这个字很靠后时，用“以词定字”功能可以很快输入该字。例如，用户想输入“济”字，输入“经济”时不要敲Space键，而按下设置的键，如“[]”中的“]”即可输入“济”字。由于此功能使用人数较少，所以输入法默认是关闭的，如果使用，可以选中打开这个功能。由于它的按键与翻页按键基本相同，因此用户在设置时不能与翻页键的按键相互冲突。

在“二三候选”区域选择的按键可以用来直接选择第二、第三个候选项。

在“快捷删词”区域选择的按键可以删除自造词。如果在输入时输入了造错的词，可以通过此功能的快捷键逐个删除。此功能只能删除自造词，而不能删除系统已经有的词。

动手做3　设置外观选项

在“输入法设置”对话框的左侧选择“外观”选项，如图8-42所示。

图8-42　输入法设置“外观”选项

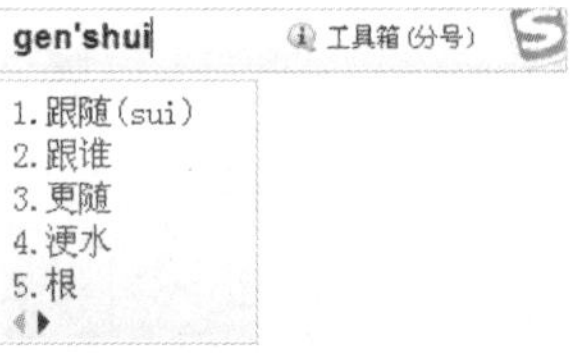

gen'shui　工具箱(分号)

1.跟随(sui)
2.跟谁
3.更随
4.泂水
5.根

图8-43　竖排显示的效果

在“显示模式”区域用户可以选择是横排还是竖排，横排显示是默认的显示方式，如果选中“在不同的窗口中显示拼音和候选词”复选框则会在不同的窗口中显示拼音和候选词，图8-43所示是竖排显示、候选词窗口在拼音窗口下方的效果。在“候选项数”列表中用户可以选择候选词的多少。

在“皮肤外观”区域用户可以修改输入框的字体、大小、项数、颜色等。如果选中“使用皮肤”复选框则可以在列表中选择一种皮肤，图8-44所示是使用了向日葵微笑皮肤的效果。

图8-44　向日葵微笑皮肤效果

动手做4　设置高级选项

在“输入法设置”对话框的左侧选择“高级”选项，如图8-45所示。

在“智能输入”区域如果选中“动态词频”复选框后，输入法就会记录用户的自造词，并且词序会根据使用情况进行变动，经常输入的字、词会靠前。关上此选项词频就不会调整词序，并且不记录用户自造词。

如果选中“拼音纠错”复选框，则启用拼音纠错功能。当用户输入非常快速的时候，很多人会把ing输入成ign，结果又得删除，影响效率，搜狗输入法提供ign→ing、img→ing，以及uei→ui、uen→un、iou→iu的自动纠错，即使输入“dign”，照样可以输入“顶”。同时还提供数字后面自动跟小数点的功能，以方便经常输入数字的人使用，如果确实需要输入中文句号，把小数点删除掉然后再输入就是中文句号了。

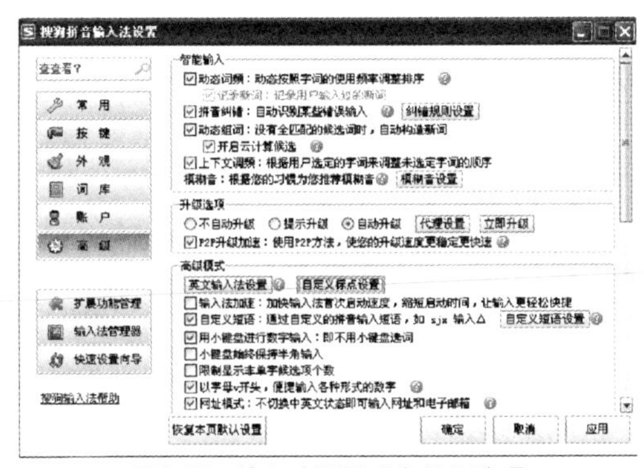

图8-45　输入法设置“高级”选项

课后练习与指导

一、填空题

1. 搜狗拼音输入法默认的翻页键是________和________，输入法默认的翻页键还有________和________及________。

2. 当用户输入以________、________、________、________、________等开头的网址时，输入法自动识别进入英文输入状态输入网址。

3. 如果用户要输入类似于“O(∩_∩)O~”这样的表情符号，可以直接输入________。

4. 如要输入当前日期，只需输入________，在候词窗口中用户可以选择日期的格式，如果要输入“时间”或“星期”，只需输入________或________即可。

5. 对于生僻字的输入，用户直接输入________即可。

6. 搜狗拼音输入法常用的五种笔画是________、________、________、________、________，其分别对应的键盘字母为________、________、________、________、________。

7. 偏旁部首“阝”的输入拼音为________，偏旁部首“氵”的输入拼音为________，偏旁部首“⺌”的输入拼音为________，偏旁部首“纟”的输入拼音为________。

8．在使用笔画筛选时首先输入汉字的拼音，按下________键，然后________。

9．在使用搜狗拼音输入法时如果先输入字母________然后再输入整数数字，则输入法将把这些数字转换成中文大小写数字。

10．按下________键后，输入笔画拼音首字母或者组成部分拼音，即可得到想要的字。

二、简答题

1．搜狗拼音输入法具有哪些特点？
2．如何使用双拼输入？
3．搜狗支持的模糊音有哪些？
4．U模式下的具体操作有哪些？
5．如何使用拆字辅助码输入汉字？
6．V模式下的具体操作有哪些？
7．如何使用手写输入？
8．如何设置输入法的皮肤外观？

三、实践题

练习1：利用搜狗拼音输入法输入以下字词。

表明 表现 表演 表扬 布局 布置 步骤 参军 参考 参谋 沉着
查阅 猖狂 尝试 车辆 车站 撤销 彻底 沉痛 承认 吃惊 吃亏
打破 打扫 打算 单调 单独 单位 单元 抵触 抵达 抵挡 抵消
司令部 思想上 太平洋 太阳能 医学院 一部分 展览会 展销会
自然界 自行车 自治区 长远利益 超级大国 彻头彻尾 高瞻远瞩
国际主义 国计民生 青红皂白 轻而易举 扬长避短 一分为二 因势利导

练习2：利用搜狗拼音输入法输入以下段落。

她在自己的生活中织下了一个厚厚的茧。那是用一种细细的、柔韧的、若有若无的丝织成的。是痛苦的丝织成的。

她埋怨、气恼，然后就是焦急。甚至自己折磨自己。她想用死来结束自己，同时用死来对这突不破的网表示抗议。但是，她终于被疲劳征服了，沉沉地睡过去。她做了许多梦，那是关于花和草地的梦，是关于风和水的梦，是关于阳光和彩虹的梦，还有关于爱的追逐以及生儿育女的梦。在梦里，她得到了安定和欣慰，得到了力量和热情，得到了关于生的可贵。当她一觉醒来，她突然明白拯救自己的，只有自己。于是，她使用牙齿把自己叶的丝一根根咬断，咬破自己织下的茧。果然，新的光芒向她投来，像云隙间的阳光刺激着她的眼睛。新的空气，像清新的酒，使她陶醉。

她简直要跳起来了！她简直要飞起来了！一伸腰，果然飞起来了，原来就在她沉睡的时刻，背上长出了两片多粉的翅膀。

从此，她便记住了这一切，她把这些告诉了子孙们：你织的茧，得你自己去咬破！蚕，就是这样一代一代传下来。

模块 09 Word 2010的基本操作——制作幼儿园招生简章

你知道吗？

Office Word 2010 集一组全面的书写工具和易用界面于一体，可以帮助用户创建和共享美观的文档。Office Word 2010全新的面向结果的界面可在用户需要时提供相应的工具，从而便于用户快速设置文档的格式。

应用场景

人们平常所见到的放假通知、会议通知等公文，如图9-1所示，都可以利用Word 2010来制作。

关于 2012 年五一国际劳动节放假的通知

校内各单位：

根据上级通知和《××××大学关于 2012 年部分节假日安排的通告》（校告字〔2012〕3号）精神，现将我校 2012 年"五一"劳动节放假安排通知如下：

2012 年 4 月 29 日至 5 月 1 日放假调休，共 3 天。2012 年 4 月 28 日(星期六)上课、上班。2012 年 4 月 28 日(星期六)上 2012 年 4 月 30 日（星期一）的课。请各单位认真做好假期间的值班和安全保卫等项工作。

校长办公室

二○一二年四月二十三日

图9-1　放假通知

孩子是父母的幸福源泉，关心孩子的今天，就是关心家庭、社会的明天。幼儿是人生起点的开端，赢在起跑线上，幸福会伴随终生。给孩子们一个健康快乐的童年，奠定他们幸福完善的人生是每个家长的追求。暑假即将开学各幼儿园招生工作开展在即，家长们也是无比关注各个幼儿园招生情况，要了解各个幼儿园的招生情况，最简单的方法就是看看幼儿园招生简章。

图9-2所示是利用Word 2010制作的幼儿园招生简章。请根据本模块所介绍的知识和技能，完成这一工作任务。

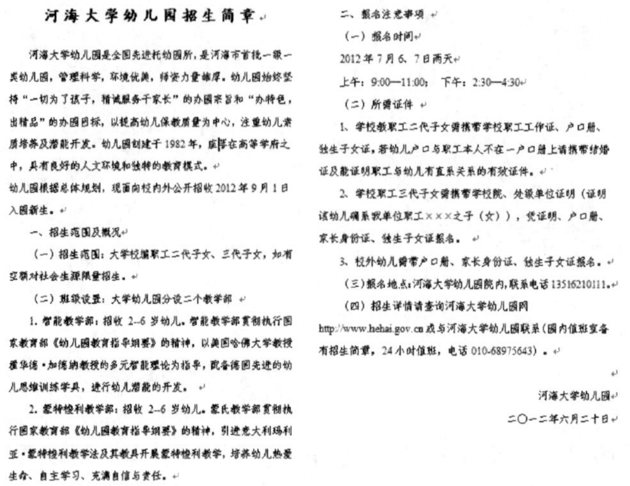

河海大学幼儿园招生简章

河海大学幼儿园是全国先进托幼园所，是河海市首批一级一类幼儿园，管理科学，环境优美，师资力量雄厚。幼儿园始终坚持“一切为了孩子，精诚服务于家长”的办园宗旨和“办特色，出精品”的办园目标，以提高幼儿保教质量为中心，注重幼儿素质培养及潜能开发。幼儿园创建于1982年，座落在高等学府之中，具有良好的人文环境和独特的教育模式。

幼儿园根据总体规划，现面向校内外公开招收2012年9月1日入园新生。

一、招生范围及概况

（一）招生范围：大学校编职工二代子女、三代子女，如有空额对社会生源限量招生。

（二）班级设置：大学幼儿园分设二个教学部

1. 智能教学部：招收2--6岁幼儿。智能教学部贯彻执行国家教育部《幼儿园教育指导纲要》的精神，以美国哈佛大学教授霍华德·加德纳教授的多元智能理论为指导，配备德国先进的幼儿思维训练学具，进行幼儿潜能的开发。

2. 蒙特梭利教学部：招收2--6岁幼儿。蒙氏教学部贯彻执行国家教育部《幼儿园教育指导纲要》的精神，引进意大利玛利亚·蒙特梭利教学法及其教具开展蒙特梭利教学，培养幼儿热爱生命、自主学习、充满自信与责任。

二、报名注意事项

（一）报名时间

2012年7月6、7日两天

上午：9:00—11:00；　下午：2:30—4:30

（二）所需证件

1、学校教职工二代子女需携带学校职工工作证、户口册、独生子女证，若幼儿户口与职工本人不在一户口册上请携带结婚证及能证明职工与幼儿有直系关系的有效证件。

2、学校职工三代子女需携带学校院、处级单位证明（证明该幼儿确系我单位职工×××之子（女）），凭证明、户口册、家长身份证、独生子女证报名。

3、校外幼儿需带户口册、家长身份证、独生子女证报名。

（三）报名地点：河海大学幼儿园院内，联系电话13516210111。

（四）招生详情请查询河海大学幼儿园网http://www.hehai.gov.cn或与河海大学幼儿园联系（园内值班室备有招生简章，24小时值班，电话010-68975643）。

河海大学幼儿园

二〇一二年六月二十日

图9-2　招生简章

相关文件模板

利用Word 2010软件的基本功能，还可以完成制作会议通知、放假通知、通报、通告、公告、寻物启事、寻人启事、辞职申请书、印发通知等工作任务。

为方便读者，本书在配套的资料包中提供了部分常用的文件模板，具体文件路径如图9-3所示。

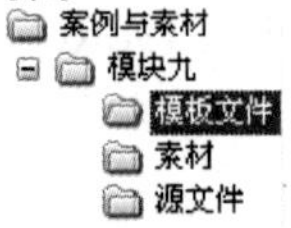

- 案例与素材
  - 模块九
    - 模板文件
    - 素材
    - 源文件

图9-3　应用文件模板

背景知识

招生简章是介绍学校基本情况，是学生了解该学校和进行报名的重要依据，是一种较为可信的院校信息。简章中会有学校所开设的课程、报名条件、报名日程、联系方式等。在招生简章中，招生学校必须将名称、地址、类别、层次、专业、颁发何种学历证书等事项，按照审批机关审批的内容加以规范。有些招生简章中，也对学校取得的成绩和良好的办学条件进行宣传。

在招生简章中一般要具备以下内容：

第一，招生学校的简介，用于向学生传递学校的大概情况；第二，招生项目介绍，用于向学生传递招生项目的具体内容；第三，招生对象及报名要求，对招生范围作出明确划分和界定；第四，报名时间，圈定招生时间范围；第五，录取原则，表明校方的选择标准；第六，收费标准，对招生情况的资金概述；第七，联系方式，公布校方招生的联系方式，方便学生的咨询和查问；第八，咨询热线。

设计思路

在幼儿园招生简章的制作过程中，首先新建一个文档，然后采用熟悉的中文输入法输入文本，在输入文本后对字体和段落格式进行设置，使版面整齐美观，最后还应将文档保存起来。制作招生简章的基本步骤分解如下。

（1）创建文档。

（2）输入文本。

（3）设置字体格式。

（4）设置段落格式。

（5）设置编号。

（6）保存文档。

项目任务9-1 创建文档

在使用Word 2010进行文字编辑和处理的第一步就是创建一个文档。在Word中有两种基本文件类型，即文档和模板，任何一个文档都必须基于某个模板。创建新文档时Word的默认设置是使用Normal模板创建文档，用户可以根据需要选择其他适当的模板来创建各种用途的文档。

在Word 2010中用户可以利用以下几种方法创建新文档。

（1）创建新的空白文档。

（2）利用模板创建。

（3）创建博客文章。

（4）创建书法字帖。

选择“开始”→“所有程序”→“Microsoft Office”→“Microsoft Office Word 2010”命令，即可启动Word 2010。在启动Word 2010时将自动使用Normal模板创建一个名为“文档1”的新文档，表示这是启动Word 2010之后建立的第一个文档，如果继续创建其他的空白文档，Word 2010会自动将其取名为“文档2、文档3……”。用户可以在空白文档的编辑区输入文字，然后对其进行格式的编排。

启动Word 2010程序后，就可以打开如图9-4所示的窗口。窗口由快速访问工具栏、标题栏、功能区、工作区和状态栏等部分组成。

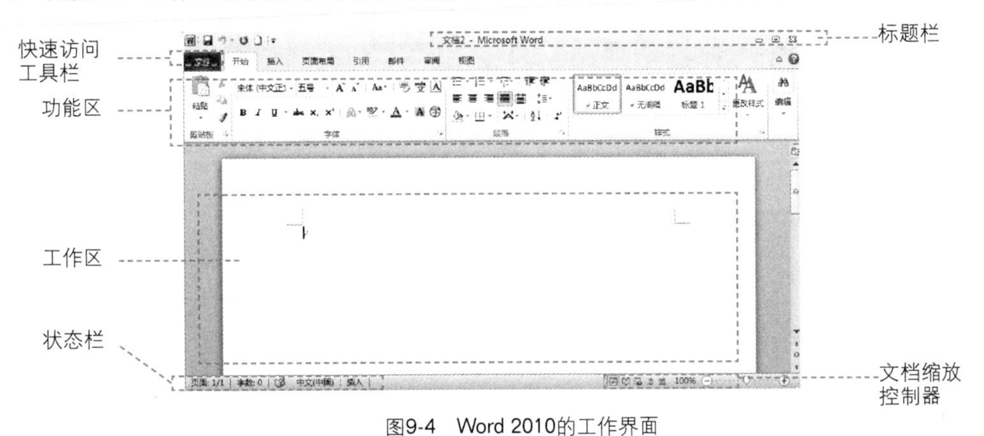

图9-4 Word 2010的工作界面

1. 标题栏

标题栏位于屏幕的最顶端，它显示了当前编辑的文档名称、文件格式兼容模式和Microsoft Word字样。其右侧的“最小化”按钮、“还原”按钮和“关闭”按钮，则用于窗口的最小化、还原和关闭操作。

2. 快速访问工具栏

用户可以在快速访问工具栏上放置一些最常用的命令，如新建文件、保存、撤销、打印等命令。快速访问工具栏非常类似Word之前版本中的工具栏，该工具栏中的命令按钮不会动态变换。用户可以非常灵活地增加、删除快速访问工具栏中的命令按钮。要向快速访问工具栏中增加或者删除命令，仅需要单击快速访问工具栏右侧向下的箭头，然后在下拉菜单中选中命令，或者取消选中的命令。

单击快速访问工具栏右侧的下三角箭头，打开“自定义快速访问工具栏”下拉列表，如图9-5所示。在列表中用户可以选中想显示在快速工具栏上的命令，如果在列表中选择在功能区下方显示命令，快速访问工具栏则出现在功能区的下方。

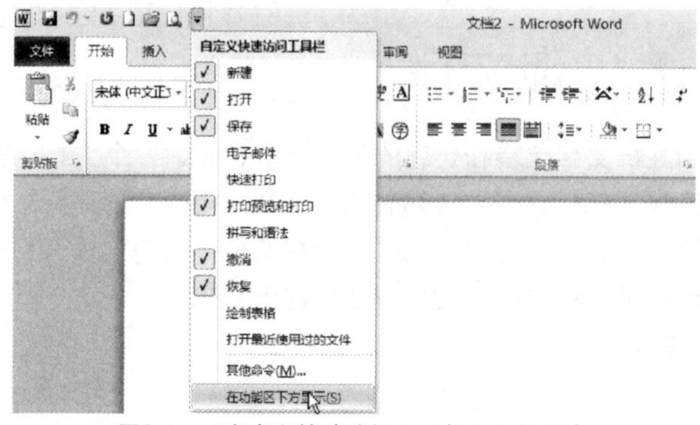

图9-5　“自定义快速访问工具栏”下拉列表

用户还可以向快速工具栏中添加或删除命令，在“自定义快速访问工具栏”下拉列表中选择“其他”命令，打开“Word选项”对话框，如图9-6所示。在左侧的命令列表中选择相应的命令，单击“添加”按钮则可向快速访问工具栏中添加命令。如果用户想删除快速工具栏中的命令，则在右侧“快速工具栏命令”列表中选择要删除的命令，单击“删除”按钮即可。

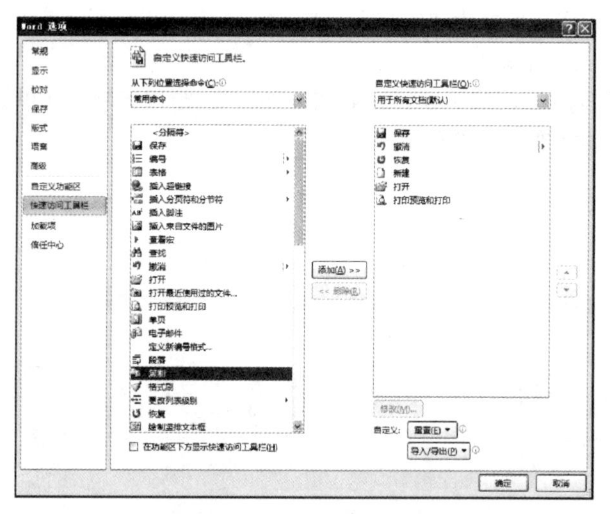

图9-6　“Word选项”对话框

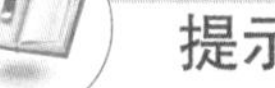

提示

将鼠标指针移动到快速访问工具栏的工具按钮上，稍等片刻，按钮旁边就会出现一个说明框，框中会显示按钮的名称。

3. 功能区

在功能区中，将Word 2010版本中的下拉菜单中的命令，重新组织在“文件”、“开始”、“插入”、“页面布局”、“引用”、“邮件”、“审阅”、“视图”选项卡中。而且在每一个选项卡中，所有的命令都是以面向操作对象的思想进行设计的，并把命令分组进行组织。例如，在“页面布局”选项卡中，包括了与整个文档页面相关的命令，分为“主题”选项组、“页面设置”选项组、“页面背景”选项组、“段落”选项组、“排列”选项组等，如图9-7所示。这样非常符合用户的操作习惯，便于记忆，从而提高操作效率。

在功能区上单击鼠标右键，打开一个快捷菜单，在快捷菜单中选择“功能区最小化”命令，则功能区最小化，这时功能区就只会显示选项卡名字，而隐藏了选项卡包含的具体项。

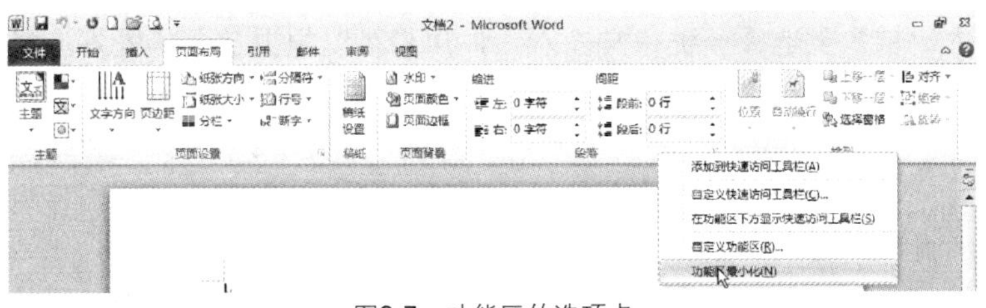

图9-7　功能区的选项卡

4．动态命令选项卡

在Word 2010中，会根据用户当前操作的对象自动地显示一个“动态命令”选项卡，该选项卡中的所有命令都和当前用户操作的对象相关。例如，若用户当前选择了文中的一张图片时，在功能区中，Word会自动产生一个粉色高亮显示的图片工具“动态命令”选项卡，从图片参数的调整到图片效果样式的设置都可以在此“动态命令”选项卡中完成。用户可以在数秒钟内实现非常专业的图片处理，如图9-8所示。

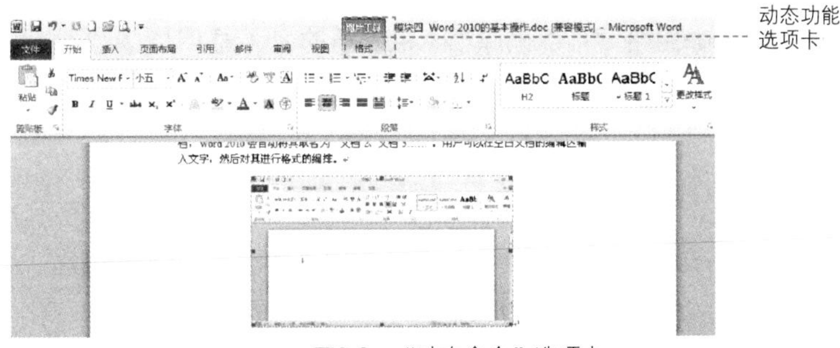

图9-8　“动态命令”选项卡

5．状态栏

状态栏位于屏幕的最底部，可以在其中找到关于当前文档的一些信息：页码、当前光标在本页中的位置、字数、语言、缩放级别、编辑模式、5种视图模式等信息和某些功能是处于禁止还是处于允许状态等。

教你一招

如果在Word 2010工作界面中，单击快速访问工具栏上的“新建”按钮，系统也会基于Normal模板创建一个新的空白文档。

项目任务9-2 输入文本

输入文本是Word 2010最基本的操作之一，文本是文字、符号、图形等内容的总称。在创建文档后，用户可以在空白文档的编辑区输入文字，然后对其进行格式的编排。如果想进行文本的输入，应首先选择一种熟悉的输入法，然后进行文本的输入操作。此外，为了方便文本的输入Word 2010还提供了一些辅助功能方便用户的输入，如用户可以插入特殊符号、插入日期和时间等。

动手做1　使用输入法输入文本

在新建的空白文档的起始处有一个不断闪烁的竖线，这就是插入点，它表示输入文本时的起始位置。

当鼠标在文档中自由移动时鼠标呈现为 状，这和插入点处呈现的I状光标是不同的。在文档中定位光标，只要将鼠标移至要定位插入点的位置处，当鼠标变为I状时单击鼠标即可在当前位置定位插入点。

在输入文本时首先要选择一种中文输入法，用户可以根据自己的爱好选择不同的输入法进行文字的输入。用户可以在任务栏右端的语言栏上单击“语言”图标，打开“输入法”列表，如图9-9所示。在“输入法”列表中选择一种中文输入法，此时任务栏右端语言栏上的图标将会变为相应的输入法图标。

微软拼音输入法 2007
中文(中国)
✔ QQ拼音输入法
显示语言栏(S)

图9-9 “输入法”列表

在文档中输入文本时插入点自动从左向右移动，这样用户就可以连续不断地输入文本。当到一行的最右端时系统将向下自动换行，也就是当插入点移到页面右边界时，再输入字符，插入点会自动移到下一行的行首位置。如果用户在一行没有输完时想换一个段落继续输入，可以按Enter键，这时不管是否到达页面边界，新输入的文本都会从新的段落开始，并且在上一行的末尾产生一个段落符号 ，如图9-10所示。

在输入文本过程中，难免会出现输入错误，用户可以通过如下操作来删除错误的输入。

（1）按Backspace组合键可以删除插入点之前的字符。

（2）按Delete组合键可以删除插入点之后的字符。

（3）按Ctrl+Backspace组合键可以删除插入点之前的字（词）。

（4）按Ctrl+Delete组合键可以删除插入点之后的字（词）。

教你一招

在某些情况下（如输入地址时），用户可能想为了保持地址的完整性而在到达页边距之前开始一个新的空行，如果按Enter键可以开始一个新行但是同时也开始了一个新的段落，为了使新行仍保留在一个段落里面而不是开始一个新的段落，用户可以按下Shift+Enter组合键，Word就会插入一个换行符并把插入点自动移到下一行的开始处。

河海大学幼儿园招生简章↵
河海大学幼儿园是全国先进托幼园所，是河海市首批一级一类幼儿园，管理科学，环境优美，师资力量雄厚。幼儿园始终坚持“一切为了孩子，精诚服务于家长”的办园宗旨和“办特色，出精品”的办园目标，以提高幼儿保教质量为中心，注重幼儿素质培养及潜能开发。幼儿园创建于 1982 年，座落在高等学府之中，具有良好的人文环境和独特的教育模式。↵
幼儿园根据总体规划，现面向校内外公开招收 2012 年 9 月 1 日入园新生。↵
一、招生范围及概况↵
（一）招生范围：大学校编职工二代子女、三代子女，如有空额对社会生源限量招生。↵
（二）班级设置：大学幼儿园分设二个教学部↵
1．智能教学部：招收 2–6 岁幼儿。智能教学部贯彻执行国家教育部《幼儿园教育指导纲要》的精神，以美国哈佛大学教授霍华德·加德纳教授的多元智能理论为指导，配备德国先进的幼儿思维训练学具，进行幼儿潜能的开发。↵
2．蒙特梭利教学部：招收 2–6 岁幼儿。蒙氏教学部贯彻执行国家教育部《幼儿园教育指导纲要》的精神，引进意大利玛利亚·蒙特梭利教学法及其教具开展蒙特梭利教学，培养幼儿热爱生命、自主学习、充满自信与责任。↵
二、报名注意事项↵
（一）报名时间↵
2012 年 7 月 6、7 日两天↵
上午：9:00—11:00；下午：2:30—4:30↵
（二）所需证件↵
1、学校教职工二代子女需携带学校职工工作证、户口册、独生子女证，若幼儿户口与职工本人不在一户口册上请携带结婚证及能证明职工与幼儿有直系关系的有效证件。↵
2、学校职工三代子女需携带学校院、处级单位证明(证明该幼儿确系我单位职工 之子(女))，凭证明、户口册、家长身份证、独生子女证报名。↵
3、校外幼儿需带户口册、家长身份证、独生子女证报名。↵
（三）报名地点：河海大学幼儿园院内，联系电话 13516210111。↵
（四）招生详情请查询河海大学幼儿园网 http://www.hehai.gov.cn 或与河海大学幼儿园联系（园内值班室备有招生简章，24 小时值班，电话 010-68975643）。↵

图9-10 输入文本

动手做2 选择文本

选择文本是文本的最基本操作，用鼠标选定文本的常用方法是把 I 型的鼠标指针指向要选定的文本开始处，单击鼠标按住左键并拖过要选定的文本，当拖动到选定文本的末尾时，松开鼠标左键，选定的文本呈反白显示。

例如，这里要选择文本“河海大学幼儿园”，首先将鼠标指针移到该文本的开始处，单击定位鼠标，然后按住左键拖过文本“河海大学幼儿园”后松开鼠标左键，选中的文本反白显示，如图9-11所示。

如果要选定多块文本，可以首先选定一块文本，然后在按下Ctrl 键的同时拖动鼠标选择其他的文本，这样就可以选定不连续的多块文本。如果要选定的文本范围较大，用户可以首先在开始选取的位置处单击鼠标，接着按下Shift 键，然后在要结束选取的位置处单击鼠标即可选定所需的大块文本。

用户还可以将鼠标定位在文档选择条中进行文本的选择，文本选择条位于文档的左端紧挨垂直标尺的空白区域，当鼠标移入此区域后，鼠标指针将变为向右箭头状，如图9-12所示。在要选中的行上单击鼠标即可将该行选中，利用鼠标选择条向上或向下拖动则可以选中多行。

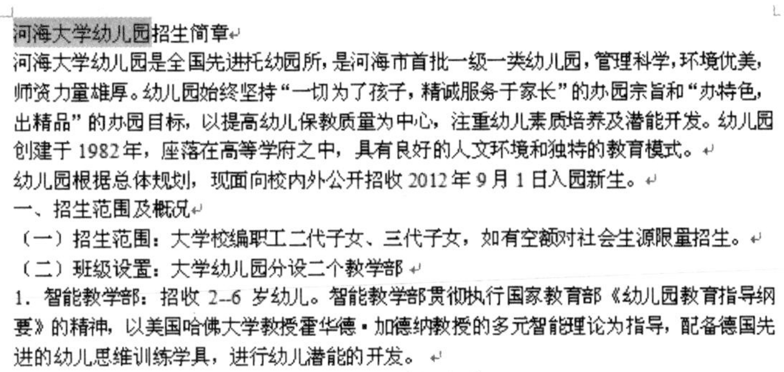

河海大学幼儿园招生简章
河海大学幼儿园是全国先进托幼园所，是河海市首批一级一类幼儿园，管理科学，环境优美，师资力量雄厚。幼儿园始终坚持“一切为了孩子，精诚服务于家长”的办园宗旨和“办特色，出精品”的办园目标，以提高幼儿保教质量为中心，注重幼儿素质培养及潜能开发。幼儿园创建于 1982 年，座落在高等学府之中，具有良好的人文环境和独特的教育模式。
幼儿园根据总体规划，现面向校内外公开招收 2012 年 9 月 1 日入园新生。
一、招生范围及概况
（一）招生范围：大学校编职工二代子女、三代子女，如有空额对社会生源限量招生。
（二）班级设置：大学幼儿园分设二个教学部
1. 智能教学部：招收 2--6 岁幼儿。智能教学部贯彻执行国家教育部《幼儿园教育指导纲要》的精神，以美国哈佛大学教授霍华德·加德纳教授的多元智能理论为指导，配备德国先进的幼儿思维训练学具，进行幼儿潜能的开发。

图9-11 选择文本

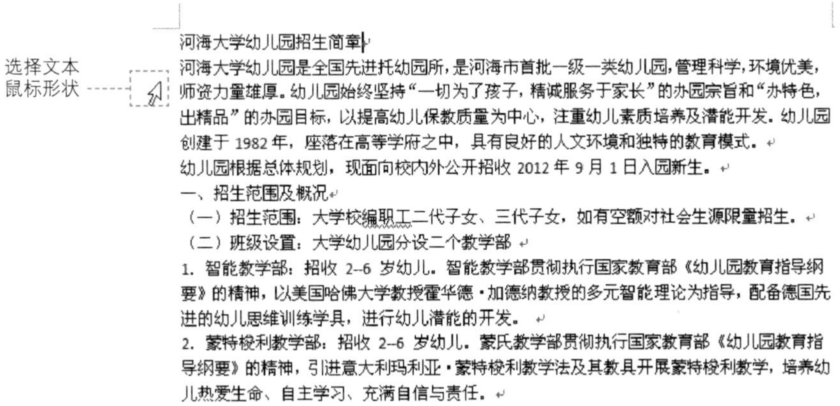

河海大学幼儿园招生简章
河海大学幼儿园是全国先进托幼园所，是河海市首批一级一类幼儿园，管理科学，环境优美，师资力量雄厚。幼儿园始终坚持“一切为了孩子，精诚服务于家长”的办园宗旨和“办特色，出精品”的办园目标，以提高幼儿保教质量为中心，注重幼儿素质培养及潜能开发。幼儿园创建于 1982 年，座落在高等学府之中，具有良好的人文环境和独特的教育模式。
幼儿园根据总体规划，现面向校内外公开招收 2012 年 9 月 1 日入园新生。
一、招生范围及概况
（一）招生范围：大学校编职工二代子女、三代子女，如有空额对社会生源限量招生。
（二）班级设置：大学幼儿园分设二个教学部
1. 智能教学部：招收 2--6 岁幼儿。智能教学部贯彻执行国家教育部《幼儿园教育指导纲要》的精神，以美国哈佛大学教授霍华德·加德纳教授的多元智能理论为指导，配备德国先进的幼儿思维训练学具，进行幼儿潜能的开发。
2. 蒙特梭利教学部：招收 2--6 岁幼儿。蒙氏教学部贯彻执行国家教育部《幼儿园教育指导纲要》的精神，引进意大利玛利亚·蒙特梭利教学法及其教具开展蒙特梭利教学，培养幼儿热爱生命、自主学习、充满自信与责任。

图9-12 位于选择条处的鼠标形状

使用鼠标选定文本有下面一些常用操作。

（1）选定一个单词：鼠标双击该单词。

（2）选定一句：按住Ctrl键，再单击句中的任意位置，可选中两个句号中间的一个完整的句子。

（3）选定一行文本：在选定条上单击鼠标，箭头所指的行被选中。

（4）选定连续多行文本：在选定条上按下鼠标左键然后向上或向下拖动鼠标。

（5）选定一段：在选择条上双击鼠标，箭头所指的段被选中，也可在段中的任意位置连续三次单击鼠标。

（6）选定多段：将鼠标移到选择条中，双击鼠标并在选择条中向上或向下拖动鼠标。

（7）选定整篇文档：按住Ctrl键并单击文档中任意位置的选择条，或使用Ctrl+A组合键。

（8）选定矩形文本区域：按下Alt键的同时，在要选择的文本上拖动鼠标，可以选定一个矩形块文本区域。

动手做3　复制文本

复制是在编辑文档中最常用的编辑操作之一。例如，对于重复出现的文本不必一次次地重复输入，可以采用复制的方法快速输入。

例如，在招生简章的末尾，用户忘记了输入幼儿园的落款“河海大学幼儿园”，由于文档中有该文本，此时用户可以采用复制粘贴的方法来快速输入。

首先选中文本“河海大学幼儿园”，在“开始”选项卡“剪贴板”组中单击“复制”按钮或按Ctrl+C组合键，选中的文本被复制到系统剪贴板中，将鼠标定位在文档的末尾，单击“开始”选项卡“剪贴板”组中的“粘贴”按钮，或按Ctrl+V组合键，选中的文本被粘贴到文档的末尾。文本被粘贴后，在粘贴旁边会出现一个“粘贴选项”按钮，单击按钮上的下三角箭头，在下拉列表中用户可以选择粘贴的目标选项，如图9-13所示。

（二）所需证件
1、学校教职工二代子女需携带学校职工工作证、户口册、独生子女证，若幼儿户口与职工本人不在一户口册上请携带结婚证及能证明职工与幼儿有直系关系的有效证件。
2、学校职工三代子女需携带学校院、处级单位证明（证明该幼儿确系我单位职工 之子（女）），凭证明、户口册、家长身份证、独生子女证报名。
3、校外幼儿需带户口册、家长身份证、独生子女证报名。
（三）报名地点：河海大学幼儿园院内，联系电话 13516210111。
（四）招生详情请查询河海大学幼儿园网 http://www.hehai.gov.cn 或与河海大学幼儿园联系（园内值班室备有招生简章，24小时值班，电话 010-68975643）。
河海大学幼儿园

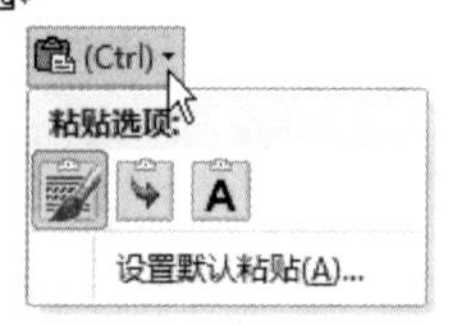

图9-13　复制文本

动手做4　移动文本

对于文档中放置不当的文本，可以快速移动到满意的位置。

如果要在文档中短距离移动文本，可以使用鼠标拖动来移动。首先选中文本，将鼠标指针指向选定文本，当鼠标指针呈现箭头状时按住鼠标左键，拖动鼠标时指针将变成形状，同时还会出现一条虚线插入点。移动虚线插入点到要移到的目标位置，松开鼠标左键，选定的文本就从原来的位置被移动到了新的位置。如果在拖动鼠标的同时按住Ctrl键，则将执行复制文本的操作。

如果要长距离地移动文本，如将文本从当前页移动到另一页，或将当前文档中的部分内容移动到另一篇文档中，此时如果再用鼠标拖放的办法很显然非常不方便，在这种情况下用户可以利用剪贴板来移动文本。首先选定要移动的文本，然后在“开始”选项卡的“剪贴板”组中单击“剪切”按钮，或按Ctrl+X组合键，此时剪切的内容被暂时放在剪贴板上。将插入点定位在新的位置，单击“开始”选项卡“剪贴板”组中的“粘贴”按钮，或按Ctrl+V组合键，选中的文本就被移到了新的位置。

动手做5　特殊文本的输入

用户在文档中输入文本时有些符号是不能从键盘上直接输入的，由于平时很少用到，因此没有定义在键盘上，用户可以使用“符号”对话框插入它们。

例如，为招生简章“证明该幼儿确系我单位职工之子（女）”文本的“职工”与“之子（女）”之间插入符号×××，具体步骤如下。

Step 01 将插入点定位在要插入特殊字符的位置，这里首先定位在“之子（女）”的前面。

Step 02 在“插入”选项卡的“符号”组中单击“符号”按钮，打开一个列表，在列表中选择“其他符号”选项，打开“符号”对话框，如图9-14所示。

Step 03 在“字体”下拉列表中选择一种字体，如果该字体有子集，在“子集”下拉列表中选择符号子集，这里选择“Wingdings2”。

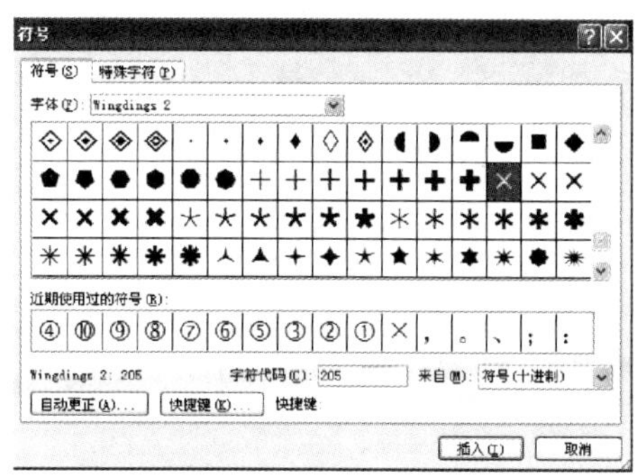

图9-14 “符号”对话框

Step 04 在“符号”列表中选择要插入的符号×，单击“插入”按钮，便在文档中插入所选的符号；再连续两次单击“插入”按钮，在插入点处插入三个相同的符号。

Step 05 插入符号完毕单击“关闭”按钮，关闭“符号”对话框，在文档中插入符号后的效果如图9-15所示。

（二）所需证件

1、学校教职工二代子女需携带学校职工工作证、户口册、独生子女证，若幼儿户口与职工本人不在一户口册上请携带结婚证及能证明职工与幼儿有直系关系的有效证件。

2、学校职工三代子女需携带学校院、处级单位证明（证明该幼儿确系我单位职工×××之子（女）），凭证明、户口册、家长身份证、独生子女证报名。

3、校外幼儿需带户口册、家长身份证、独生子女证报名。

（三）报名地点：河海大学幼儿园院内，联系电话13516210111。

（四）招生详情请查询河海大学幼儿园网 http://www.hehai.gov.cn 或与河海大学幼儿园联系（园内值班室备有招生简章，24小时值班，电话010-68975643）。

河海大学幼儿园

插入的符号

图9-15 插入符号后的效果

动手做6 输入日期和时间

在招生简章的末尾一般要写上日期，如果用户对日期的格式熟悉，可以直接输入，如果用户对日期的格式不是很熟悉，用户可以使用Word 2010插入时间和日期的方式输入。

Word 2010提供了多种中英文的日期和时间格式，用户可以根据需要在文档中插入合适格式的时间和日期。例如，在招生简章中插入时间和日期，具体步骤如下。

Step 01 将鼠标定位在文档最后“河海大学幼儿园”段落的下一段。

Step 02 在功能选项区单击“插入”选项卡，然后在“文本”组中单击“日期和时间”选项，打开“日期和时间”对话框，如图9-16所示。

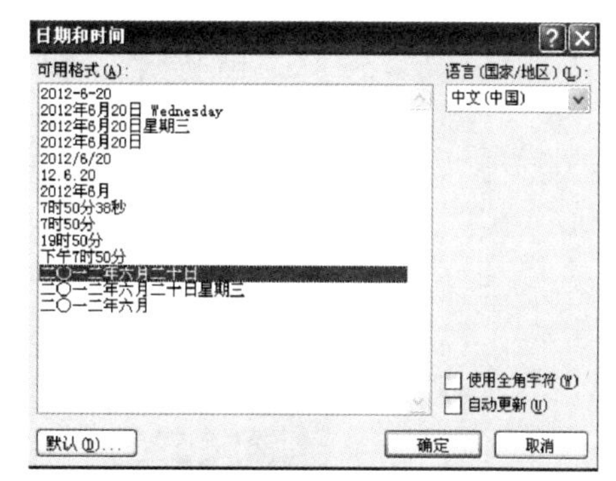

图9-16 “日期和时间”对话框

Step 03 在“语言”下拉列表中选择一种语言，这里选择“中文（中国）”，在“可用格式”列表中选择一种日期和时间格式。

Step 04 单击“确定”按钮，插入日期后的效果如图9-17所示。使用这种方法插入的是当前系统的时间，如果用户需要的不是当前时间可以在该时间格式的基础上进行修改。

（二）所需证件
1、学校教职工二代子女需携带学校职工工作证、户口册、独生子女证，若幼儿户口与职工本人不在一户口册上请携带结婚证及能证明职工与幼儿有直系关系的有效证件。
2、学校职工三代子女需携带学校院、处级单位证明（证明该幼儿确系我单位职工 ××× 之子（女）），凭证明、户口册、家长身份证、独生子女证报名。
3、校外幼儿需带户口册、家长身份证、独生子女证报名。
（三）报名地点：河海大学幼儿园院内，联系电话 13516210111。
（四）招生详情请查询河海大学幼儿园网 http://www.hehai.gov.cn 或与河海大学幼儿园联系（园内值班室备有招生简章，24 小时值班，电话 010-68975643）。
河海大学幼儿园
二〇一二年六月二十日 ------插入的日期

图9-17　插入日期后的效果

提示

如果在“日期和时间”对话框中选中“自动更新”复选框，则插入的时间在每次打开文档时都可以自动更新。

项目任务9-3 设置字符格式

字符是指作为文本输入的汉字、字母、数字、标点符号等。字符是文档格式化的最小单位，对字符格式的设置决定了字符在屏幕上或打印时的形式。

默认情况下，在新建的文档中输入文本时文字以正文文本的格式输入，即宋体五号字。通过设置字体格式可以使文字的效果更加突出。

动手做1　利用功能区设置字符格式

如果要设置的字符格式比较简单，可以利用“开始”选项卡“字体”组中的按钮进行快速设置。

例如，将幼儿园招生简章文档中标题“河海大学幼儿园招生简章”的字符格式设置为楷体、二号、加粗，具体步骤如下。

Step 01 选中要设置的标题文本，这里选择“河海大学幼儿园招生简章”。

Step 02 在“开始”选项卡“字体”组中单击“字体”组合框后的下三角箭头，打开“字体”下拉列表，如图9-18所示，在字体组合框列表中选择“楷体”。

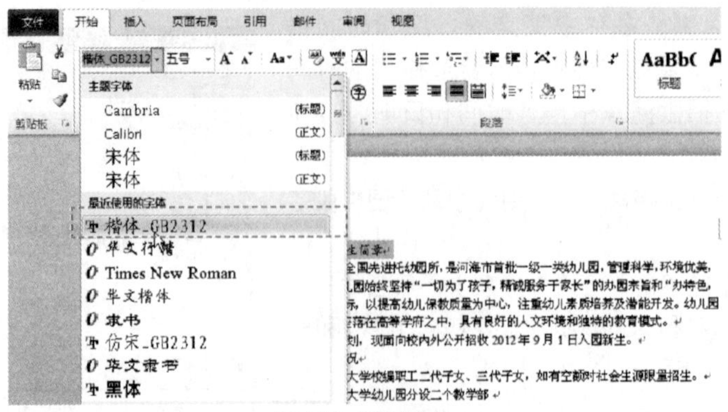

图9-18　选择字体

Step03 单击“字号”组合框后的下三角箭头，打开“字号”下拉列表，如图9-19所示，在“字号”组合框列表中选择“二号”。

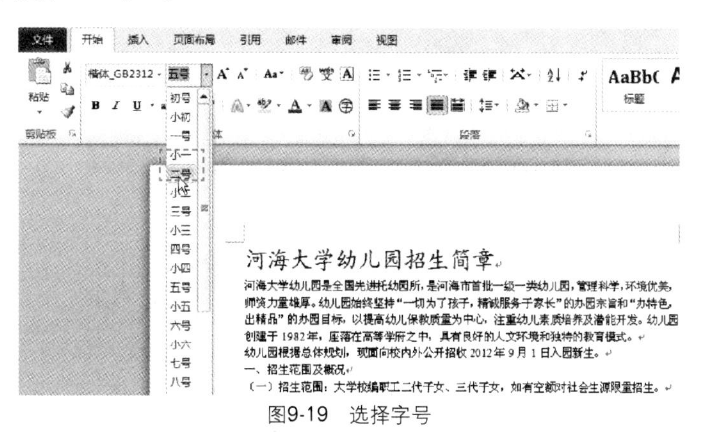

图9-19 选择字号

Step04 在“字体”组中单击“加粗”按钮，则设置标题文本的效果如图9-20所示。

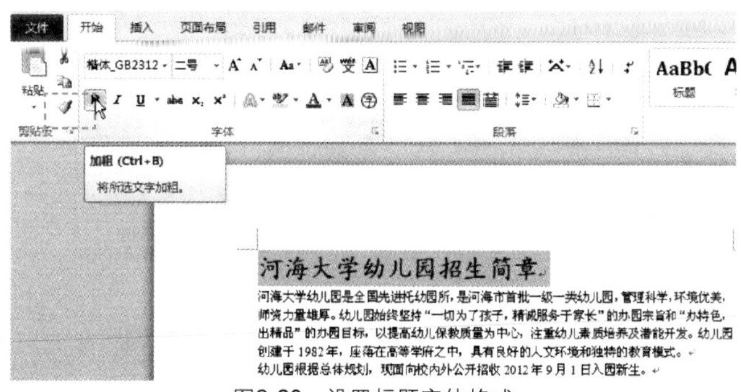

图9-20 设置标题字体格式

用户还可以利用 “字体”组中的其他相关工具按钮来设置字符的字形和效果，分别介绍如下。

（1）加粗 **B**：单击“加粗”按钮使它呈凹入状，可以使选中文本出现加粗效果，再次单击凹入状的“加粗”按钮可取消加粗效果。

（2）倾斜 *I*：单击“倾斜”按钮使它呈凹入状，可以使选中文本出现倾斜效果，再次单击凹入状的“倾斜”按钮可取消倾斜效果。

（3）下划线 U ▾：单击“下划线”按钮使它呈凹入状，可以为选中文本自动添加下划线，单击按钮右侧的下三角箭头可以选择下划线的线型和颜色，再次单击凹入状的“下划线”按钮取消下划线效果。

（4）字体颜色 A ▾：单击“字体颜色”按钮使它呈凹入状，可以改变选中文本字体颜色，单击按钮右侧的下三角箭头选择不同的颜色，选择的颜色显示在该符号下面的粗线上，再单击凹入状的“字体颜色”按钮取消字体颜色。

（5）删除线 abc：单击“删除线”按钮使它呈凹入状，可以为选中文本的中间划一条线。

（6）下标 x_2：单击“下标”按钮使它呈凹入状，可在文字基线下方创建小字符。

（7）上标 x^2：单击“上标”按钮使它呈凹入状，可在文字基线上方创建小字符。

动手做2 利用对话框设置字符格式

如果要设置的字符格式比较复杂，可以在“字体”对话框中进行设置。

例如，在幼儿园招生简章正文段落有中文和数字，在设置字体格式时中文和数字应设置成不同的字体格式，此时可以利用对话框设置，具体步骤如下。

Step 01 在招生简章中选定要设置字符格式正文段落。

Step 02 单击“开始”选项卡“字体”组右下角的对话框启动器，打开“字体”对话框，单击“字体”选项卡，如图9-21所示。

Step 03 在“中文字体”下拉列表中选择“仿宋”，在“西文字体”下拉列表中选择“Times New Roman”，在“字号”列表中选择“小三”。

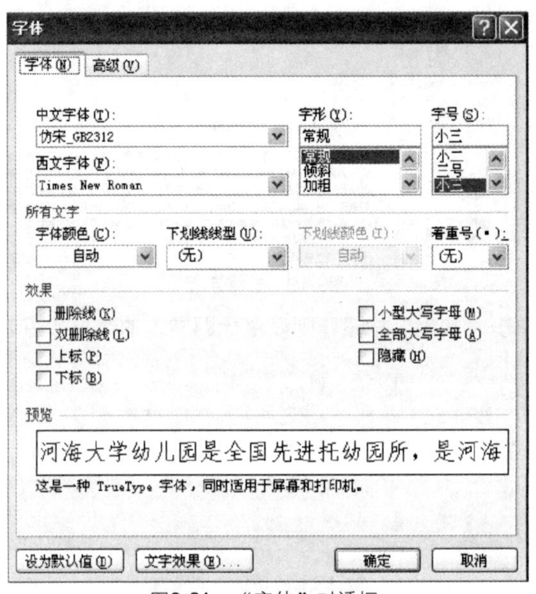

图9-21 “字体”对话框

Step 04 单击“确定”按钮，设置正文字符格式后的效果如图9-22所示。

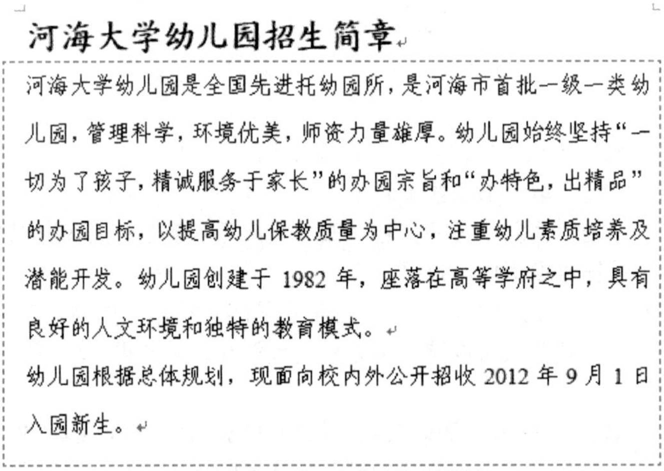

河海大学幼儿园招生简章

河海大学幼儿园是全国先进托幼园所，是河海市首批一级一类幼儿园，管理科学，环境优美，师资力量雄厚。幼儿园始终坚持“一切为了孩子，精诚服务于家长”的办园宗旨和“办特色，出精品”的办园目标，以提高幼儿保教质量为中心，注重幼儿素质培养及潜能开发。幼儿园创建于 1982 年，座落在高等学府之中，具有良好的人文环境和独特的教育模式。

幼儿园根据总体规划，现面向校内外公开招收 2012 年 9 月 1 日入园新生。

图9-22 设置文档正文字符格式后的效果

动手做3 设置字符间距

字符间距指的是文档中两个相邻字符之间的距离，对于一些特殊的文本适当调整他们的字符间距可以使文档的版面更美观。通常情况下，采用单位“磅”来度量字符间距。

例如，招生简章文档的标题字符较少，用户可以适当调整它们的间距，具体步骤如下。

Step 01 选中标题文本“河海大学幼儿园招生简章”。

Step 02 单击“开始”选项卡“字体”组右下角的对话框启动器，打开“字体”对话框，单击“高级”选项卡，如图9-23所示。

Step03 在“间距”下拉列表中选择“加宽”并在其后的文本框中输入“1.5磅”，在下面的“预览”窗口中即可预览到设置字符间距的效果。

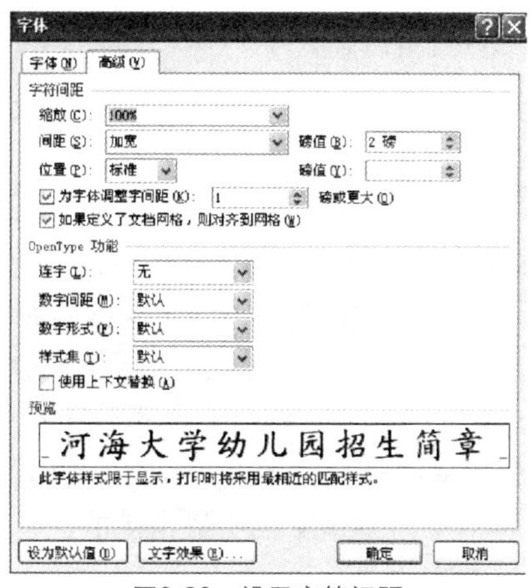

图9-23　设置字符间距

Step04 单击“确定”按钮，加宽字符间距后的效果，如图9-24所示。

河海大学幼儿园招生简章

河海大学幼儿园是全国先进托幼园所，是河海市首批一级一类幼儿园，管理科学，环境优美，师资力量雄厚。幼儿园始终坚持“一切为了孩子，精诚服务于家长”的办园宗旨和“办特色，出精品”的办园目标，以提高幼儿保教质量为中心，注重幼儿素质培养及潜能开发。幼儿园创建于 1982 年，座落在高等学府之中，具有良好的人文环境和独特的教育模式。

幼儿园根据总体规划，现面向校内外公开招收 2012 年 9 月 1 日入园新生。

图9-24　设置字符间距的效果

教你一招

在“高级”选项卡中用户还可以在“缩放”文本框中扩展或压缩文本，用户既可以在下拉列表中选择Word里面已经设定的比例，也可以通过直接单击文本框输入自己所需的百分比，缩放字符只能在水平方向上进行缩小或放大。

一般情况下，字符以行基线为中心，处于标准位置。用户可以根据需要在“位置”文本框中选择字符位置的类型是标准、提升或降低，如果为字符间距设置“提升”或“降低”选项，可以在右侧的“磅值”文本框中设置提升或降低的值。

项目任务9-4 设置段落格式

段落就是以Enter键结束的一段文字，它是独立的信息单位。段落标记符包含了该段落的所有字符格式和段落格式。字符格式表示的是文档中局部文本的格式化效果，而段落格式的设置则将帮助用户布局文档的整体外观。如果光有细节上的设置没有段落上的起伏变化，仍然会使文章缺乏感染力不能吸引读者，要想弥补以上的不足就要对段落格式进行缩进、对齐等格式的设置。

动手做1 设置段落对齐格式

段落的对齐直接影响文档的版面效果，段落的对齐方式分为水平对齐和垂直对齐，水平对齐方式控制了段落在页面水平方向上的排列方式，垂直对齐方式则可以控制文档中未满页的排布情况。

段落的水平对齐方式控制了段落中文本行的排列方式，在“开始”选项卡“段落”组中提供了“左对齐”、“居中对齐”、“右对齐”、“两端对齐”和“分散对齐”五个设置对齐方式的按钮。

（1）左对齐：段落中每行文本一律以文档的左边界为基准向左对齐。发

（2）两端对齐：段落中除了最后一行文本外，其余行的文本的左右两端分别以文档的左右边界为基准向两端对齐。这种对齐方式是文档中最常用的，也是系统默认的对齐方式，平时用户看到的书籍的正文都采用该对齐方式。

（3）右对齐：文本在文档右边界被对齐，而左边界是不规则的，一般文章的落款多采用该对齐方式。

（4）居中对齐：文本位于文档上左右边界的中间，一般文章的标题都采用该对齐方式。

（5）分散对齐：段落的所有行的文本的左右两端分别沿文档的左右两边界对齐。

通常情况文章的标题应居中显示，落款居右显示。例如，设置“幼儿园招生简章”文档的标题居中显示，落款和日期居右显示，具体步骤如下。

Step01 将鼠标定位在标题“河海幼儿园招生简章”段落中。

Step02 单击“开始”选项卡“段落”组中的“居中”按钮，则标题的段落即可居中显示，如图9-25所示。

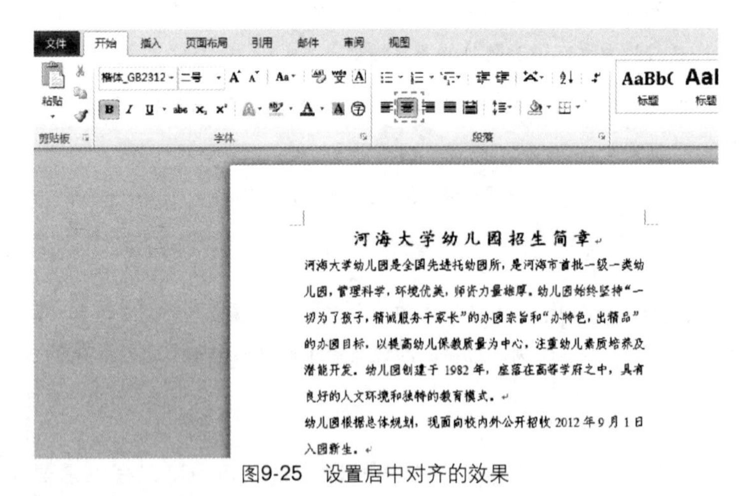

图9-25 设置居中对齐的效果

Step03 选中“落款”和“日期”两个段落。

Step04 单击“开始”选项卡“段落”组中的“右对齐”按钮，则可将署名和申请日期右对齐显示，设置段落对齐后的效果如图9-26所示。

提示

对于中文文本来说，左对齐方式和两端对齐方式没有什么区别。但是如果文档中有英文单词，左对齐将会使文档右边缘参差不齐，此时如果使用“两端对齐”的方式，右边缘就可以对齐了。

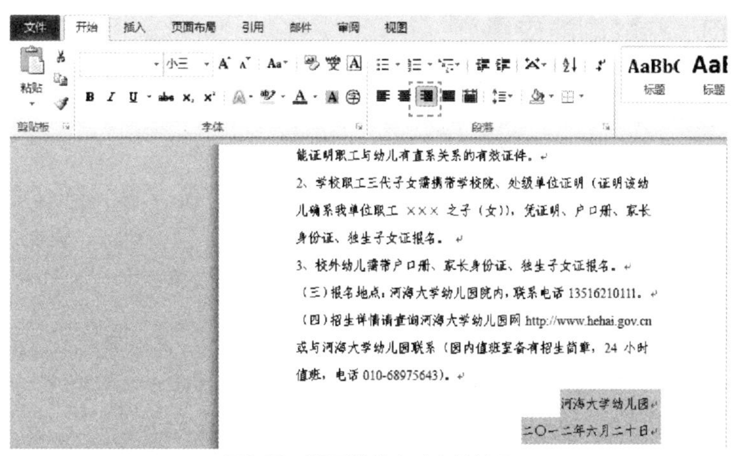

图9-26　设置段落右对齐的效果

动手做2　设置段落缩进格式

段落缩进可以调整一个段落与边距之间的距离，设置段落缩进还可以将一个段落与其他段落分开，或显示出条理更加清晰的段落层次，方便阅读。利用标尺或在“段落”对话框中都可以设置段落缩进。

缩进可分为首行缩进、左缩进、右缩进和悬挂缩进四种方式。

（1）左（右）缩进：整个段落中的所有行的左（右）边界向右（左）缩进，左缩进和右缩进通常用于嵌套段落。

（2）首行缩进：段落的首行向右缩进，使之与其他的段落区分开。

（3）悬挂缩进：段落中除首行以外的所有行的左边界向右缩进。

用户可以利用“段落”对话框精确地设置段落的缩进量。

例如，设置幼儿园招生简章正文第一段落首行缩进两个字符，具体步骤如下。

Step01 将鼠标定位在正文的第一段。

Step02 单击“开始”选项卡“段落”组右下角的对话框启动器，打开“段落”对话框，单击“缩进和间距”选项卡，如图9-27所示。

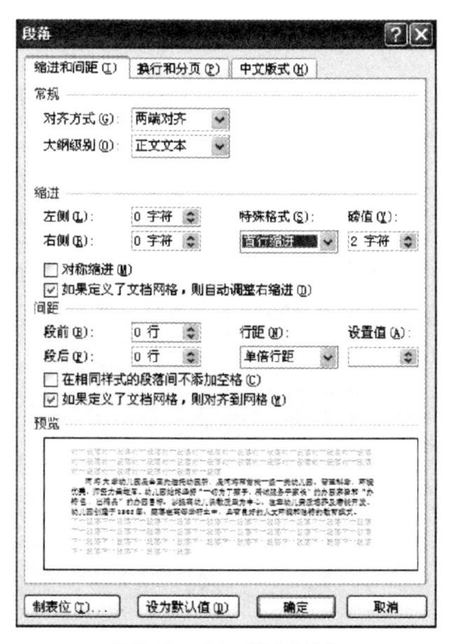

图9-27　设置段落缩进

Step03 在“缩进”区域的“特殊格式”下拉列表中选择“首行缩进”，在“度量值”文本框中输入“2字符”，用户可以单击文本框后的“增减”按钮，设置缩进值。

Step04 设置完毕单击“确定”按钮，设置文档段落缩进后的效果如图9-28所示。

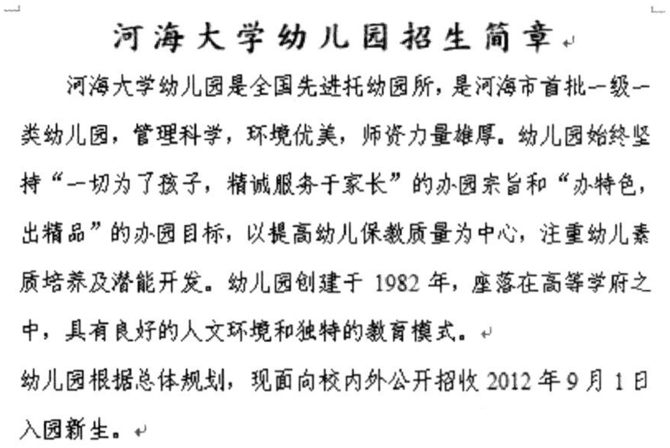

河海大学幼儿园招生简章

　　河海大学幼儿园是全国先进托幼园所，是河海市首批一级一类幼儿园，管理科学，环境优美，师资力量雄厚。幼儿园始终坚持“一切为了孩子，精诚服务于家长”的办园宗旨和“办特色，出精品”的办园目标，以提高幼儿保教质量为中心，注重幼儿素质培养及潜能开发。幼儿园创建于 1982 年，座落在高等学府之中，具有良好的人文环境和独特的教育模式。

幼儿园根据总体规划，现面向校内外公开招收 2012 年 9 月 1 日入园新生。

图9-28　设置文档段落缩进后的效果

动手做3　格式刷的应用

Word 2010提供了格式刷的功能，格式刷可以复制文本或段落的格式，利用它可以快速地设置文本或段落的格式。

利用格式刷快速复制段落格式的具体操作方法如下。

Step01 将插入点定位在样本段落或选中样本段落，如将鼠标定位在幼儿园招生简章正文第一段中。

Step02 单击“开始”选项卡“剪贴板”组中的“格式刷”按钮，此时鼠标光标变成刷子状。

Step03 移动鼠标到正文第二段中，单击鼠标左键，或者选中正文第二段，则将样本段落的格式应用到目标段落，如图9-29所示。

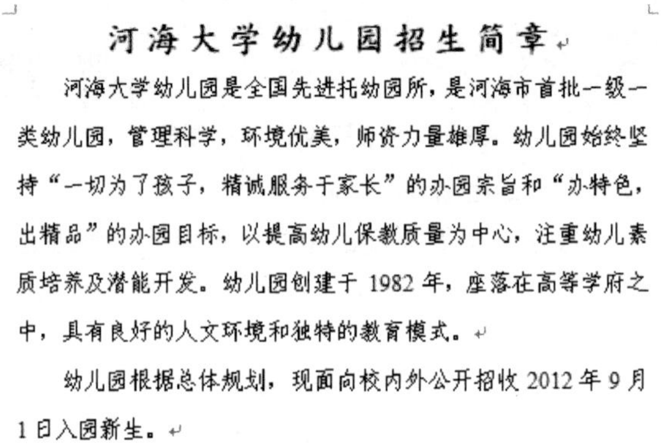

河海大学幼儿园招生简章

河海大学幼儿园是全国先进托幼园所，是河海市首批一级一类幼儿园，管理科学，环境优美，师资力量雄厚。幼儿园始终坚持“一切为了孩子，精诚服务于家长”的办园宗旨和“办特色，出精品”的办园目标，以提高幼儿保教质量为中心，注重幼儿素质培养及潜能开发。幼儿园创建于 1982 年，座落在高等学府之中，具有良好的人文环境和独特的教育模式。

幼儿园根据总体规划，现面向校内外公开招收 2012 年 9 月 1 日入园新生。

图9-29　应用格式刷的效果

Step04 将鼠标定位在幼儿园招生简章正文第一段中。

Step05 单击“开始”选项卡“剪贴板”组中的“格式刷”按钮，分别在正文的其他段落中单击鼠标，此时被单击的段落分别复制了第一段的段落格式，再次单击“格式刷”按钮结束格式刷的使用。

动手做4　设置段落间距

一篇文档的标题与后面的文本段落之间要留有一些距离并且常常要大于正文各段落之间的距离。设置段落间距最简单的方法是在一段的末尾按Enter键来增加空行，但是这种方法的缺点是不够精确。为了能够精确设置段落间距并将它作为一种段落格式保存起来，用户可以在“段落”对话框中进行设置。

例如，设置“幼儿园招生简章”文档标题段落与下面段落之间的距离，具体步骤如下。

Step01 将插入点定位在标题段落中，或选定该段落。

Step02 单击“开始”选项卡“段落”组右下角的对话框启动器，单击“缩进和间距”选项卡。在“间距”区域的“段后”文本框中选择或输入“1.5行”，如图9-30所示。

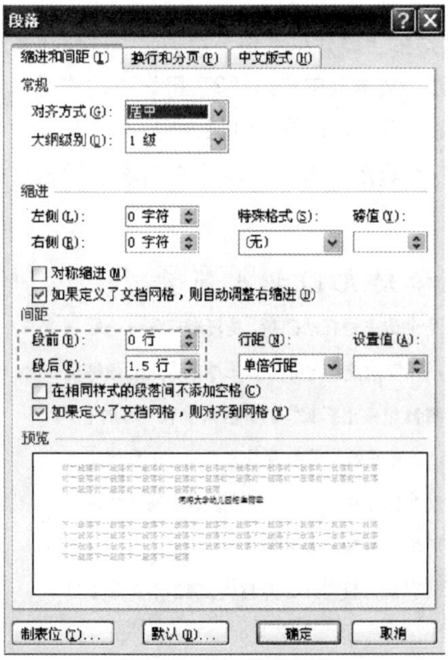

图9-30　设置段落间距

Step03 单击“确定”按钮，设置段落间距后的效果如图9-31所示。

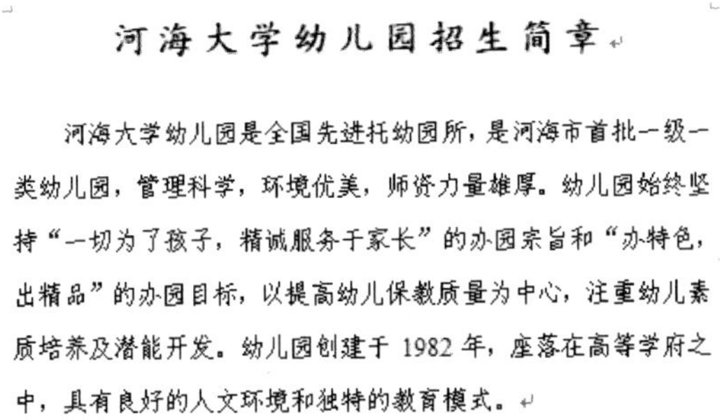

河海大学幼儿园招生简章

河海大学幼儿园是全国先进托幼园所，是河海市首批一级一类幼儿园，管理科学，环境优美，师资力量雄厚。幼儿园始终坚持“一切为了孩子，精诚服务于家长”的办园宗旨和“办特色，出精品”的办园目标，以提高幼儿保教质量为中心，注重幼儿素质培养及潜能开发。幼儿园创建于 1982 年，座落在高等学府之中，具有良好的人文环境和独特的教育模式。

图9-31 设置标题段落间距的效果

项目任务9-5 保存文档

在保存文件之前，用户对文件所做的操作仅保留在屏幕和计算机内存中。如果用户关闭计算机，或遇突然断电等意外情况，用户所做的工作就会丢失。因此，用户应及时对文件进行保存。

虽然Word 2010在建立新文档时系统默认了文档的名称，但是它没有分配在磁盘上的文档名，因此在保存新文档时，需要给新文档指定一个文件名。

保存新建“招生简章”文档的具体操作步骤如下。

Step01 单击“文件”选项卡，然后单击“保存”选项，或者在快速访问工具栏上单击“保存”按钮，打开“另存为”对话框，如图9-32所示。

Step02 在“保存位置”下拉列表中选择文档的保存位置，这里选择C盘的“案例与素材\模块九\源文件”文件夹。

Step03 在“文件名”文本框中输入新的文档名“招生简章”，默认情况下Word 2010应用程序会自动赋予相应的扩展名为Word文档。

Step04 单击“保存”按钮。

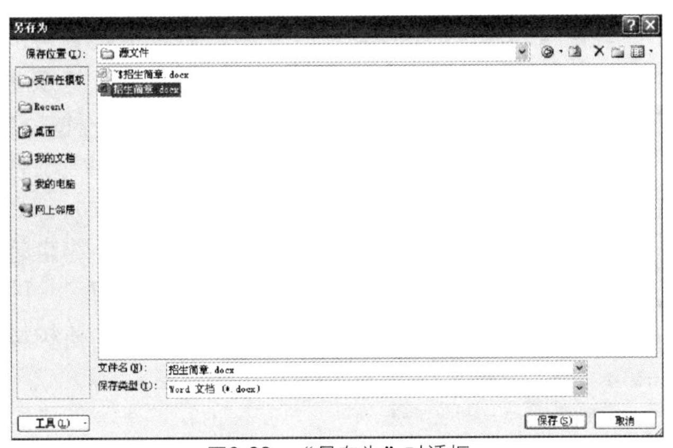

图9-32 “另存为”对话框

提示

如果要以其他的文件格式保存新建的文件，在“保存类型”下拉列表中选择要保存的文档格式。为了避免2010版本创建的文档用97-2003版本打不开，用户可以在“保存类型”下拉列表中选择“Word97-2003文档”。

项目任务9-6 退出Word 2010

对文档的操作全部完成后，用户就可以关闭文档退出Word 2010了，退出Word 2010程序有以下几种方法。

（1）使用鼠标左键单击标题栏最右端的“关闭”按钮。

（2）使用鼠标左键单击标题栏最左端的“控制”按钮图标，打开“控制”菜单，然后选择“关闭”命令。

（3）在“文件”选项卡下选择“退出”选项。

（4）在标题栏的任意处右击，然后在弹出的快捷菜单中选择“关闭”命令。

（5）按下Alt+F4组合键。

如果在退出之前没有保存修改过的文档，此时Word 2010系统就会弹出“警告”对话框，如图9-33所示。单击“是”按钮，Word 2010会保存文档，然后退出；单击“否”按钮，Word 2010不保存文档，直接退出；单击“取消”按钮，Word 2010会取消这次操作，返回刚才的编辑窗口。

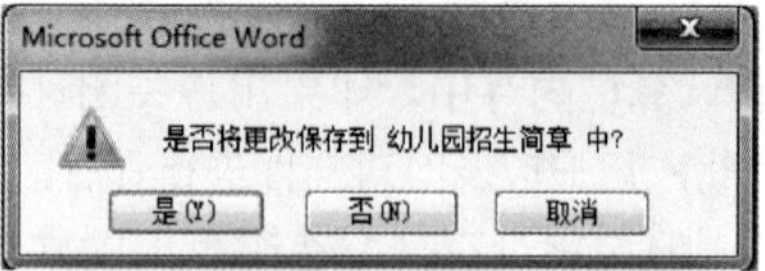

图9-33 关闭文档时的“警告”对话框

项目拓展——制作协议书

协议书是社会生活中，协作的双方或多方，为保障各自的合法权益，经双方或多方共同协商达成一致意见后，签定的书面材料。协议书是契约文书的一种，是当事人双方（或多方）为了解决或预防纠纷，或确立某种法律关系，实现一定的共同利益、愿望，经过协商而达成一致后，签署的具有法律效力的记录性应用文。

签订协议书，其目的是为了更好地从制度上乃至法律上，把双方协议所承担的责任固定下来。作为一种能够明确彼此权利与义务、具有约束力的凭证性文书，协议书对当事人双方（或多方）都具有制约性，它能监督双方信守诺言、约束轻率反悔行为，它的作用与合同基本相同。图9-34所示是某县环保局与个人签订的植树协议，该协议明确了双方的权利与义务。

协　议

甲方：××县环境保护局

乙方：　　　　　　　　身份证号：

××县环境保护局响应县政府号召对产业集聚区内×××村对面路东路边 200 米范围进行绿化。甲方为较好完成绿化任务，同意把树苗种柏养护承包给乙方。经甲乙双方共同协商，将有关事项达成如下协议：

一、 树苗由甲方按城建部门标准一次性提供。

二、 乙方负责土地平整，沟槽开挖，负责按照城建部门绿化图纸要求进行施工，并通过验收。

三、 所需资金由乙方先行垫付。

四、 乙方负责树木种柏及种柏后的养护工作，树木如有丢失或因管理原因死亡由乙方负责补栽。

五、 绿化种柏所占土地与村民纠纷问题由乙方负责协调。

六、 付款标准：按每米贰百壹拾元计算，合计费用肆万贰仟元整。

七、 付款方式：××××年××月××日所种树木确认成活后由甲方一次性付给乙方，最迟到××××年××月××日清算。

八、 本协议一式两份，双方签章（签字）后生效。

甲方：（盖章）

甲方代表签字：　　　　　　　乙方签字：

年　月　日　　　　　　　　年　月　日

图9-34 协议书

设计思路

小王在协议书的制作过程中，用户可以打开一个原来编辑过的转正申请书，然后对文档中的文字和段落格式进行设置，最后对修改工作进行保存，制作协议书的基本步骤分解如下。

（1）打开文档。

（2）利用浮动工具栏设置字体格式。

（3）设置协议书的段落格式。

（4）设置编号。

（5）保存修改的文档。

动手做1　打开文档

最常规的打开文档方法就是在资源管理器或“我的电脑”中找到要打开的文档所在的位置，双击该文档即可打开。不过这对于正在文档中编辑的用户来说比较麻烦，用户可以直接在Word 2010中打开已有的文档。

在Word 2010中如果要打开一个已经存在的文档可以利用“打开”对话框将其打开，Word 2010可以打开不同位置的文档，如本地硬盘、移动硬盘或与本机相连的网络驱动器上的文档。

例如，原来已经把协议书的文本输入完毕，存放在C盘的“案例与素材\模块九\素材”文件夹中，名称为“协议（初始）”文件，现在打开它并对其设置格式，具体步骤如下。

（1）单击“文件”选项卡，然后选择“打开”选项，或者在快速访问工具栏上单击“打开”按钮，都可以打开“打开”对话框，如图9-35所示。

（2）在“查找范围”下拉列表中选择文件所在的“案例与素材\模块九\素材”文件夹，在“文件名”下拉列表中选择所需的“协议（初始）”文件。

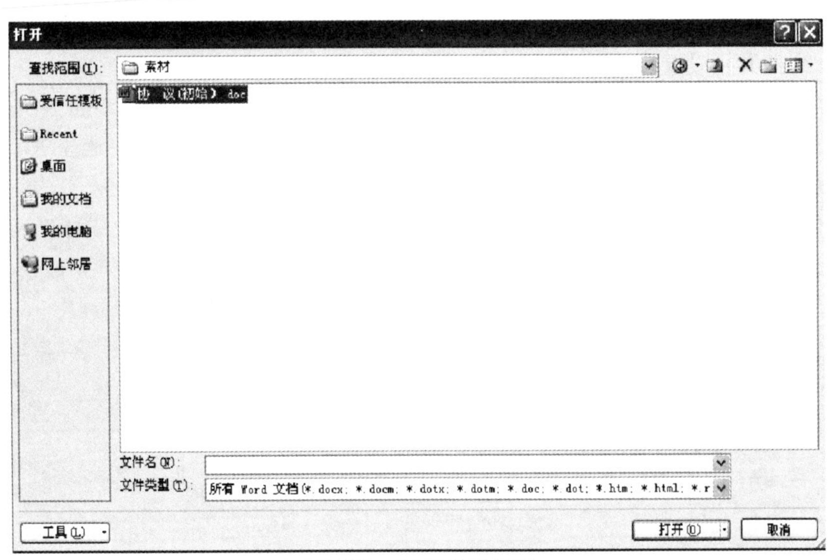

图9-35　“打开”对话框

（3）单击“打开”按钮，或者在“文件”列表框中双击要打开的文件名，即可将“协议（初始）”文档打开，如图9-36所示。

协议

甲方：××县环境保护局

乙方：　　　　　　　　　　　身份证号：

××县环境保护局响应县政府号召对产业集聚区内×××村对面路东路边200米范围进行绿化。甲方为较好完成绿化任务，同意把树苗种植养护承包给乙方。经甲乙双方共同协商，将有关事项达成如下协议：

树苗由甲方按城建部门标准一次性提供。

乙方负责土地平整，沟槽开挖，负责按照城建部门绿化图纸要求进行施工，并通过验收。

所需资金由乙方先行垫付。

乙方负责树木种植及种植后的养护工作，树木如有丢失或因管理原因死亡由乙方负责补栽。

绿化种植所占土地与村民纠纷问题由乙方负责协调。

付款标准：按每米贰百壹拾元计算，合计费用肆万贰仟元整。

付款方式：××××年××月××日所种树木确认成活后由甲方一次性付给乙方，最迟到××××年××月××日清算。

本协议一式两份，双方签章（签字）后生效。

甲方：（盖章）

甲方代表签字：　　　　　　　　乙方签字：

年　月　日　　　　　　　　　年　月　日

图9-36　协议初始文本

动手做2　利用浮动工具栏设置字体格式

浮动工具栏是Word 2010中一项极具人性化的功能，当Word 2010文档中的文字处于选中状态时，如果用户将鼠标指针移到被选中文字的右侧位置，将会出现一个半透明状态的浮动工具栏。该工具栏中包含了常用的设置文字格式的命令，如设置字体、字号、颜色、居中对齐等命令。将鼠标指针移动到浮动工具栏上将使这些命令完全显示，进而可以方便地设置文字格式。

利用浮动工具栏设置字体的步骤如下。

Step 01 选中协议的标题“协议”，将鼠标指针移到被选中文字的右侧位置，出现一个半透明状态的浮动工具栏，在工具栏的“字体”列表中选择“黑体”，在“字号”列表中选择“二号”，效果如图9-37所示。

Step 02 选中转正申请书的正文，然后在浮动工具栏的“字体”列表中选择“宋体”，在“字号”列表中选择“四号”。

协议

甲方：××县环境保护局

乙方：　　　　　　　　　　　身份证号：

××县环境保护局响应县政府号召对产业集聚区内×××村对面路东路边200米范围进行绿化。甲方为较好完成绿化任务，同意把树苗种植养护承包给乙方。经甲乙双方共同协商，将有关事项达成如下协议：

树苗由甲方按城建部门标准一次性提供。

乙方负责土地平整，沟槽开挖，负责按照城建部门绿化图纸要求进行施工，并通过验收。

图9-37　利用浮动工具栏设置字体格式

提示

如果不需要在Word 2010文档窗口中显示浮动工具栏，可以在“Word选项”对话框将其关闭。在文档窗口单击Office按钮然后单击“Word选项”按钮，在打开的“Word选项”对话框中，取消选中“常用”选项卡中的“选择时显示浮动工具栏”复选框，并单击“确定”按钮。

动手做3　设置段落格式和字符间距

设置协议的段落格式的步骤如下。

Step 01 将鼠标定位在标题“协议”段落中。

Step 02 单击“开始”选项卡“段落”组右下角的对话框启动器，打开“段落”对话框，单击“缩进和间距”选项卡。在“对齐方式”下拉列表中选择“居中”选项，在“间距”区域的“段后”文本框中选择或输入“1.5行”，如图9-38所示。

Step 03 单击“确定”按钮。

Step 04 选中协议的正文段落，单击“开始”选项卡“段落”组右下角的对话框启动器，打开“段落”对话框，单击“缩进和间距”选项卡。

Step 05 在“缩进”区域的“特殊格式”下拉列表中选择“首行缩进”，并在“度量值”文本框中选择或输入“2字符”；在“行距”下拉列表中选择“1.5倍行距”，如图9-39所示。

Step 06 设置完毕单击“确定”按钮。

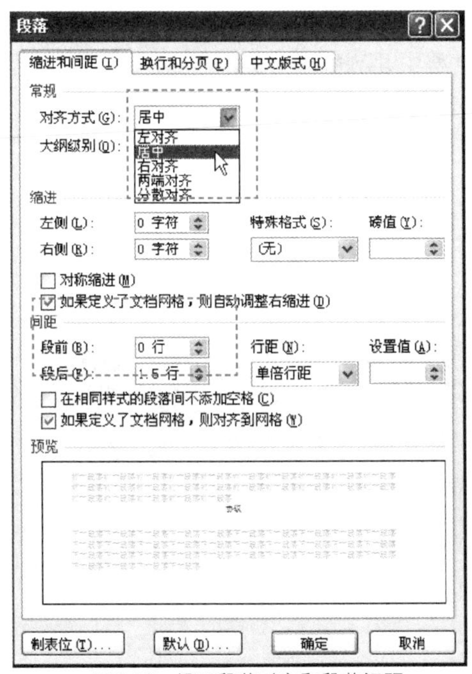

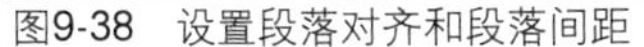

图9-38　设置段落对齐和段落间距

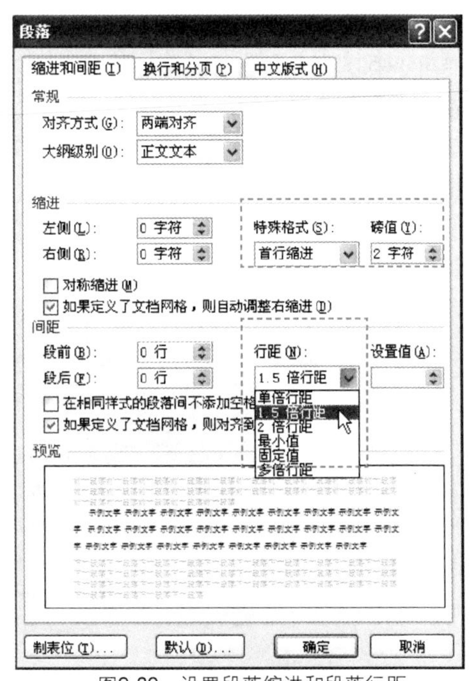

图9-39　设置段落缩进和段落行距

Step 07 选中协议文本，单击“开始”选项卡“字体”组中右下角的对话框启动器，打开“字体”对话框，单击“高级”选项卡。

Step 08 在“间距”下拉列表中选择“加宽”并在其后的文本框中输入“15磅”，单击“确定”按钮。为协议设置段落格式和文字间距的效果如图9-40所示。

协 议

甲方：××县环境保护局

乙方：　　　　　　　　　身份证号：

××县环境保护局响应县政府号召对产业集聚区内×××村对面路东路边 200 米范围进行绿化。甲方为较好完成绿化任务，同意把树苗种植养护承包给乙方。经甲乙双方共同协商，将有关事项达成如下协议：

树苗由甲方按城建部门标准一次性提供。

乙方负责土地平整，沟槽开挖，负责按照城建部门绿化图纸要求进行施工，并通过验收。

所需资金由乙方先行垫付。

乙方负责树木种植及种植后的养护工作，树木如有丢失或因管理原因死亡由乙方负责补栽。

绿化种植所占土地与村民纠纷问题由乙方负责协调。

付款标准：按每米贰百壹拾元计算，合计费用肆万贰仟元整。

付款方式：××××年××月××日所种树木确认成活后由甲方一次性付给乙方，最迟到××××年××月××日清算。

本协议一式两份，双方签章（签字）后生效。

图9-40　设置协议段落格式后的效果

动手做4　设置编号

在制作文档的过程中，为了增强文档的可读性，使段落条理更加清楚，可在文档各段落前添加一些有序的编号或项目符号。Word 2010提供了添加编号、项目符号和多级列表的功能。使用“项目符号”和“编号”列表，可以对文档中并列的项目进行组织，从而使文档更有层次感，易于阅读和理解。

设置协议的有关事项的编号的具体步骤如下。

Step 01 选中有关事项内容。

Step 02 单击“开始”选项卡“段落”组中“编号”按钮右侧的下三角箭头，在弹出的下拉列表中选择合适的编号，如图9-41所示。

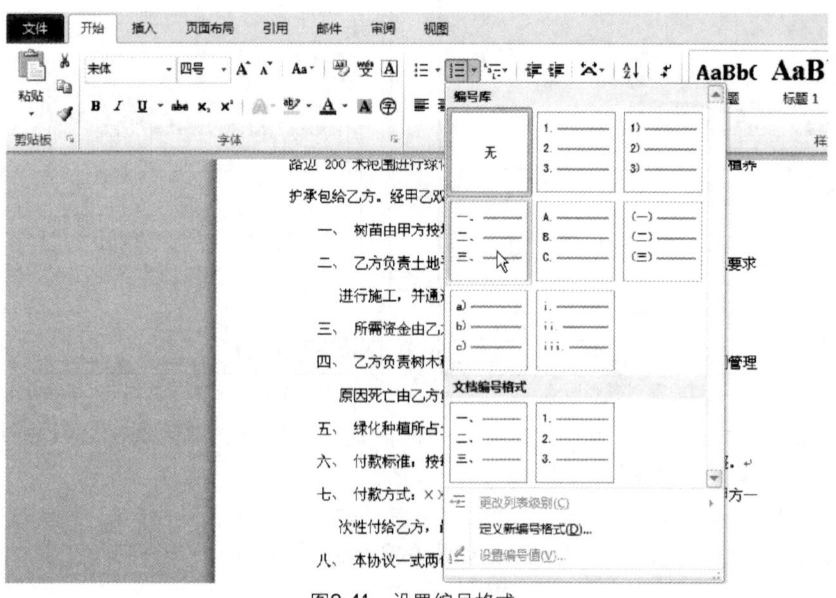

图9-41　设置编号格式

Step03 单击“开始”选项卡“段落”组右下角的对话框启动器，打开“段落”对话框，单击“缩进和间距”选项卡。

Step04 在“缩进”区域的“左侧”文本框中选择或输入“1厘米”，在“特殊格式”下拉列表中选择“首行缩进”，并在“度量值”文本框中选择或输入“1厘米”，如图9-42所示。

Step05 单击“确定”按钮，设置编号后的效果如图9-43所示。

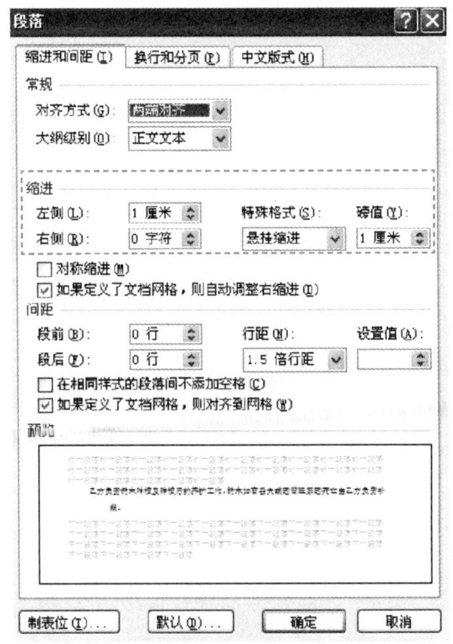

图9-42 设置编号的缩进

协 议

甲方：××县环境保护局

乙方： 身份证号：

××县环境保护局响应县政府号召对产业集聚区内×××村对面路东路边 200 米范围进行绿化。甲方为较好完成绿化任务，同意把树苗种植养护承包给乙方。经甲乙双方共同协商，将有关事项达成如下协议：

一、树苗由甲方按城建部门标准一次性提供。

二、乙方负责土地平整，沟槽开挖，负责按照城建部门绿化图纸要求进行施工，并通过验收。

三、所需资金由乙方先行垫付。

四、乙方负责树木种植及种植后的养护工作，树木如有丢失或因管理原因死亡由乙方负责补栽。

五、绿化种植所占土地与村民纠纷问题由乙方负责协调。

六、付款标准：按每米贰百壹拾元计算，合计费用肆万贰仟元整。

七、付款方式：××××年××月××日所种树木确认成活后由甲方一次性付给乙方，最迟到××××年××月××日清算。

八、本协议一式两份，双方签章（签字）后生效。

图9-43 设置编号后的效果

动手做5 保存修改后文档

对于保存过或者打开的文档，用户对它进行了编辑后，若要保存可直接单击“文件”选项卡，然后选择“保存”选项，或单击快速访问工具栏中的“保存”按钮进行保存，此时不会打开“另存为”对话框，Word会以用户原来保存的位置进行保存，并且将以修改过的内容覆盖掉原来文档的内容。

如果用户需要保存现有文件的备份，即对现有文件进行了修改，但是还需要保留原始文件，或在不同的目录下保存文件的备份，用户也可以使用“另存为”命令，在“另存为”对话框中指定不同的文件名或目录保存文件，这样原始文件保持不变。

例如，这里将刚才打开并编辑过的“协议（初始）”文档保存在C盘的“模块四\源文件”文件夹中，具体步骤如下。

Step01 单击“文件”选项卡，然后单击“另存为”选项，打开“另存为”对话框。

Step02 在对话框的“保存位置”下拉列表中选择文档的保存位置，这里选择为C盘的“模块四\源文件”文件夹。

Step03 在“文件名”文本框中输入“文档名协议”。

Step04 单击“保存”按钮。

提示

此外，如果要以其他的格式保存文件，也可使用“另存为”命令，在“另存为”对话框的“保存类型”下拉列表中列出了可以保存的文件类型，用户可根据需要选取。

知识拓展

通过前面的任务主要学习了文件的创建与打开方法，文本的输入与修改方法，利用不同的方式设置字体格式，设置字符间距，设置段落的对齐与缩进格式，设置段落的行间距与段落间距，格式刷的应用，以及文档的保存与另存方法。这些操作都是Word 2010的基本操作，另外还有一些基本操作在前面的任务中没有运用到，下面就介绍一下。

动手做1　使用模板创建文档

如果用户需要创建一个专业型的文档，如会议记录、备忘录、出版物等，而用户对这些专业文档的格式并不熟悉，则用户可以利用Word 2010提供的模板功能来建立一个比较专业化的文档。

单击“文件”选项卡，然后选择“新建”选项，则在右侧显示“可用模板”文件列表，如图9-44所示。在Office.com模板下单击所需模板类别，然后选择需要的模板，如这里选择合同→协议→法律文书→聘用合同”，如图9-45所示。

图9-44　“可用模板”文件列表

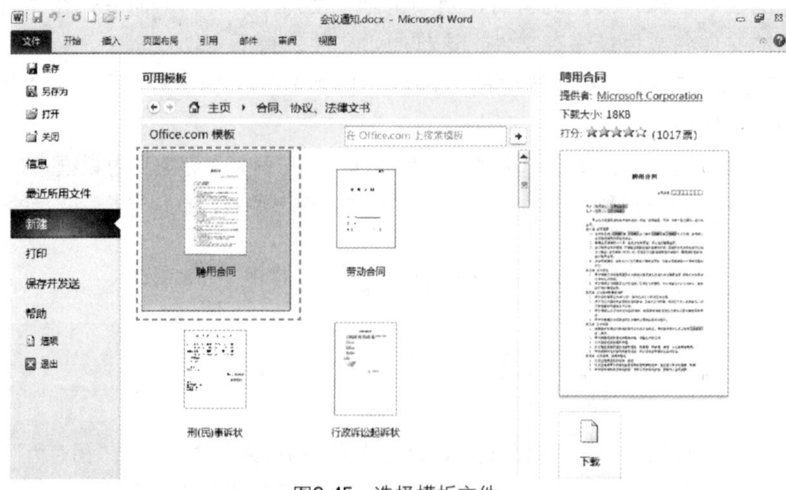

图9-45　选择模板文件

单击“下载”按钮，则开始从网上下载模板。模板下载完毕后，自动打开一个模板文档，如图9-46所示。用户可以在模板文件中对文档进行编辑，然后保存。

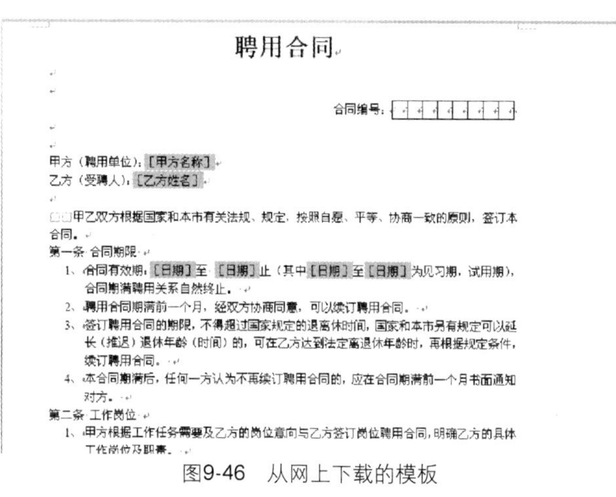

聘用合同

合同编号：

甲方（聘用单位）：［甲方名称］
乙方（受聘人）：［乙方姓名］

甲乙双方根据国家和本市有关法规、规定，按照自愿、平等、协商一致的原则，签订本合同。

第一条 合同期限

1、合同有效期：［日期］至［日期］止（其中［日期］至［日期］为见习期，试用期），合同期满聘用关系自然终止。
2、聘用合同期满前一个月，经双方协商同意，可以续订聘用合同。
3、签订聘用合同的期限，不得超过国家规定的退离休时间，国家和本市另有规定可以延长（推迟）退休年龄（时间）的，可在乙方达到法定离退休年龄时，再根据规定条件，续订聘用合同。
4、本合同期满后，任何一方认为不再续订聘用合同的，应在合同期满前一个月书面通知对方。

第二条 工作岗位

1、甲方根据工作任务需要及乙方的岗位意向与乙方签订岗位聘用合同，明确乙方的具体工作岗位及职责。

图9-46 从网上下载的模板

动手做2 Office 剪贴板

前面介绍的使用剪贴板复制和移动文本的操作使用的是系统剪贴板，使用系统剪贴板一次只能移动或复制一个项目，当再次执行移动或复制操作时，新的项目将会覆盖剪贴板中原有的项目。Office剪贴板独立于系统剪贴板，它由Office创建，使用户可以在Office的应用程序如Word、Excel中共享一个剪贴板。Office剪贴板的最大优点是一次可以复制多个项目并且用户可以将剪贴板中的项目进行多次粘贴。单击“开始”选项卡“剪贴板”组中右下角的对话框启动器，在界面的右侧打开剪贴板窗格，如图9-47所示。

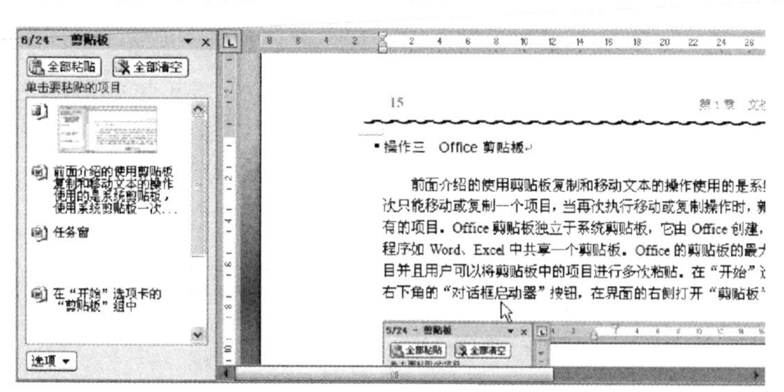

图9-47 剪贴板任务窗格

在使用Office剪贴板时应首先打开剪贴板窗格，然后在“剪贴板功能”组中选择“剪切”或“复制”选项就可以向Office剪贴板中复制项目，剪贴板中可存放包括文本、表格、图形等24个项目对象，如果超出了这个数目最旧的对象将自动从剪贴板上删除。

在Office剪贴板中单击一个项目，即可将该项目粘贴到当前文档中当前光标所在的位置，单击Office剪贴板中各项目后的下三角箭头，在打开的列表中选择“粘贴”选项，也可以将所选项目粘贴到文档中的当前光标所在位置。如果在Office剪贴板窗格中单击“全部粘贴”按钮，可将存储在Office剪贴板中的所有项目全部粘贴到文档中。如果要删除剪贴板中的一个项目，可以单击要删除项目后的下三角箭头，在打开的下拉列表中选择“删除”选项，如果要删除Office剪贴板中的所有项目，在任务窗格中单击“全部清空”按钮。

有了Office剪贴板，用户可以在编辑具有多种内容对象的文档时获得更多的方便。例如，用户可以事先将所需要的各种对象，如文本、表格和图形等预先制作好，并将它们都复制到

Office剪贴板中。然后在Word 2010中再根据编制内容的需要，随时随地将它们一一复制到文档的相应位置，从而避免了反复调用各种工具软件所带来的烦琐操作。

动手做3　设置项目符号

为文档中的文本设置项目符号的基本方法如下。

Step 01 选中要设置项目符号的文本，在“开始”选项卡下，单击“段落”组中的项目符号右侧的下三角箭头，打开一个下拉列表，如图9-48所示。

Step 02 在列表中单击一个项目符号，则选中的文本被应用了项目符号。

Step 03 如果在列表的底部选择“定义新项目符号”选项，则打开“定义新项目符号”对话框，如图9-49所示。

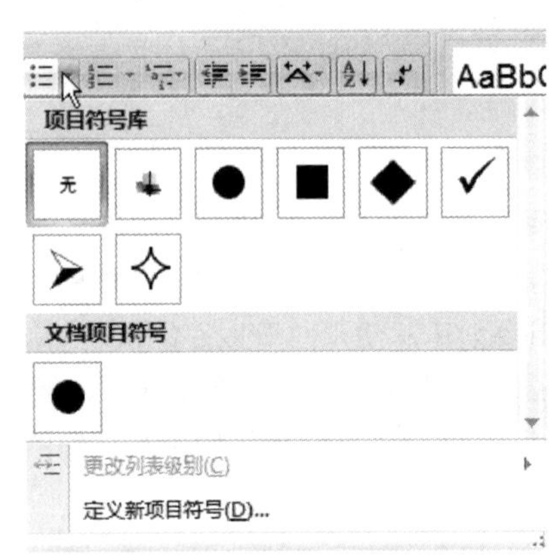

图9-48　设置项目符号

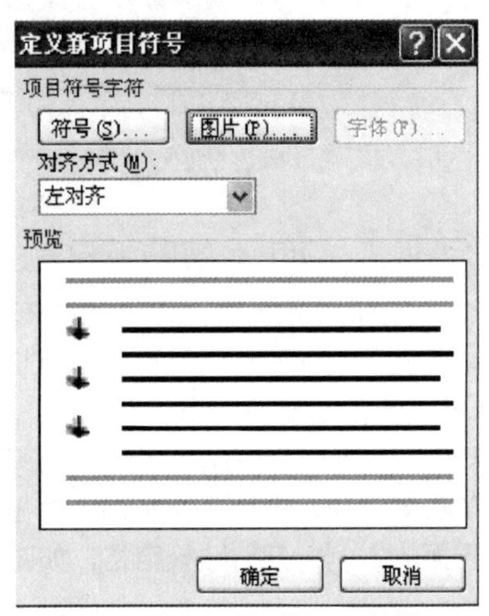

图9-49　“定义新项目符号”对话框

Step 04 在对话框中单击“图片”按钮，打开“图片项目符号”对话框，如图9-50所示。在对话框中选择一个图片，单击“确定”按钮，返回“定义新项目符号”对话框。

Step 05 在“定义新项目符号”对话框中单击“确定”按钮，则选中的图片显示在“项目符号”列表中。

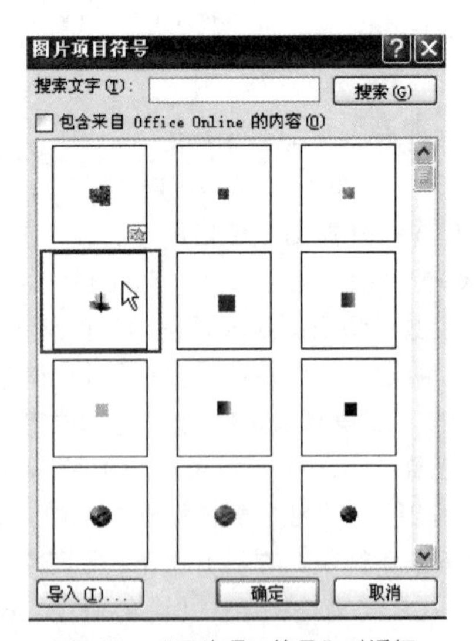

图9-50　“图片项目符号”对话框

动手做4 自定义编号

在添加编号时如果对系统提供的编号不满意，用户可以自定义编号，自定义编号的基本步骤如下。

Step 01 选中要设置编号的文本，选择“编号”下拉列表中的“定义新编号格式”选项，打开“定义新编号格式”对话框，如图9-51所示。

Step 02 在“编号样式”列表中选择编号的样式，在“编号格式”列表中设置编号后面的格式，如图9-51所示。

Step 03 单击“确定”按钮，选中的文本被应用了自定义的编号，而且自定义的编号显示在编号列表中。

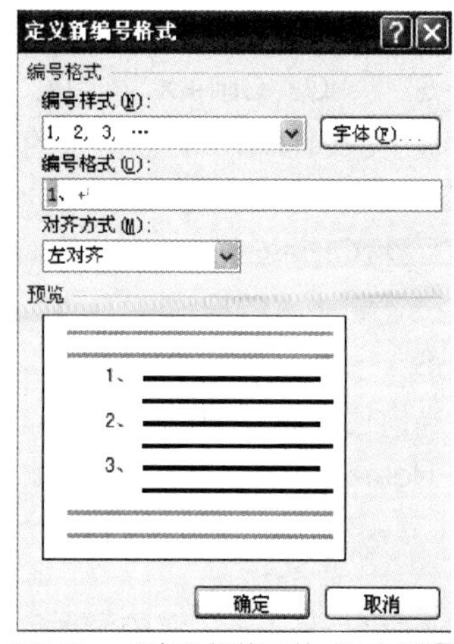

图9-51 “定义新编号格式”对话框

动手做5 利用键盘定位插入点

用户也可以利用键盘上的按键在非空白文档中移动插入点的位置。利用键盘按键移动插入点主要有以下方法。

- 按方向键↑，插入点从当前位置向上移一行。
- 按方向键↓，插入点从当前位置向下移一行。
- 按方向键←，插入点从当前位置向左移动一个字符。
- 按方向键→，插入点从当前位置向右移动一个字符。
- 按Page Up键，插入点从当前位置向上翻一页。
- 按Page Down键，插入点从当前位置向下翻一页。
- 按Home键，插入点从当前位置移动到行首。
- 按End键，插入点从当前位置移动到行末。
- 按Ctrl+Home组合键，插入点从当前位置移动到文档首。
- 按Ctrl+End组合键，插入点从当前位置移动到文档末。
- 按Shift+F5组合键，插入点从当前位置返回至文档的上次编辑点。

课后练习与指导

一、选择题

1. 将插入点定位在任意文档中的任意文本处，按下（　　）组合键即可快速返回至文档的上次编辑点。

A. Ctrl+F5　　B. Shift+F5　　C. Alt+F5　　D. Tab+F5

2. 按（　　）组合键可以选中整个文档。

A. Ctrl+A　　B. Ctrl+V　　C. Ctrl+B　　D. Ctrl+N

3. 按（　　）组合键可以将所选内容暂存到剪贴板上。

A. Ctrl+ Shift　B. Ctrl+S　　C. Ctrl+X　　D. Ctrl+C

4. 下面哪种方法可以将剪贴板上的内容粘贴到插入点的位置？（　　）

A. 按Ctrl+S组合键　　B. 单击“剪贴板”组中的“粘贴”按钮

C. 按Ctrl+V组合键　　D. 按Ctrl+C组合键

5. 按（　　）组合键可以执行复制文本的操作。

A. Ctrl+B　　B. Ctrl+S　　C. Ctrl+X　　D. Ctrl+C

6. 按（　　）键，插入点从当前位置移动到文档首。

A. Shift+？　　B. Ctrl+Home　C. Home　　D. Shift+Home

二、填空题

1. 在用鼠标选定文本时如果在按住________键的同时，在要选择的文本上拖动鼠标，可以选定一个矩形块文本区域。

2. 在输入文本的过程中，按________键删除插入点之前的字符，按________键可以删除插入点之后的字符。

3. 在输入文本时当到达页边距之前要结束一个段落时用户可以按________键，如果用户不想另起一个段落而是想切换到下一行可以按下________键。

4. Office 2010剪贴板中可存放包括文本、表格、图形等________个对象，如果超出了这个数目________将自动从剪贴板上删除。

5. 在________选项卡的________组中单击“日期和时间”按钮，可以打开“日期和时间”对话框。

6. 在“插入”选项卡的________组中单击“符号”按钮，在打开的列表中单击________选项，打开“符号”对话框。在“插入”选项卡的________组中单击“符号”按钮，在下拉列表中选择________选项，打开“插入特殊符号”对话框。

7. 字符间距指的是文档中________之间的距离，通常情况下，采用单位________来度量字符间距。

8. 段落的水平对齐方式有________、________、________、________和________5种。

三、简答题

1. 退出Word 2010有几种方法？

2. 保存文档时，单击快速访问工具栏上的“保存”按钮是否会打开“另存为”对话框？

3. 删除文档中的错误文本有几种方法？

4. 如何在文档中插入特殊符号？
5. 在Word 2010中创建空白文档的方法有哪些？
6. 段落缩进有哪几种方式？

四、实践题

制作如图9-52所示的会议通知。
1. 按图9-52所示输入相应的文本。
2. 设置标题字体格式为黑体、小二。
3. 设置正文字体格式为仿宋、三号。
4. 设置正文小标题字体格式为黑体、三号。
5. 设置标题居中对齐，正文首行缩进2字符。
6. 设置标题段后间距为1行，正文行距为固定值28磅。
效果图位置：案例与素材\模块九\源文件\会议通知。

关于召开县(市)、区教育工会主席会议的通知

各县(市)、区教育工会：

经研究，决定于2013年6月22日召开县(市)、区教育工会主席会议。现将有关事项通知如下：

一、会议地点：×××市×××大酒店5楼3号会议室(×××路×××号)。

二、会议时间：2013年6月22日上午9：00正式开始，下午5：00结束，会期一天。

三、参会人员：各县(市)、区教育工会主席或常务副主席一名。

四、会议内容：总结上半年工作经验，交流下半年工作思路，部署下阶段工作。

五、有关事宜：请参会人员安排好工作，准时参会。全体参会人员中午12:30统一就餐，地点醉博园。

×××市教育工会

二〇一三年六月二十日

图9-52 “会议通知”文档的最终效果

模块 10 Word 2010表格应用——制作课程表

你知道吗？

表格是编辑文档时常见的文字信息组织形式，它的优点就是结构严谨、效果直观。以表格的方式组织和显示信息，可以给人一种清晰、简洁、明了的感觉。

应用场景

人们平常所见到的简历表、会议签到表等表格，如图10-1所示，这些都可以利用Word 2010的表格功能来制作。

个 人 简 历

个人基本信息				
姓　　名	—	性　　别	男	
年　　龄	24	婚姻状况	否	
家庭住址	北京市海淀区幸福小区	籍　　贯	河南郑州	
联系电话	—	电子邮件	—	
求职意向及工作经历				
应聘职位	机械设计/制图/制造	职位类型	全职	
待遇要求	月薪3000—4000元	工作地区	不限	
工作经历	2009年8月至2011年2月在北京亚力机械有限公司担任技术员 2011年2月至今在北京亚力机械有限公司担任工程师			
教育背景				
毕业院校	蓝天职业技术学院	最高学历	本科	
所学专业	机电一体化	毕业年份	2007年	
教育培训经历	2005年9月至2009年7月　蓝天职业技术学院　机电一体化 2009年10至12月　在北京市劳动职业技能中心培训，并通过北京市劳动厅的考试，考取了加工中心高级证。 2011年1月　ISO内审员培训　内审员资格证书			
特　　长				
语　　言	英语水平六级			
技能专长	本人专业基础扎实,学习能力、动手能力强，熟悉掌握各类机床（车、刨、磨、铣、钻）、钳工和各类焊接（电弧焊、氩焊、氩弧焊）的操作，能操作平面设计软件，AUTOCAD，PROE，OFFICE等软件，已取得机械设计工程工程师，加工中心操作中级证和高级证。			
其他信息				
自我评价	本人工作认真细致，勤奋好学，适应能力强，能出色完成本职工作，特别有团队合作精神，个人兴趣广泛，业余喜欢阅读，音乐及运动，希望能在未来的职业生涯中学到更多的知识，提升个人的整体素质。			
发展方向				
其他要求				

图10-1　个人简历和会议签到表

会议签到表

会议议题					
会议日期			会议地点		
主持人			记录人		
姓名	单位	职务	姓名	单位	职务

图10-1 个人简历和会议签到表（续）

课程表是帮助学生了解课程安排的一种简单表格。课程表分为两种：一是学生使用的，二是教师使用的。学生使用的课程表与任课教师使用的课程表在设计结构上都是一个简单的二维表格，基本上没有什么区别，只是填写的内容有所不同。学生的课程表是让学生了解本学期中的每一星期内周而复始的课程安排内容。任课教师的课程表是用来提醒教师在什么时间到哪个班级上什么课（有可能进度不同，或两个年级、两个学科等）。

图10-2所示是利用Word 2010的表格功能制作的课程表。请根据本模块所介绍的知识和技能，完成这一工作任务。

大华小学五年级课程表

节次 \ 科目 \ 星期		星期一	星期二	星期三	星期四	星期五
上午	第一节 8：10-8：50	语文	数学	语文	语文	数学
	第二节 9：00-9：40	数学	语文	数学	数学	语文
	9：40-10：10	课间操				
	第三节 10：10-10：50	品德	英语	语文	语文	英语
	第四节 10：00-10：40	科学	体育	音乐	体育	美术
下午	第一节 2：30-3：10	数学	语文	数学	数学	语文
	第二节 3：20-4：00	美术	音乐	品德	科学	英语
	4：00-4：40	课外活动				

图10-2 课程表

相关文件模板

本模块还为用户提供了表格简历、会议签到表、办公用品申领表、员工工资调整申请表、费用报销单、差旅费报销单、招待费报销单等文件，放在“案例与素材\模块十\模板文件”文件夹中。

为方便读者，本书在配套的资料包中提供了部分常用的文件模板，具体文件路径如图10-3所示。

- 案例与素材
  - 模块九
  - 模块十
    - 模板文件
    - 源文件

图10-3 应用文件模板

背景知识

课程表通常是由学校教学处根据教育部、地方教育部门规定的课时，按照主科（语数外）、副科（理化生、政史地）或小学科（音体美劳信）从第一节课时间顺序排课。当科任教师之间上课时间发生冲突时，再考虑各学科教师的时间互补性，尽量做到在每天最好的时间安排主科，实在安排不开时，再将副科提到第一、二节课。为了不影响学生的认知、记忆规律，还要注意同一学科的课时不能连排。

设计思路

在课程表的制作过程中，首先创建一个表格，然后在表格中输入文本，在输入文本后对表格进行插入行、删除列的操作，最后还应对表格进行修饰。制作课程表的基本步骤分解如下。

（1）创建表格。

（2）在表格中输入文本。

（3）编辑表格。

（4）修饰表格。

项目任务10-1 创建表格

表格是由水平的行和垂直的列组成，行与列交叉形成的方框称为单元格。在Word 2010中提供了多种创建表格的方法，可以使用“表格”按钮、“插入表格”对话框或直接绘制表格等方法来创建表格。

如果创建的表格行列数比较少，可以利用“插入表格”按钮，但是创建的表格不能设置自动套用格式和列宽，而是需要在创建表格后做进一步地调整。

由于课程表行列数比较少，这里利用“表格”按钮创建课程表，具体操作步骤如下。

Step 01 创建一个新文档，然后首先输入表头文字“大华小学五年级课程表”，并设置文字的字体为黑体，字号为三号。

Step 02 在“插入”选项卡“表格”组中单击“表格”按钮，出现一个下拉列表，在“插入表格”网格区域按住鼠标左键沿网格左上角向右拖动指定表格的列数，向下拖动指定表格的行数。

Step 03 这里选择列数为8，行数为8，如图10-4所示。

Step 04 松开鼠标，完成插入表格的操作，如图10-5所示。

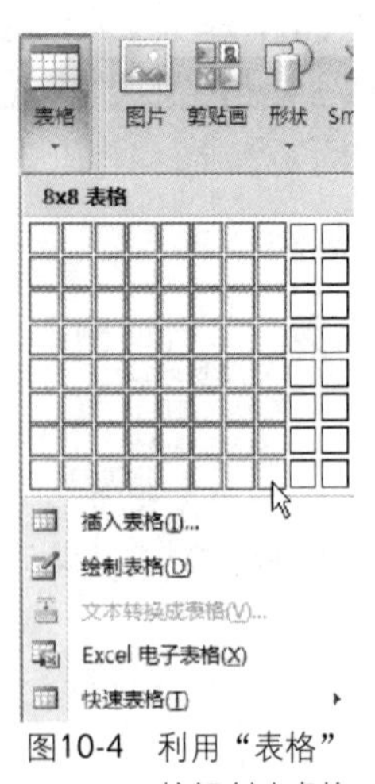

图10-4 利用“表格”按钮创建表格

大华小学五年级课程表

图10-5 插入表格后的效果

提示

如果在插入表格之前没有输入表格标题，想要在表格上方插入一个空行用于输入表格标题。将鼠标指针定位在表格的第一个单元格中，按下Enter键，就可以在表格上方插入一个空行。

项目任务10-2 编辑表格

编辑表格主要包括在表格中移动插入点并在相应的单元格中输入文本和信息，移动和复制单元格中的内容以及插入、删除行（列）等一些基本的编辑操作。

动手做1　在表格中输入文本

在表格中输入文本与在文档中输入文本的方法一样，都是先定位插入点，创建好表格后插入点默认地定位在第一个单元格中。如果需要在其他单元格中输入内容，只要用鼠标单击该单元格即可定位插入点，再向表格中输入数据就可以了。

如果在单元格中输入文本时出现错误，按Backspace键删除插入点左边的字符，按Delete键删除插入点右边的字符，在课程表中输入内容的效果如图10-6所示。

大华小学五年级课程表

			星期一	星期二	星期三	星期四	星期五
	上午	第一节 8：10-8：50	语文	数学	语文	语文	数学
		第二节 9：00-9：40	数学	语文	数学	数学	语文
		9：40-10：10	课间操				
		第三节 10：10-10：50	品德	英语	语文	语文	英语
		第四节 10：00-10：40	科学	体育	音乐	体育	美术
	下午	第一节 2：30-3：10	数学	语文	数学	数学	语文
		第二节 3：20-4：00	美术	音乐	品德	科学	英语

图10-6　表格中输入数据的效果

动手做2　选定单元格

选定单元格是编辑表格的最基本操作之一。用户可以利用鼠标选中或利用“选定”命令选中表格中相邻的或不相邻的多个单元格，可以选择表格的整行或整列，也可以选定整个表格。在设置表格的属性时应选定整个表格，有一点要注意，选定表格和选定表格中的所有单元格在性质上是不同的。

利用鼠标可以快速地选中单元格，操作方法如下。

（1）选择单个单元格：将鼠标移动到单元格左边界与第一个字符之间，当鼠标指针变成➚状时单击鼠标即可选中该单元格，双击则可选中整行。

（2）选择多个单元格：如果选择相邻的多个单元格，在表格中按下鼠标左键拖动鼠标，在虚框范围内的单元格被选中。

（3）选择一行：将鼠标移到该行左边界的外侧，当鼠标变成箭头状时↗，单击鼠标则可选中该行。

（4）选择一列：将鼠标移到该列顶端的边框上，当鼠标变成一个向下的黑色实心箭头⬇时，单击鼠标。如果按住Alt键的同时单击该列中的任意位置，则整个列也被选中。

（5）选择多行（列）：先选定一行（列），然后按住Shift键单击另外的行（列），则可将连续的多行（列）同时选中。如果先选定一行（列），然后按住Ctrl键单击另外的行（列），则可将不连续的多行（列）同时选中。

（6）单击表格左上角的⊞标记可以选中整个表格，或者在按住Alt键的同时双击表格中的任意位置也可选中整个表格。

选择
选择单元格(L)
选择列(C)
选择行(R)
选择表格(T)

图10-7　选择列表

对于计算机操作并不十分熟练的用户，可以利用命令来选中表格中的内容。首先将插入点定位在表格中，单击“布局”选项卡“表”组中的“选择”按钮，打开一个下拉列表，如图10-7所示。在下拉列表中用户可以进行以下选择。

（1）“选择单元格”选项：选中插入点所在的单元格。

（2）“选择行（或列）”选项：选中光标所在单元格的整行（整列）。

（3）“选择表格”选项：选中整个表格。

动手做3　在表格中插入行

在创建表格时可能有的行（列）不能满足要求，此时可以在表格中插入行（列）使表格的行（列）能够满足需要。

如果用户希望在表格的某一位置插入行（列），首先将鼠标定位在对应位置，然后选择“局部”选项卡“行和列”组中的选项即可。

例如，在“课程表”表格中输入文字后发现缺少下午的“课外活动”这一项，因此需要在“课程表”表格最末端插入一个新行，操作步骤如下。

Step 01 将插入点定位在最后行的任意单元格中。

Step 02 在“布局”选项卡“行和列”组中单击“在下方插入行”按钮，则在表格的最后插入一个空白行。

Step 03 在插入的行中输入相应文本，效果如图10-8所示。

大华小学五年级课程表

			星期一	星期二	星期三	星期四	星期五
	上午	第一节 8：10-8：50	语文	数学	语文	语文	数学
		第二节 9：00-9：40	数学	语文	数学	数学	语文
		9：40-10：10	课间操				
		第三节 10：10-10：50	品德	英语	语文	语文	英语
		第四节 10：00-10：40	科学	体育	音乐	体育	美术
	下午	第一节 2：30-3：10	数学	语文	数学	数学	语文
		第二节 3：20-4：00	美术	音乐	品德	科学	英语
		4：00-4：40	课外活动				

图10-8　表格插入行后的效果

动手做4　删除表格中多余的列

插入表格时，对表格的行或列控制得不好将会出现多余的行或列，用户可以根据需要将多余的行或列删除。在删除单元格、行或列时，单元格、行或列中的内容同时也被删除。

例如，“课程表”表格的第一列是多余的，用户可将它删除，具体步骤如下。

Step 01 将鼠标定位在第一列的任意单元格中。

Step 02 在“布局”选项卡“行和列”组中单击“删除”按钮，打开一个下拉列表，如图10-9所示。

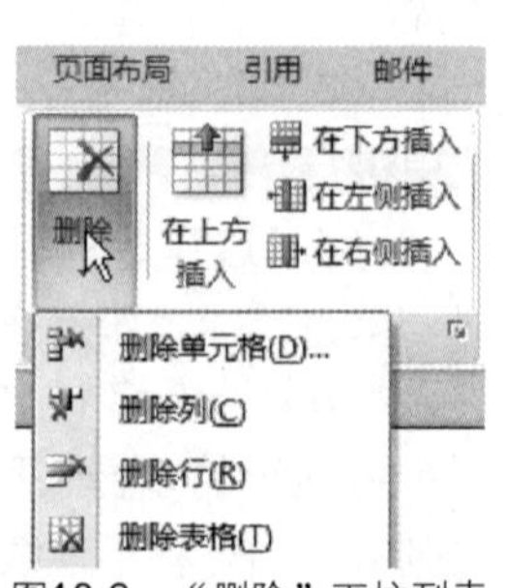

图10-9　“删除”下拉列表

Step03 单击“删除列”选项，则第一列被删除，删除第一列后的效果如图10-10所示。

大华小学五年级课程表

		星期一	星期二	星期三	星期四	星期五
上午	第一节 8：10-8：50	语文	数学	语文	语文	数学
	第二节 9：00-9：40	数学	语文	数学	数学	语文
	9：40-10：10	课间操				
	第三节 10：10-10：50	品德	英语	语文	语文	英语
	第四节 10：00-10：40	科学	体育	音乐	体育	美术
下午	第一节 2：30-3：10	数学	语文	数学	数学	语文
	第二节 3：20-4：00	美术	音乐	品德	科学	英语
	4：00-4：40	课外活动				

图10-10 删除多余列后的效果

动手做5 合并单元格

Word 2010允许将多个单元格合并成一个单元格，或者将一个单元格拆分为多个单元格，这为制作复杂的表格提供了极大的便利。

在调整表格结构时，如果需要让几个单元格变成一个单元格，可以利用Word 2010提供的合并单元格功能。

例如，对“课程表”表格的单元格进行合并，具体操作步骤如下。

Step01 选中“课程表”表格第一行的前两个单元格。

Step02 单击“布局”选项卡“合并”组中的“合并单元格”按钮，则选中的单元格被合并为一个单元格。

Step03 选中第一列的2、3、4、5、6行单元格。

Step04 单击“布局”选项卡“合并”组中的“合并单元格”按钮，则选中的单元格被合并为一个单元格。

Step05 选中第一列的7、8、9行单元格。

Step06 单击“布局”选项卡“合并”组中的“合并单元格”按钮，则选中的单元格被合并为一个单元格。

Step07 选中第三行的3、4、5、6、7列单元格。

Step08 单击“布局”选项卡“合并”组中的“合并单元格”按钮，则选中的单元格被合并为一个单元格。

Step09 选中最后一行的3、4、5、6、7列单元格。

Step10 单击“布局”选项卡“合并”组中的“合并单元格”按钮，则选中的单元格被合并为一个单元格，效果如图10-11所示。

大华小学五年级课程表

		星期一	星期二	星期三	星期四	星期五
上午	第一节 8：10-8：50	语文	数学	语文	语文	数学
	第二节 9：00-9：40	数学	语文	数学	数学	语文
	9：40-10：10	课间操				
	第三节 10：10-10：50	品德	英语	语文	语文	英语
	第四节 10：00-10：40	科学	体育	音乐	体育	美术
下午	第一节 2：30-3：10	数学	语文	数学	数学	语文
	第二节 3：20-4：00	美术	音乐	品德	科学	英语
	4：00-4：40	课外活动				

图10-11 合并单元格后的效果

项目任务10-3 修饰表格

表格创建编辑完成后，为了使其更加美观大方，还可以进行如添加边框和底纹、设置表格中文本的对齐方式等修饰。

动手做1 调整列宽

对于已有的表格，为了突出显示标题行的内容，或者让各列的宽度与内容相符，用户可以调整行高与列宽。在Word 2010中不同的列可以有不同的宽度，同一列中各单元格的宽度也可以不同。

如为课程表调整列宽，具体步骤如下。

Step 01 将鼠标定位在第一列的“上午”单元格中。

Step 02 单击“布局”选项卡“单元格大小”组右侧的对话框启动器，打开“表格属性”对话框，如图10-12所示。

Step 03 单击“列”选项卡，选中“指定宽度”复选框，在“度量单位”下拉列表中选择“厘米”，在“指定宽度”后面的下拉列表中选择或输入“1厘米”。

Step 04 单击“后一列“按钮，设置第2列的列宽为5cm；单击“后一列“按钮，设置第3列的列宽为1.9cm；单击“后一列“按钮，设置第4列的列宽为1.9cm；单击“后一列“按钮，设置第5列的列宽为1.9cm；单击“后一列“按钮，设置第6列的列宽为1.9cm；单击“后一列“按钮，设置第7列的列宽为1.9cm。

Step 05 单击“确定”按钮，设置列宽的效果如图10-13所示。

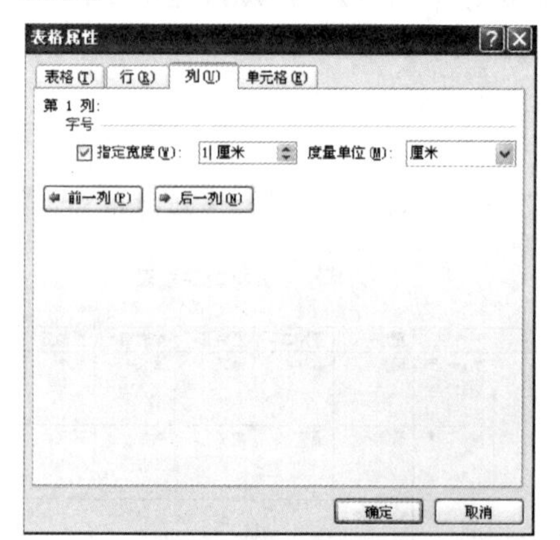

图10-12 表格属性对话框

大华小学五年级课程表

		星期一	星期二	星期三	星期四	星期五
上午	第一节 8：10-8：50	语文	数学	语文	语文	数学
	第二节 9：00-9：40	数学	语文	数学	数学	语文
	9：40-10：10	课间操				
	第三节 10：10-10：50	品德	英语	语文	语文	英语
	第四节 10：00-10：40	科学	体育	音乐	体育	美术
下午	第一节 2：30-3：10	数学	语文	数学	数学	语文
	第二节 3：20-4：00	美术	音乐	品德	科学	英语
	4：00-4：40	课外活动				

图10-13 利用对话框设置列宽的效果

动手做2 调整行高

在Word 2010中不同的行可以有不同的高度，但同一行中的所有单元格必须具备相同的高度。

如为课程表调整行高，具体步骤如下。

Step 01 将鼠标移到第一行左边界的外侧，当鼠标变成箭头状时，单击鼠标则可选中第一行。

Step 02 在“布局”选项卡“单元格大小”组的“表格行高度”文本框中输入“1.9厘米”，按Enter键，则选定的行高度被设置为1.9cm。

Step 03 将鼠标移到第二行左边界的外侧，当鼠标变成箭头状时，单击鼠标则可选中第二行，拖动鼠标选定除第一行以外的所有行。

Step04 在“布局”选项卡“单元格大小”组的“表格行高度”文本框中输入“0.9厘米”，按Enter键，则选定的行高度被设置为0.9cm，效果如图10-14所示。

大华小学五年级课程表

		星期一	星期二	星期三	星期四	星期五
上午	第一节 8：10-8：50	语文	数学	语文	语文	数学
	第二节 9：00-9：40	数学	语文	数学	数学	语文
	9：40-10：10	课间操				
	第三节 10：10-10：50	品德	英语	语文	语文	英语
	第四节 10：00-10：40	科学	体育	音乐	体育	美术
下午	第一节 2：30-3：10	数学	语文	数学	数学	语文
	第二节 3：20-4：00	美术	音乐	品德	科学	英语
	4：00-4：40	课外活动				

图10-14 设置行高后的效果

动手做3 设置单元格的文字方向

默认状态下，表格中的文本都是横向排列的，在特殊情况下用户可以更改表格中文字的排列方向。

例如，将课程表中“上午”、“下午”两个单元格的文本竖排，具体操作方法如下。

Step01 选中“上午”和“下午”两个单元格。

Step02 单击“布局”选项卡“对齐方式”组中的“文字方向”按钮，则“上午”和“下午”两个单元格的文本竖排，如图10-15所示。

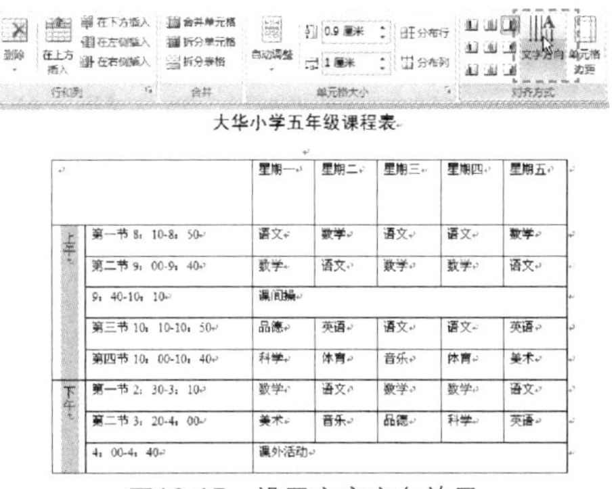

大华小学五年级课程表

		星期一	星期二	星期三	星期四	星期五
上午	第一节 8：10-8：50	语文	数学	语文	语文	数学
	第二节 9：00-9：40	数学	语文	数学	数学	语文
	9：40-10：10	课间操				
	第三节 10：10-10：50	品德	英语	语文	语文	英语
	第四节 10：00-10：40	科学	体育	音乐	体育	美术
下午	第一节 2：30-3：10	数学	语文	数学	数学	语文
	第二节 3：20-4：00	美术	音乐	品德	科学	英语
	4：00-4：40	课外活动				

图10-15 设置文字方向效果

动手做4 设置单元格的对齐方式

设置表格中文本的格式和在普通文档中一样，可以采用设置文档中文本格式的方法设置表格中文本的字体、字号、字形等格式，此外还可以设置表格中文字的对齐方式。

单元格默认的对齐方式为“靠上两端对齐”，即单元格中的内容以单元格的上边线为基准向左对齐。如果单元格的高度较大，但单元格中的内容较少不能填满单元格时顶端对齐的方式会影响整个表格的美观，用户可以对单元格中文本的对齐方式进行设置。

例如，为课程表中的所有单元格设置为“水平居中”对齐方式，具体步骤如下。

Step01 选中课程表中的所有单元格。

Step02 在“布局”选项卡“对齐方式”组中单击“水平居中”按钮，设置单元格文本对齐方式后的效果如图10-16所示。

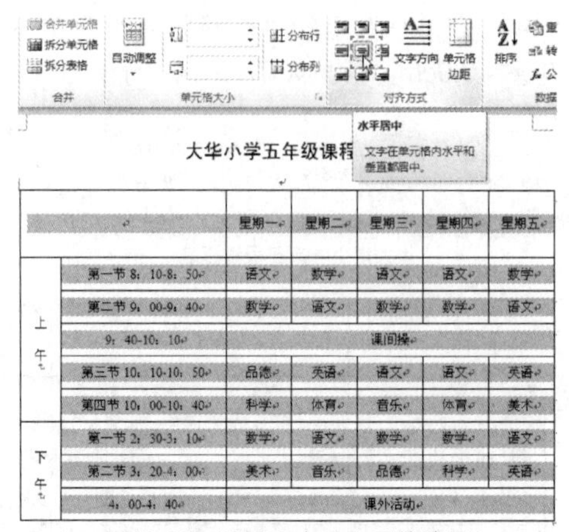

图10-16　设置文本对齐后的效果

动手做5　设置单元格中文本格式

很显然课程表中的文本格式是不符合要求的，为了使表格看起来更正式，需要设置单元格中文本的格式。设置表格中文本的格式和在普通文档中一样，用户可以采用设置文档中文本格式的方法设置表格中文本的字体、字号、字形等格式。选中表格中的所有文本，然后在“开始”选项卡“字体”组中的“字体”下拉列表中选择“黑体”，在“字号”下拉列表中选择“小四”，设置效果如图10-17所示。

大华小学五年级课程表

		星期一	星期二	星期三	星期四	星期五
上午	第一节 8：10-8：50	语文	数学	语文	语文	数学
	第二节 9：00-9：40	数学	语文	数学	数学	语文
	9：40-10：10	课间操				
	第三节 10：10-10：50	品德	英语	语文	语文	英语
	第四节 10：00-10：40	科学	体育	音乐	体育	美术
下午	第一节 2：30-3：10	数学	语文	数学	数学	语文
	第二节 3：20-4：00	美术	音乐	品德	科学	英语
	4：00-4：40	课外活动				

图10-17　设置单元格字体的效果

动手做6　绘制斜线表头

为了使前面创建的“课程表”表格更加专业化用户可以为它添加斜线表头，具体操作方法如下。

Step 01 将鼠标定位在最左上角的单元格中。

Step 02 单击“插入”选项卡“插图”组中的“形状”按钮，打开一个下拉列表，在列表中单击“线条”区域中的“直线”按钮，如图10-18所示。

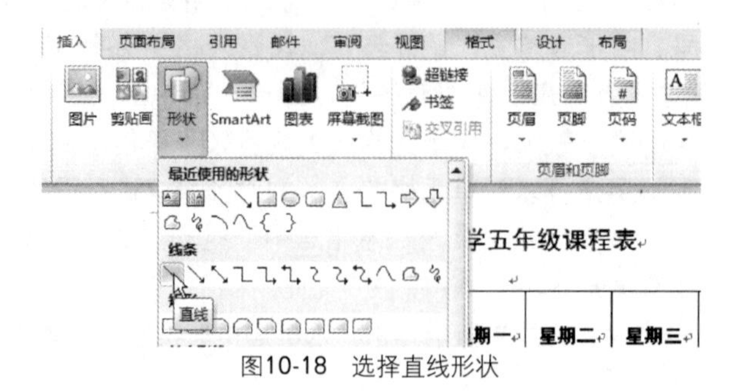

图10-18　选择直线形状

Step03 拖动鼠标在最左上角的单元格中绘制一条直线，如图10-19所示。

Step04 绘制直线后，自动打开“绘图工具格式动态”选项卡，在“形状样式”组中单击“形状轮廓”按钮，在列表中选择“黑色”，如图10-19所示。

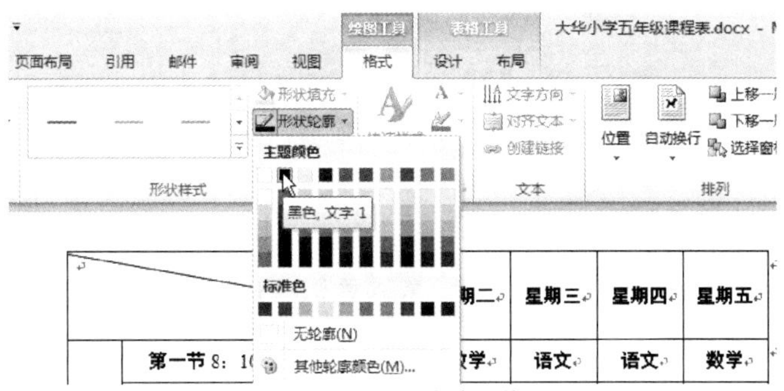

图10-19 绘制直线形状

Step05 按照相同的方法再绘制一条直线，如图10-20所示。

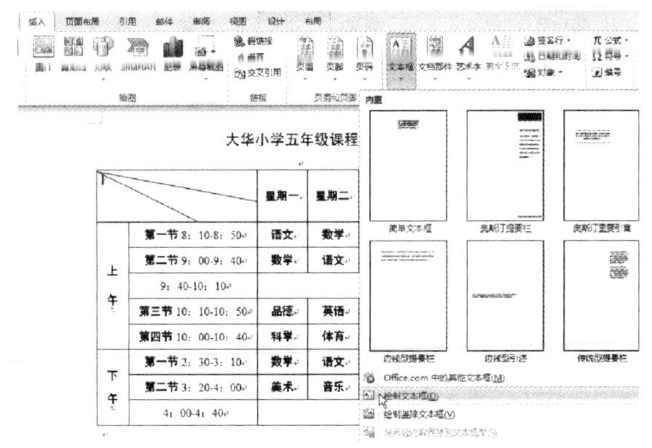

图10-20 绘制两条直线形状

Step06 单击“插入”选项卡“文本”组中的“文本框”按钮，打开一个下拉列表，在列表中单击“绘制文本框”选项，如图10-21所示。

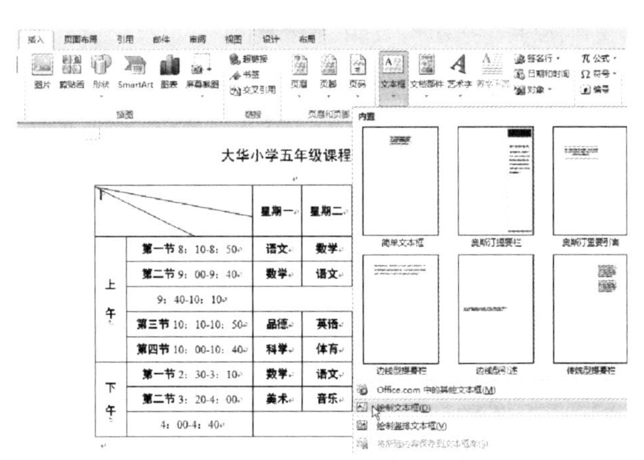

图10-21 选择“绘制文本框”选项

Step07 拖动鼠标在最左上角的单元格中绘制一个文本框，并输入文本“星期”。

Step08 绘制文本框后，自动打开“绘图工具格式动态”选项卡，在“形状样式”组中单击“形状轮廓”按钮，在列表中选择“白色”，如图10-22所示。

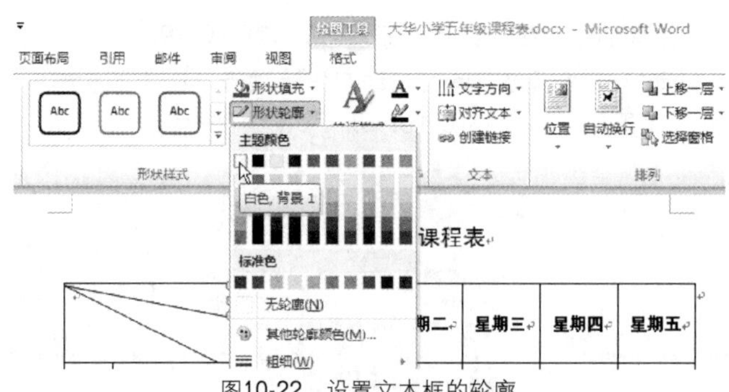

图10-22　设置文本框的轮廓

Step09 按照相同的方法再绘制另外两个文本框，输入文本进行相应的设置，最终效果如图10-23所示。

大华小学五年级课程表

星　期 / 科　目 / 节　次		星期一	星期二	星期三	星期四	星期五
上午	第一节 8：10-8：50	语文	数学	语文	语文	数学
	第二节 9：00-9：40	数学	语文	数学	数学	语文
	9：40-10：10	课间操				
	第三节 10：10-10：50	品德	英语	语文	语文	英语
	第四节 10：00-10：40	科学	体育	音乐	体育	美术
下午	第一节 2：30-3：10	数学	语文	数学	数学	语文
	第二节 3：20-4：00	美术	音乐	品德	科学	英语
	4：00-4：40	课外活动				

图10-23　制作斜线表头的效果

动手做7　设置表格边框和底纹

文字可以通过使用Word 2010提供的修饰功能，变得更加漂亮，表格也不例外。颜色、线条、底纹可以随心所欲，任意选择。

例如，为简历表格添加双实线边框，具体操作步骤如下。

Step01 单击表格左上角的“控制”按钮⊕，选中整个表格。

Step02 单击“设计”选项卡“绘图边框”组右侧的对话框启动器，打开“边框和底纹”对话框，如图10-24所示。

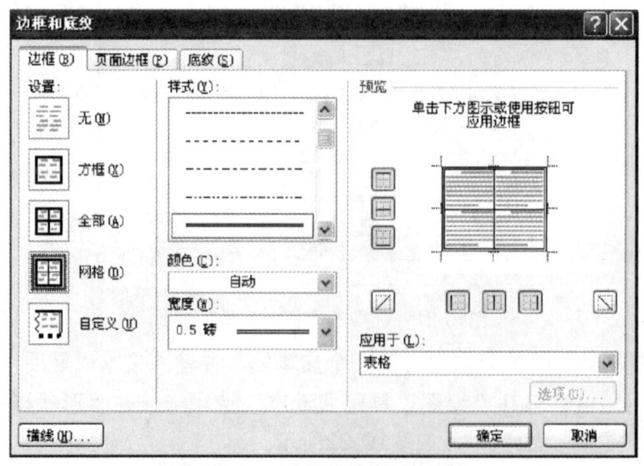

图10-24　“边框和底纹”对话框

Step03 单击“边框”选项卡，在“设置”区域单击网格按钮，在“线型”列表中选择双实线，在“应用于”下拉列表中选择“表格”。

Step04 单击“确定”按钮，为表格添加边框的效果如图10-25所示。

大华小学五年级课程表

节次 \ 科目 \ 星期		星期一	星期二	星期三	星期四	星期五
上午	第一节 8：10-8：50	语文	数学	语文	语文	数学
	第二节 9：00-9：40	数学	语文	数学	数学	语文
	9：40-10：10	课间操				
	第三节 10：10-10：50	品德	英语	语文	语文	英语
	第四节 10：00-10：40	科学	体育	音乐	体育	美术
下午	第一节 2：30-3：10	数学	语文	数学	数学	语文
	第二节 3：20-4：00	美术	音乐	品德	科学	英语
	4：00-4：40	课外活动				

图10-25　添加边框效果

Step05 选中表格的第4行，在“设计”选项卡“表格样式”组中单击“底纹”按钮，打开一个下拉列表，如图10-26所示。

Step06 在列表中选择“灰色”，则第一行被添加灰色底纹。

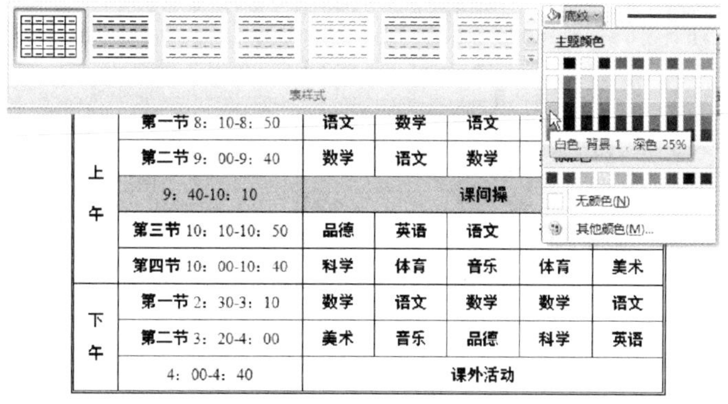

上午	第一节 8：10-8：50	语文	数学	语文		
	第二节 9：00-9：40	数学	语文	数学		
	9：40-10：10	课间操				
	第三节 10：10-10：50	品德	英语	语文		
	第四节 10：00-10：40	科学	体育	音乐	体育	美术
下午	第一节 2：30-3：10	数学	语文	数学	数学	语文
	第二节 3：20-4：00	美术	音乐	品德	科学	英语
	4：00-4：40	课外活动				

图10-26　“底纹”下拉列表

按照相同的方法为表格的最后一行添加底纹，效果如图10-27所示。

大华小学五年级课程表

节次 \ 科目 \ 星期		星期一	星期二	星期三	星期四	星期五
上午	第一节 8：10-8：50	语文	数学	语文	语文	数学
	第二节 9：00-9：40	数学	语文	数学	数学	语文
	9：40-10：10	课间操				
	第三节 10：10-10：50	品德	英语	语文	语文	英语
	第四节 10：00-10：40	科学	体育	音乐	体育	美术
下午	第一节 2：30-3：10	数学	语文	数学	数学	语文
	第二节 3：20-4：00	美术	音乐	品德	科学	英语
	4：00-4：40	课外活动				

图10-27　设置底纹后的效果

项目拓展——制作课程资讯表格

某培训班为了让学员知道四月份开设的课目制作了如图10-28所示的四月最新课程资讯表格。

设计思路

在课程资讯表格的制作过程中，用户可以利用“插入表格”对话框创建新的表格，然后对表格进行编辑，制作课程资讯表格的基本步骤分解如下。

（1）利用“插入表格”对话框创建表格。

（2）移动或复制表格中的数据。

（3）使用鼠标调整行高和列宽。

（4）设置表格样式。

四月最新课程资讯

开课时间	课程	开课时间	课程
4月13日	ITIL Foundation V3	4月12日	Project 2007 项目管理实战
4月13日	Visual Studio 2008 开发	4月12日	Excel 数据处理与分析
4月14日	Windows 2008 从入门到精通	4月13日	财务人员办公技能英雄训练营
4月16日	SQL Server 数据库管理员	4月13日	销售人员办公技能英雄训练营
4月18日	Exchange Server 2010 邮件服务精要	4月14日	使用 PPT 展示商业智慧
4月18日	SharePoint 2010 技术前瞻	4月16日	销售人员办公技能英雄训练营
4月19日	Windows 7 客户端部署	4月17日	Word 高级文档编排
4月20日	ISA2006部署与管理	4月18日	Microsoft Office 2010 初体验
4月23日	CCNA认证课程	4月18日	使用 Visio 进行商务制图
4月23日	SQL Server商业智能（BI）	4月20日	24 小时学会 Excel VBA
4月24日	Oracle数据库管理	4月22日	使用 ACCESS 管理企业关键数据
4月26日	System Center规划与部署	4月24日	Excel 函数特训营
4月28日	Windows 2008 R2 概览	4月29日	Excel 与 PPT 在管理中的应用

图10-28　课程资讯表格

动手做1　利用“插入表格”对话框创建表格

Word 2010 可以利用 “插入表格”对话框来创建表格，在对话框中可以输入表格的行数和列数，系统自动在文档中插入表格，这种方法不受表格行、列数的限制，并且还可以同时设置表格的列宽。

利用“插入表格”对话框创建“四月最新课程资讯”表格的具体操作步骤如下。

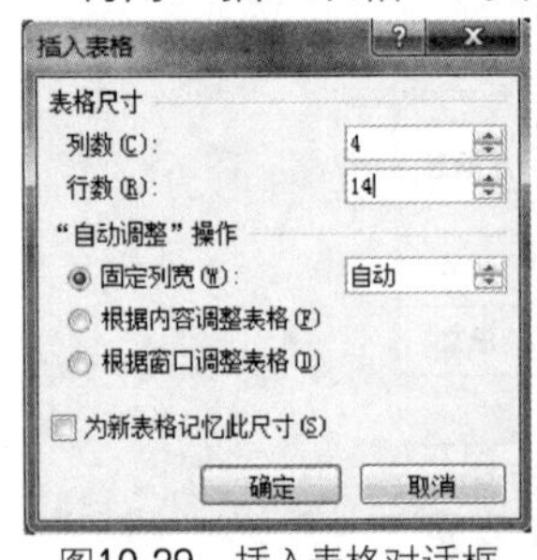

图10-29　插入表格对话框

Step 01 将鼠标定位在“四月最新课程资讯”标题下的行中。

Step 02 在“插入”选项卡“表格”组中单击“表格”按钮，打开一个下拉列表，选择“插入表格”选项，打开“插入表格”对话框，如图10-29所示。

Step 03 这里设置列数为4，行数为14。

Step 04 单击“确定”按钮，完成插入表格的操作，如图10-30所示。

在“插入表格”对话框的“‘自动调整’操作”区域中还可以选择以下操作内容。

（1）选中“固定列宽”单选按钮，可以在数值框中输入或选择列的宽度，也可以使用默认的“自动”选项把页面的宽度在指定的列之间平均分布。这里选择默认设置。

（2）选中“根据窗口调整表格”单选按钮，可以使表格的宽度与窗口的宽度相适应，当窗口的宽度改变时，表格的宽度也随之变化。

（3）选中“根据内容调整表格”单选按钮，可以使列宽自动适应内容的宽度。

（4）若选中“为新表格记忆此尺寸”复选框，此时对话框中的设置将成为以后新建表格的默认值。

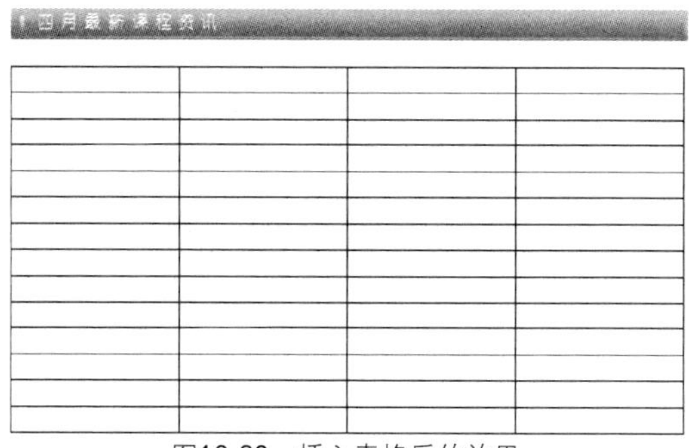

图10-30 插入表格后的效果

动手做2 移动或复制表格中的数据

在单元格中移动或复制文本与在表格以外的文档中的操作基本相同，仍然可以利用鼠标拖动、使用功能区工具按钮或快捷菜单等方法进行移动或复制。

1．移动或复制单元格

选择单元格中的内容时，如果选中的内容不包括单元格结束符，则只是将选中的单元格中的内容移动或复制到目标单元格内，并不覆盖原有文本。如果选中的内容包括单元格结束符，则将替换目标单元格中原有的文本和格式。

首先在插入的表格中输入如图10-31所示的文本。

四月最新课程资讯

开课时间	课程		
4月13日	ITIL Foundation V3	4月12日	Project 2007 项目管理实战
4月13日	Visual Studio 2008 开发	4月12日	Excel 数据处理与分析
4月14日	Windows 2008 从入门到精通	4月13日	财务人员办公技能英雄训练营
4月16日	SQL Server 数据库管理员	4月13日	销售人员办公技能英雄训练营
4月18日	Exchange Server 2010 邮件服务精要	4月14日	使用 PPT 展示商业智慧
4月18日	SharePoint 2010 技术前瞻	4月16日	销售人员办公技能英雄训练营
4月19日	Windows 7 客户端部署	4月17日	Word 高级文档编排
4月20日	ISA2006部署与管理	4月18日	Microsoft Office 2010 初体验
4月23日	CCNA认证课程	4月18日	使用 Visio 进行商务制图
4月23日	SQL Server商业智能（BI）	4月20日	24 小时学会 Excel VBA
4月24日	Oracle数据库管理	4月22日	使用 ACCESS 管理企业关键数据
4月24日	Oracle数据库管理	4月22日	使用 ACCESS 管理企业关键数据
4月26日	System Center规划与部署	4月24日	Excel 函数特训营

图10-31 输入文本的效果

在输入文本的过程中第一行的最后两个单元格为输入数据，由于它和前两个单元格的数据相同，用户可以利用复制的功能将两个数据复制，具体操作方法如下。

Step01 选中第一行前两个单元格的内容包括单元格的结束符。

Step02 在“开始”选项卡的“剪贴板”组中单击“复制”按钮，或按Ctrl+C组合键。

Step03 将鼠标定位在第三个单元格中。

Step04 在“开始”选项卡的“剪贴板”组中单击“粘贴”按钮，或按Ctrl+V组合键，则数据被复制到后两个单元格中，如图10-32所示。

四月最新课程资讯

开课时间	课程	开课时间	课程
4月13日	ITIL Foundation V3	4月12日	Project 2007 项目管理实战
4月13日	Visual Studio 2008 开发	4月12日	Excel 数据处理与分析
4月14日	Windows 2008 从入门到精通	4月13日	财务人员办公技能英雄训练营
4月16日	SQL Server 数据库管理员	4月13日	销售人员办公技能英雄训练营

图10-32　复制单元格数据

如果用户是短距离移动数据，首先选中要移动数据的单元格包括单元格的结束符，将鼠标移到选中的单元格上，鼠标变成↖状时，按住鼠标左键拖动，此时鼠标变成↖状，并且伴随有一短虚线，虚线所在的单元格即目标单元格，到达目标位置，松开鼠标即可完成单元格的移动操作。在拖动鼠标的同时如果按下Ctrl键，则鼠标变成箭头下带一加号矩形框的形状，此时执行复制的操作。

2. 移动或复制行（列）

在复制或移动整行（列）内容时目标行（列）的内容则不会被替换，被移动或复制的行（列）将会插入到目标行（列）的上方（左侧）。

如表格的倒数第二行和第三行数据输入重复，现在需要把最后一行的数据移动到倒数第二行中，具体操作方法如下。

Step01 选中要移动的行，包括行结束符。

Step02 将鼠标移到选中的行上，当鼠标变成↖状时，按住鼠标左键拖动，此时鼠标变成↖状，并且还伴随有一短虚线，如图10-33所示。

4月23日	SQL Server商业智能（BI）	4月20日	24小时学会 Excel VBA
4月24日	Oracle数据库管理	4月22日	使用 ACCESS 管理企业关键数据
4月24日	Oracle数据库管理	4月22日	使用 ACCESS 管理企业关键数据
4月26日	System Center规划与部署	4月24日	Excel 函数特训营

图10-33　拖动鼠标移动数据

Step03 当虚线到达目标行（列）的最左边的单元格中，松开鼠标即可在目标行的上方插入一行内容，如图10-34所示。

4月23日	SQL Server商业智能（BI）	4月20日	24小时学会 Excel VBA
4月24日	Oracle数据库管理	4月22日	使用 ACCESS 管理企业关键数据
4月26日	System Center规划与部署	4月24日	Excel 函数特训营
4月24日	Oracle数据库管理	4月22日	使用 ACCESS 管理企业关键数据

图10-34　移动行的效果

动手做3　使用鼠标拖动调整行高和列宽

在调整行高时用户可以输入数值精确地调整表格的行高，如果对行的高度要求不是很精确，用户也可以手动调整。

手动调整个表格行高和列宽的具体操作步骤如下。

Step 01 将鼠标指针移动到第一列的右侧列边框线上，当出现一个改变大小的列尺寸工具⇹时按住鼠标左键拖动鼠标，此时出现一条垂直的虚线，显示列改变后的宽度，到达合适位置松开鼠标即可，如图10-35所示。

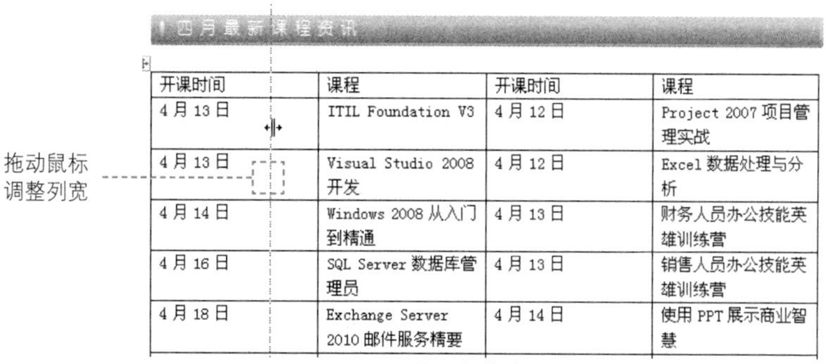

四月最新课程资讯

开课时间	课程	开课时间	课程
4月13日	ITIL Foundation V3	4月12日	Project 2007 项目管理实战
4月13日	Visual Studio 2008 开发	4月12日	Excel 数据处理与分析
4月14日	Windows 2008 从入门到精通	4月13日	财务人员办公技能英雄训练营
4月16日	SQL Server 数据库管理员	4月13日	销售人员办公技能英雄训练营
4月18日	Exchange Server 2010 邮件服务精要	4月14日	使用 PPT 展示商业智慧

拖动鼠标调整列宽

图10-35 调整列宽的效果

Step 02 将鼠标指针移动到要调整行高的行边框线上，这里移动到第一行的下边线上，当出现一个改变大小的行尺寸工具÷时按住鼠标左键向下拖动鼠标，此时出现一条水平的虚线，显示改变行高度后的位置，当行高调整合适时松开鼠标，如图10-36所示。

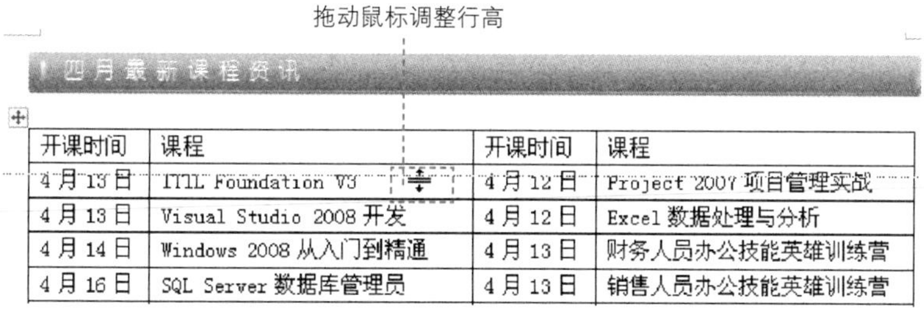

拖动鼠标调整行高

四月最新课程资讯

开课时间	课程	开课时间	课程
4月13日	ITIL Foundation V3	4月12日	Project 2007 项目管理实战
4月13日	Visual Studio 2008 开发	4月12日	Excel 数据处理与分析
4月14日	Windows 2008 从入门到精通	4月13日	财务人员办公技能英雄训练营
4月16日	SQL Server 数据库管理员	4月13日	销售人员办公技能英雄训练营

图10-36 利用鼠标调整行高

Step 03 按照相同的方法适当设置各行的行高以及各列的列宽，并对表格中的文本适当设置字体与字号，最终效果如图10-37所示。

四月最新课程资讯

开课时间	课程	开课时间	课程
4月13日	ITIL Foundation V3	4月12日	Project 2007 项目管理实战
4月13日	Visual Studio 2008 开发	4月12日	Excel 数据处理与分析
4月14日	Windows 2008 从入门到精通	4月13日	财务人员办公技能英雄训练营
4月16日	SQL Server 数据库管理员	4月13日	销售人员办公技能英雄训练营
4月18日	Exchange Server 2010 邮件服务精要	4月14日	使用 PPT 展示商业智慧
4月18日	SharePoint 2010 技术前瞻	4月16日	销售人员办公技能英雄训练营
4月19日	Windows 7 客户端部署	4月17日	Word 高级文档编排
4月20日	ISA2006部署与管理	4月18日	Microsoft Office 2010 初体验
4月23日	CCNA认证课程	4月18日	使用 Visio 进行商务制图
4月23日	SQL Server商业智能（BI）	4月20日	24 小时学会 Excel VBA
4月24日	Oracle数据库管理	4月22日	使用 ACCESS 管理企业关键数据
4月26日	System Center规划与部署	4月24日	Excel 函数特训营
4月28日	Windows 2008 R2 概览	4月29日	Excel 与 PPT 在管理中的应用

图10-37 调整行高与列宽的效果

动手做4 设置表格样式

在为表格设置格式时，可以使用自动套用表格样式特性来快速完成。这个特性可以使用户从Word提供的多种预定义的表格格式中进行选择，无论是新建的空白的表格还是已输入数据的表格，都可以通过自动套用格式来快速格式化表格。

例如，为四月最新课程资讯表套用表格格式，具体步骤如下。

Step01 将鼠标定位在表格中的任意位置。

Step02 单击“设计”选项卡“表格样式”列表右侧的下拉箭头，打开“表样式”列表，如图10-38所示。

Step03 在列表中单击一种样式，则该样式被应用到表格中，如图10-39所示。

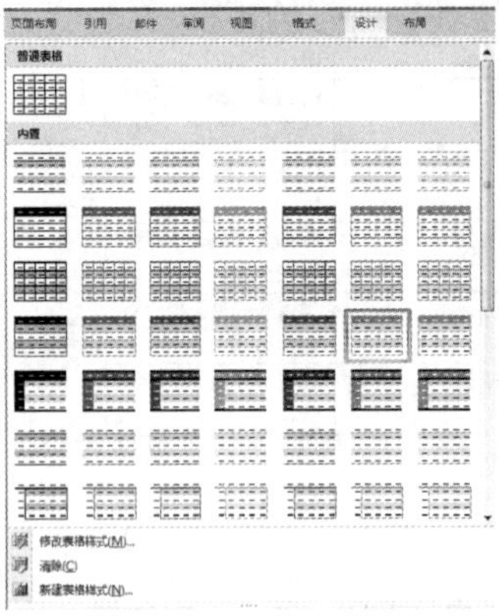

图10-38 “表格样式”列表

四月最新课程资讯

开课时间	课程	开课时间	课程
4月13日	ITIL Foundation V3	4月12日	Project 2007 项目管理实战
4月13日	Visual Studio 2008 开发	4月12日	Excel 数据处理与分析
4月14日	Windows 2008 从入门到精通	4月13日	财务人员办公技能英雄训练营
4月16日	SQL Server 数据库管理员	4月13日	销售人员办公技能英雄训练营
4月18日	Exchange Server 2010 邮件服务精要	4月14日	使用 PPT 展示商业智慧
4月18日	SharePoint 2010 技术前瞻	4月16日	销售人员办公技能英雄训练营
4月19日	Windows 7 客户端部署	4月17日	Word 高级文档编排
4月20日	ISA2006部署与管理	4月18日	Microsoft Office 2010 初体验
4月23日	CCNA认证课程	4月18日	使用 Visio 进行商务制图
4月23日	SQL Server商业智能（BI）	4月20日	24 小时学会 Excel VBA
4月24日	Oracle数据库管理	4月22日	使用 ACCESS 管理企业关键数据
4月26日	System Center规划与部署	4月24日	Excel 函数特训营
4月28日	Windows 2008 R2 概览	4月29日	Excel 与 PPT 在管理中的应用

图10-39 套用表格样式效果

知识拓展

通过前面的任务主要学习了创建表格、编辑表格中文本、插入行（列）、删除行（列）、合并（拆分）单元格、调整行高与列宽、设置边框和底纹等操作，另外还有一些表格常用的操作在前面的任务中没有运用到，下面就介绍一下。

动手做1 自由绘制表格

Word 2010提供了用鼠标绘制任意不规则的自由表格的强大功能，创建任意不规则自由表格的具体方法如下。

图10-40 绘制表格边框效果

Step01 单击“插入”选项卡“表格”组中的“表格”按钮，在打开的下拉列表中选择“绘制表格”选项，此时鼠标指针变成铅笔形状。

Step02 在文档窗口内移动鼠标到目的位置，按住鼠标左键不放拖动鼠标，出现可变的虚线框，松开鼠标左键，即可画出表格的矩形边框，如图10-40所示。

Step03 边框绘制完成后，利用笔形指针可以在边框内任意绘制横线、竖线和斜线，创建出不规则的表格，如图10-41所示。

Step04 单击“设计”选项卡“绘图边框”组中的“擦除”按钮，这时鼠标指针变成橡皮状，在要删除的线上单击鼠标即可删除表格的边框线，如图10-42所示。

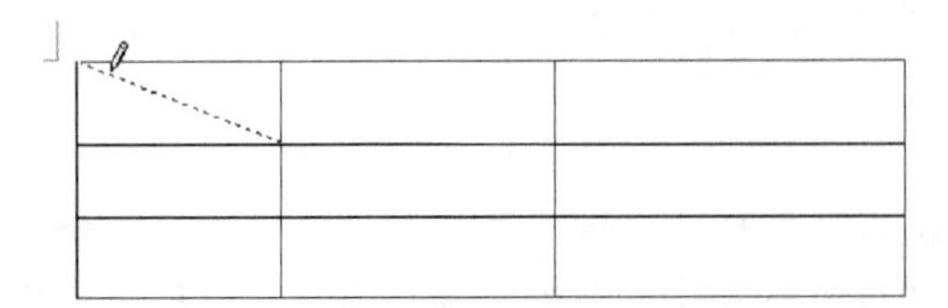

图10-41 绘制不规则的表格

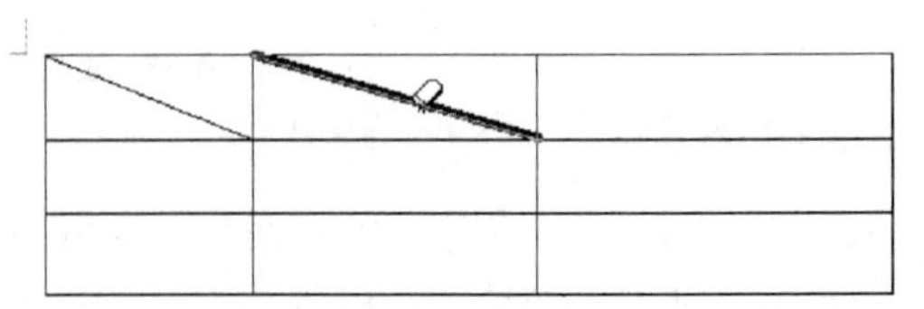

图10-42 擦除表格中的边框线

动手做2 拆分单元格

用户还可以将表格中的单元格进行拆分，基本步骤如下。

Step01 将鼠标指针定位在要拆分的单元格中。

Step02 单击“布局”选项卡“合并”组中的“拆分单元格”按钮，或者在单元格上单击鼠标右键选择“拆分单元格”命令，打开“拆分单元格”对话框，如图10-43所示。

Step03 在“列数”文本框中选择或输入要拆分的列数，在“行数”文本框中选择或输入要拆分的行数。

Step04 单击“确定”按钮。

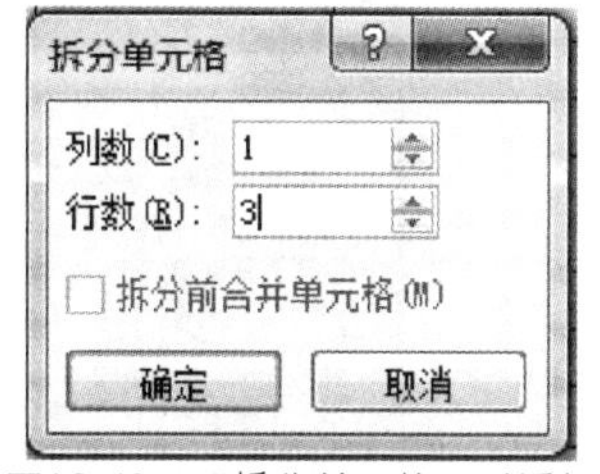

图10-43 “拆分单元格”对话框

在拆分单元格时如果用户选中的是多个单元格，则在“拆分单元格”对话框中用户还可以选中“拆分前合并单元格”复选框，这样在拆分时首先将选中的多个单元格进行合并，然后再拆分。

动手做3 文本转换为表格

如果以前用户输入过和表格内容类似的信息，现在可以直接把它变成表格分析，这样可以减少重复输入提高工作效率。

将文本内容转换为表格的具体步骤如下。

Step01 在需要转换文本的适当位置添加必要的分隔符，单击“开始”选项卡“段落”组中的“显示/隐藏编辑标记”按钮，可以查看文本中是否包含适当的分隔符。选中需要转换为表格的文本，如图10-44所示。

Step02 在“插入”选项卡的“表格”组中单击“表格”按钮，在下拉列表中选择“文本转换成表格”选项，打开“将文字转换成表格”对话框，如图10-45所示。

Step03 在“列数”文本框中显示出系统辨认的列数，用户也可以在“列数”文本框中选择或输入所需的列数。

Step04 在“行数”文本框中显示的是表格中将要包含的行数。

Step05 在“自动调整操作”区域中设置适当的列宽。

Step06 在“文字分隔位置”区域中选择确定列的分隔符。

Step07 单击“确定”按钮，选中的文本将自动转换为一个表格，如图10-46所示。

国内部分城市区号及邮政编码

城市名，区号，邮编
北京，010，100000
太原，0351，030000
沈阳，024，110000
苏州，0512，215000
杭州，0571，310000

图10-44 为文本添加分隔符并选中文本

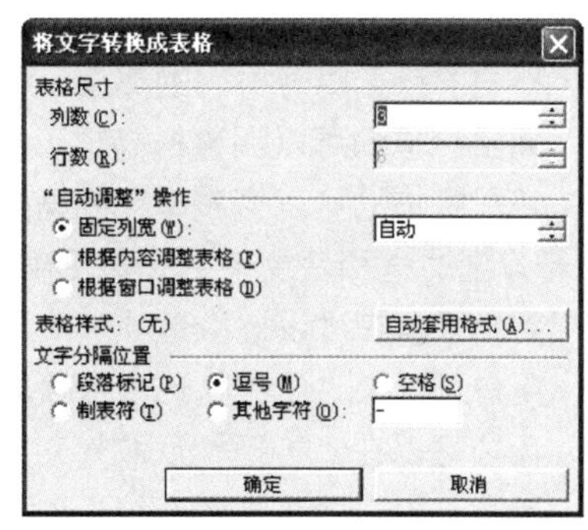

图10-45 “将文字转换成表格”对话框

国内部分城市区号及邮政编码

城市名	区号	邮编
北京	010	100000
太原	0351	030000
沈阳	024	110000
苏州	0512	215000
杭州	0571	310000

图10-46 文本转换为表格后的效果

动手做3　表格转换为文本

将表格转换为文本的具体步骤如下。

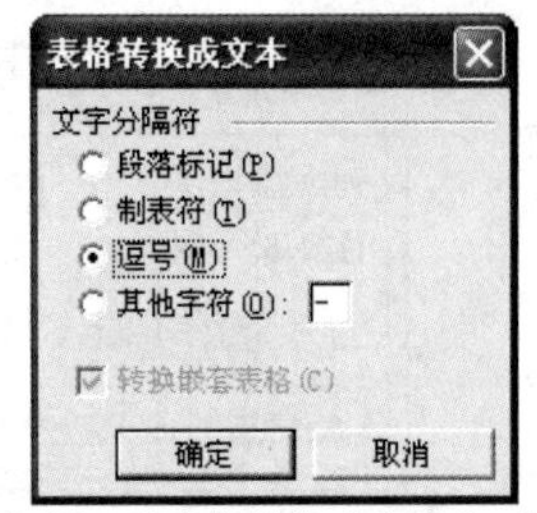

图10-47　“表格转换成文本”对话框

Step01 将插入点定位在表格中的任意单元格中。

Step02 在“布局”选项卡“数据”组中单击“表格转换成文本”按钮，打开“表格转换成文本”对话框，如图10-47所示。

Step03 在“文字分隔符”区域选中一种文字分隔符。

Step04 单击“确定”按钮，表格即可转化为普通的文本。

课后练习与指导

一、选择题

1. 关于插入行或列下列说法正确的是（　　）。
   A. 在“插入”选项卡的“表格”组中可以设置插入行或列
   B. 只能在当前行的下方插入行
   C. 可以在当前列的左侧插入列
   D. 可以在当前列的右侧插入列
2. 关于删除行或列下列说法正确的是（　　）。
   A. 用户可以删除鼠标定位的行　　B. 用户可以删除鼠标定位的列
   C. 用户可以删除鼠标定位的单元格　　D. 用户可以删除鼠标定位的表格
3. 单击“布局”选项卡（　　）组右侧的“对话框启动”按钮，打开“表格属性”对话框。
   A. 单元格大小　　B. 行和列
   C. 表格　　D. 表
4. 关于调整行高和列宽下列说法错误的是（　　）。
   A. 不同的列可以有不同的宽度，同一列中各单元格的宽度也必须相同
   B. 不同的行可以有不同的高度，同一行中各单元格的高度也必须相同
   C. 用鼠标拖动可以调整行高
   D. 用鼠标拖动可以调整单元格宽度
5. 关于设置边框和底纹下列说法正确的是（　　）。
   A. 用户可以在“设计”选项卡“表样式”组中的“边框”下拉列表中设置边框
   B. 用户可以在“设计”选项卡“表样式”组中的“底纹”下拉列表中设置底纹
   C. 用户可以在“边框和底纹”对话框中设置底纹
   D. 用户可以在“边框和底纹”对话框中设置边框

二、填空题

1. 单击“插入”选项卡________组的“表格”按钮，在下拉列表中单击________选项，打开“插入表格”对话框。

2. 在“布局”选项卡________组中单击________按钮，则在表格的最后插入一个空白行。

3. 单击“布局”选项卡________组中的________按钮，则选中的单元格被合并为一个单元格。

4．在“布局”选项卡________组中用户可以设置单元格的对齐格式。

5．单击“设计”选项卡________组右侧的“对话框启动”按钮，打开“边框和底纹”对话框。

6．在“布局”选项卡________组中单击________按钮，打开“表格转换成文本”对话框。

7．单击________选项卡________组中的“文字方向”按钮则可以改变单元格中文字的排列方向。

三、简答题

1．选定行或列有哪些方法？

2．如何自由绘制表格？

3．如何拆分单元格？

4．为单元格添加边框和底纹有哪些方法？

5．怎样将文本转换为表格？

四、实践题

制作如图10-48所示的出差申请单。

1．在文档中插入一个7行6列的表格。

2．按图10-48所示合并单元格并输入相应文本。

3．设置表格中的字体为宋体，字号为小四。

4．按图10-48所示适当调整行高和列宽。

效果图位置：案例与素材\模块十\源文件\出差申请单。

出差申请单

出差人			职别		
代理人			职别		
差　期	年　月　日至　年　月　日				
出差地点					
出发时间			暂支旅费		
出差事由					
总经理		部门经理		申请人	

图10-48　出差申请单

模块 11 插入和编辑文档对象——制作培训班宣传单

你知道吗？

Word 2010可以把图形对象与文字对象结合在一个版面上，实现图文混排，轻松地设计出图文并茂的文档。在文档中使用图文混排可以增强文章的说服力，并且使整个文档的版面显得美观大方。而表格是编辑文档时常见的文字信息组织形式，它结构严谨、效果直观。以表格的方式组织和显示信息，可以给人一种清晰、简洁、明了的感觉。

应用场景

人们平常所见到的产品说明、打折促销等宣传单，如图11-1所示，这些都可以利用Word 2010软件的图文混排功能来制作。

图11-1 宣传单

印制培训班的宣传单页，派人去潜在学员（或家长）多的地方分发，是培训班招生管理最常用的市场手段之一。图11-2所示是利用Word 2010图文混排的功能制作的培训班宣传单。请根据本模块所介绍的知识和技能，完成这一工作任务。

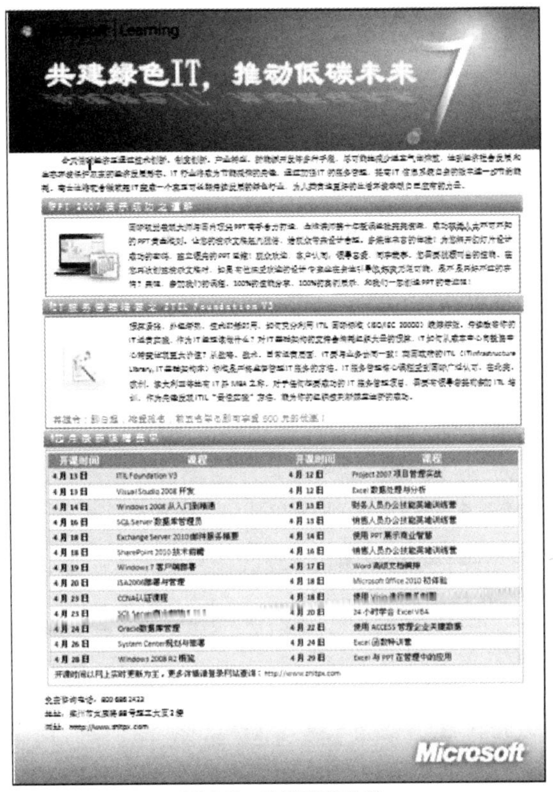

开课时间	课程	开课时间	课程
4月13日	ITIL Foundation V3	4月12日	Project 2007 项目管理实战
4月13日	Visual Studio 2008 开发	4月12日	Excel 数据处理与分析
4月14日	Windows 2008 从入门到精通	4月13日	财务人员办公技能英雄训练营
4月16日	SQL Server 数据库管理员	4月13日	销售人员办公技能英雄训练营
4月18日	Exchange Server 2010邮件服务精要	4月14日	使用 PPT 展示商业智慧
4月18日	SharePoint 2010 技术前瞻	4月16日	销售人员办公技能英雄训练营
4月19日	Windows 7 客户端部署	4月17日	Word 高级文档编排
4月20日	ISA2006部署与管理	4月18日	Microsoft Office 2010 初体验
4月23日	CCNA认证课程	4月18日	使用 Visio [illegible]
4月23日	SQL Server [illegible]	4月20日	24 小时学会 Excel VBA
4月24日	Oracle数据库管理	4月22日	使用 ACCESS 管理企业关键数据
4月26日	System Center规划与部署	4月24日	Excel 函数特训营
4月28日	Windows 2008 R2 概览	4月29日	Excel 与 PPT 在管理中的应用

开课时间以网上实时更新为主，更多详情请登录网站查询：http://www.zhitpx.com

图11-2　培训班宣传单

相关文件模板

利用Word 2010软件的“图文混排”功能，还可以完成奖状、电子板报、名片、日历、元旦贺卡、教师节贺卡、圣诞贺卡、促销海报、篮球赛海报、产品宣传单、降价宣传单等工作任务。

为方便读者，本书在配套的资料包中提供了部分常用的文件模板，具体文件路径如图11-3所示。

图11-3　应用文件模板

背景知识

产品宣传单是将产品和活动信息传播出去的一种广告形式，其作用在于将产品的相关信息利用图形、文字等视觉元素传达给消费者，引导客户的消费，促进产品的销售。一个好的产品宣传单能展示出产品的吸引力，给顾客一个拥有它的理由，并告诉顾客如何得到它。

宣传单如何做才能吸引到客户，这是商家最为关心的事情。在制作宣传单时要图文并茂，内容清晰表达，文字简练。另外宣传单一定要通俗易懂，并与公司整体形象吻合，要与产品及其品牌层次相符合，要有文化色彩！

设计思路

在对培训班宣传单的设计过程中，应利用图片、艺术字及文本框对培训班宣传单进行设计。制作产品宣传单的基本步骤分解如下。

（1）应用图片。
（2）应用艺术字。
（3）应用文本框。
（4）绘制自选图形。

项目任务11-1 在文档中应用图片

在文档中添加图片，可以使文档更加美观大方。Word 2010是一套图文并茂、功能强大的图文混排系统。它允许用户在文档中导入多种格式的图片文件，并且可以对图片进行编辑和格式化。下面首先为培训班宣传单插入图片来美化它。

动手做1 插入图片

用户可以很方便地在Word 2010中插入图片，图片可以是一个剪贴画、一张照片或一幅图画。在Word 2010中可以插入多种格式的外部图片，如*.bmp、*.pcx、*.tif和*.pic等。

在培训班宣传单中插入图片的具体操作步骤如下。

Step01 新建一个文档，将插入点定位在文档中。

Step02 单击“插入”选项卡“插图”组中的“图片”按钮，打开“插入图片”对话框，如图11-4所示。

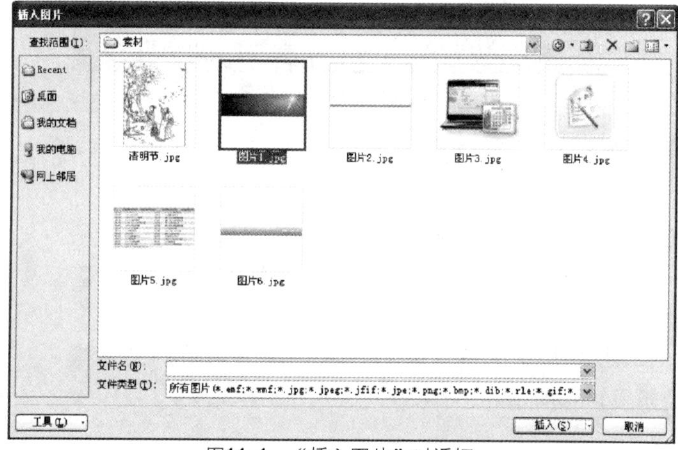

图11-4 “插入图片”对话框

Step03 在对话框中找到要插入图片所在的文件夹，选中要插入的图片文件。

Step04 单击“插入”按钮，被选中的图片插入到文档中，如图11-5所示。

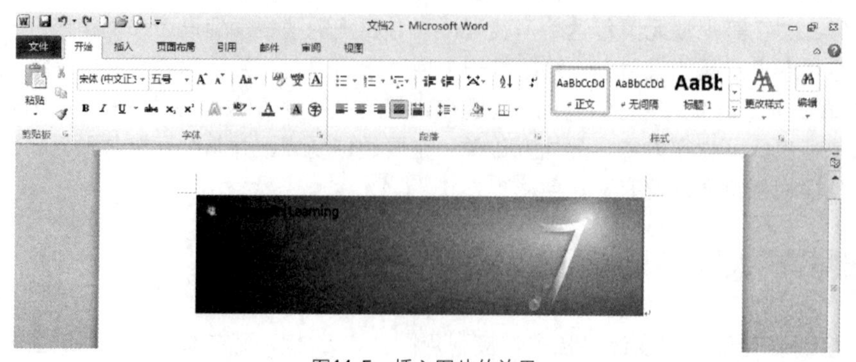

图11-5 插入图片的效果

提示

图形插入在文档中的位置有两种：嵌入式和浮动式。嵌入式图片直接放置在文本中的插入点处，占据了文本处的位置；浮动式图片可以插入在图形层，可在页面上自由地移动，并可将其放在文本或其他对象的上面或下面。在默认情况下，Word 2010 插入的图片为嵌入式，而插入的图形是浮动式。

动手做2　设置图片版式

用户可以通过Word 2010的“版式设置”功能，将图片置于文档中的任何位置，并还可以设置不同的环绕方式得到各种环绕效果。

这里将培训班宣传单中的图片设置为紧密型环绕的图片版式，具体操作步骤如下。

Step 01 在图片上单击鼠标左键选中图片。

Step 02 单击“格式”选项卡“排列”组中的“文字环绕”按钮，打开一个下拉列表，如图11-6所示。

Step 03 在“文字环绕”下拉列表中选择所需要的环绕方式，这里选择“紧密型环绕”选项。

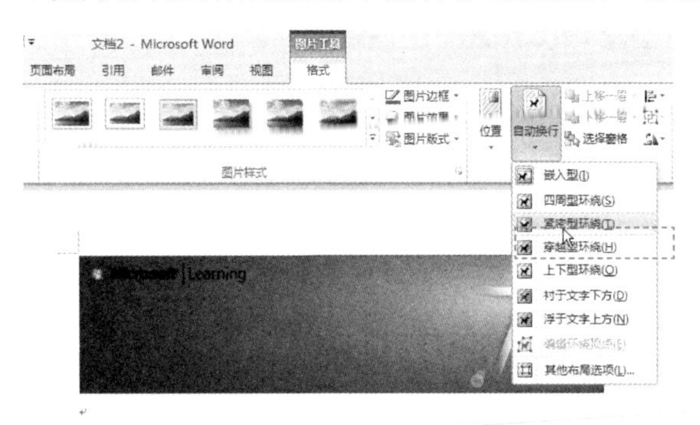

图11-6　“文字环绕”下拉列表

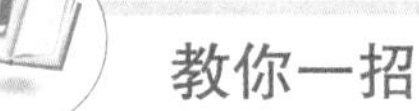

教你一招

用户还可以通过单击“格式”选项卡“排列”组中的“位置”按钮，打开一个下拉列表，如图11-7所示。在列表中用户可以选择图片的文字环绕位置，如果选择“其他布局选项”则打开“布局”对话框，如图11-8所示。在“布局”对话框的“图片位置”选项卡中用户可以设置图片的详细位置，在“文字环绕”选项卡中用户可以设置文字环绕方式。

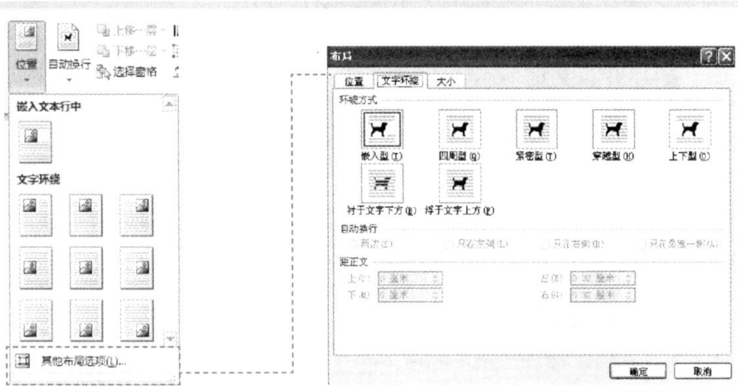

图11-7　“位置”下拉列表　　图11-8　“布局”对话框

动手做3　调整图片位置

在文档中如果插入图片的位置不合适也会使文档的版面显得不美观，用户可以对图片的位置进行调整。

例如，对宣传单中新插入的图片位置进行适当的调整，具体操作步骤如下。

Step 01 在图片上单击鼠标左键选中图片，将鼠标移至图片上，当鼠标变成✥状时，按下鼠标左键并拖动鼠标，图片则跟随鼠标移动，效果如图11-9所示。

图11-9　调整图片位置

Step 02 到达合适的位置时松开鼠标即可，调整图片位置后的效果如图11-10所示。

图11-10　调整图片位置后的效果

动手做4　设置图片大小

在插入图片时如果图片的大小合适，图片可以显著地提高文档质量，但如果图片的大小不合适不但不会美化文档还会使文档变得混乱。

如果文档中对图片的大小要求并不是很精确，可以利用鼠标快速地进行调整。在选中图片后在图片的四周将出现八个控制点，如果需要调整图片的高度，可以移动鼠标到图片上或下边的控制点上，当鼠标变成↕形状时向上或向下拖动鼠标即可调整图片的高度；如果需要调整图片的宽度，将鼠标移动到图片左边或右边的控制点上，当鼠标指针变成↔状时向左或向右拖动鼠标即可调整图片的宽度；如果要整体缩放图片，移动鼠标到图片右下角的控制点上，当鼠标变成⤡状时，拖动鼠标即可整体缩放图片。

例如，要对培训班宣传单中的图片进行整体缩放，具体操作步骤如下。

Step 01 在图片上单击鼠标左键选中图片。

Step 02 移动鼠标到图片右下角的控制点上，当鼠标变成⤡状时，按下鼠标左键并向外拖动鼠标，此时会出现一个虚线框，表示调整图片后的大小，如图11-11所示。

图11-11　调整图片大小

Step 03 当图片到达合适位置时松开鼠标，调整图片大小后的效果如图11-12所示。

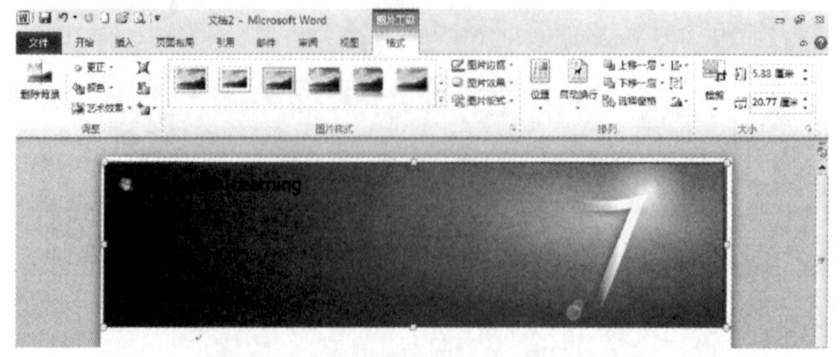

图11-12　调整图片大小后的效果

按照相同的方法在文档中插入素材文件夹中的图片2、图片5和图片6，设置插入的图片文字环绕方式为“紧密型环绕”，适当调整图片的大小与位置，效果如图11-13所示。

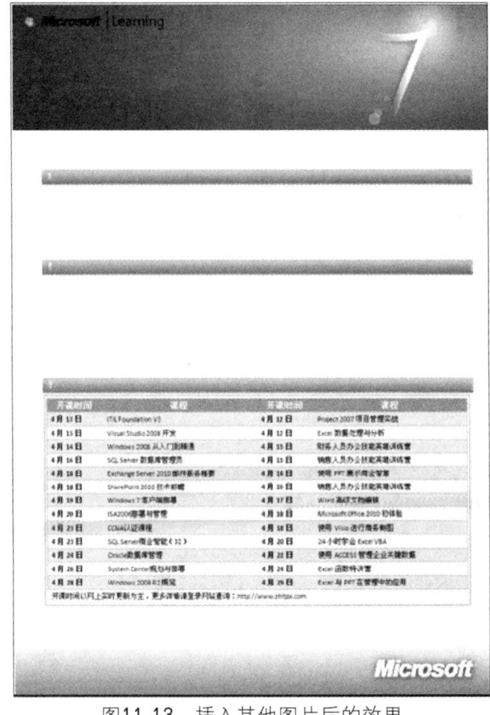

图11-13　插入其他图片后的效果

教你一招

在实际操作中如果需要对图片的大小进行精确地调整，可以在“格式”选项卡的“大小”组中进行设置，如图11-14所示。用户还可以单击“大小”组右侧的对话框启动器，打开“布局”对话框“大小”选项卡，如图11-15所示。在对话框中更改图片的大小有两种方法。一种方法是在“高度”和“宽度”区域中直接输入图片的高度和宽度的确切数值。另外一种方法是在“缩放”区域中输入高度和宽度相对于原始尺寸的百分比；如果选中“锁定纵横比”复选框，则Word 2010将限制所选图片的高与宽的比例，以便高度与宽度相互保持原始的比例。此时如果更改对象的高度，则宽度也会根据相应的比例进行自动调整，反之亦然。

图11-14　直接设置图片大小

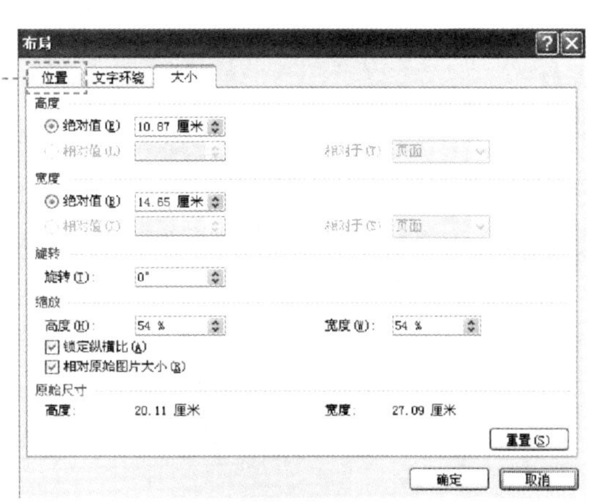

图11-15　“布局”对话框“大小”选项卡

项目任务11-2 在文档中应用艺术字

通过对字符的格式设置，可将字符设置为多种字体，但远远不能满足文字处理工作中对字形艺术性的设计需求。使用Word 2010提供的艺术字功能，可以创建出各种各样的艺术字效果。

动手做1　创建艺术字

为了使产品宣传单更具艺术性，可以在宣传单中插入艺术字，具体操作步骤如下。

Step 01 单击“插入”选项卡“文本”组中的“艺术字”按钮，打开“艺术字”下拉列表，如图11-16所示。

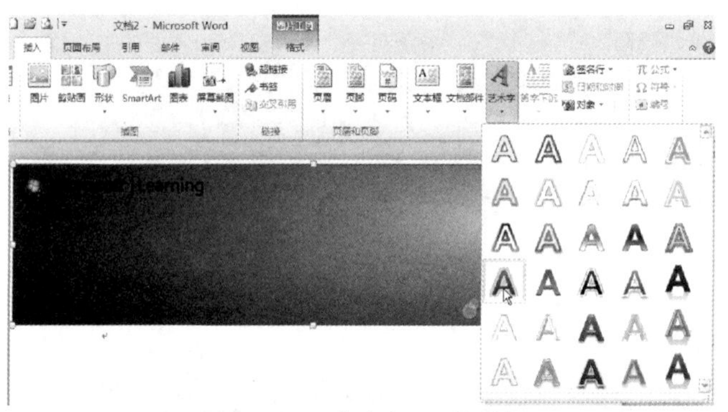

图11-16　“艺术字”下拉列表

Step 02 在“艺术字”下拉列表中单击第一行第四列艺术字样式后，在文档中会出现一个“请在此放置您的文字”编辑框，如图11-17所示。

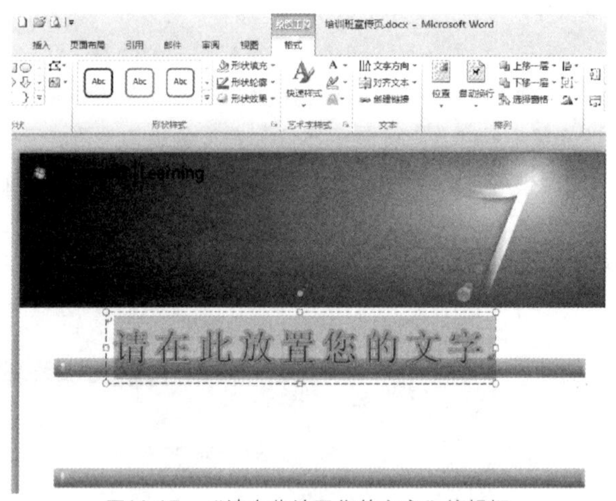

图11-17　“请在此放置您的文字”编辑框

Step 03 在编辑框中输入文字“共建绿色IT，推动低碳未来”，选中输入的文字，切换到“开始”选项卡，然后在“字体”下拉列表中选择“隶书”，在“字号”下拉列表中选择36号字，单击“粗体”按钮，插入艺术字的效果如图11-18所示。

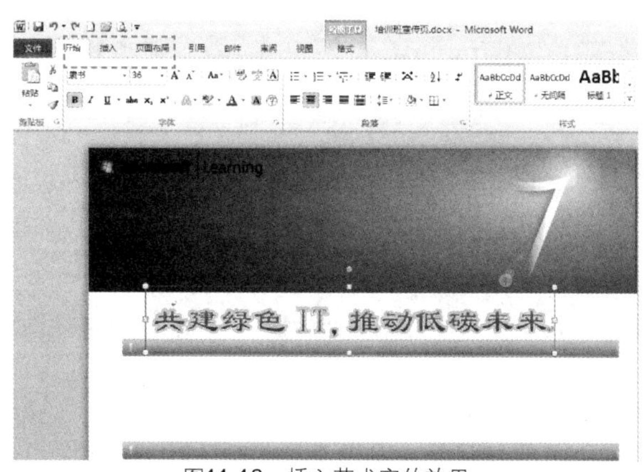

图11-18 插入艺术字的效果

动手做2 调整艺术字位置

可以明显看出，艺术字在产品宣传单中的位置不够理想，因此需要调整它的位置使之符合要求。由于在插入“艺术字”的同时插入了“艺术字”编辑框，因此调整“艺术字”编辑框的位置即可调整艺术字的位置。

调整艺术字位置的具体操作步骤如下。

Step01 在艺术字上单击鼠标左键，则显示出“艺术字”编辑框。

Step02 将鼠标移动至“艺术字”编辑框边框上，按住鼠标左键当鼠标呈 状时，按下鼠标左键拖动鼠标移动“艺术字”编辑框。

Step03 文本框到达合适位置后，松开鼠标，移动艺术字的效果如图11-19所示。

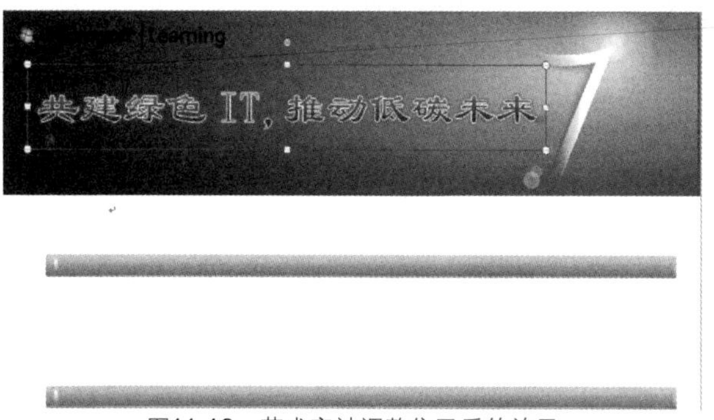

图11-19 艺术字被调整位置后的效果

提示

默认情况下，插入的艺术字是“浮于文字上方”的版式，因此用户可以自由移动艺术字的位置。用户可以根据需要调整艺术字的版式，单击“格式”选项卡“排列”组中的“文字环绕”按钮，打开“文字环绕”下拉列表，在下拉列表中选择一种版式即可，如图11-20所示。

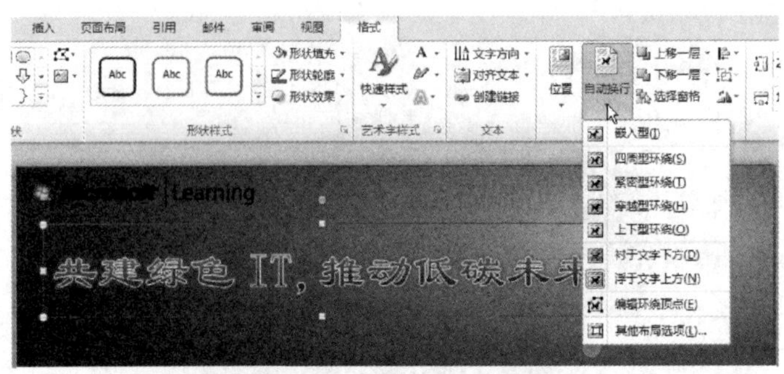

图11-20　选择艺术字的版式

动手做3　设置艺术字样式

在插入艺术字后，用户还可以对插入的艺术字设置效果，具体操作步骤如下。

Step 01 在艺术字上单击鼠标左键选中艺术字，切换到绘图工具下的“格式”选项卡。

Step 02 单击“艺术字样式”组中“文本填充”按钮右侧的下三角箭头，打开一个下拉列表。在下拉列表中选择主题颜色区域的白色，如图11-21所示。

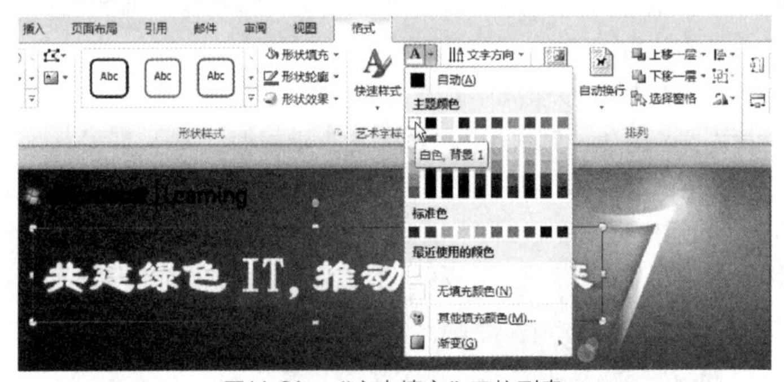

图11-21　“文本填充”下拉列表

Step 03 单击“艺术字样式”组中“文本轮廓”按钮右侧的下三角箭头，打开一个下拉列表。在下拉列表中选择“无轮廓”选项，如图11-22所示。

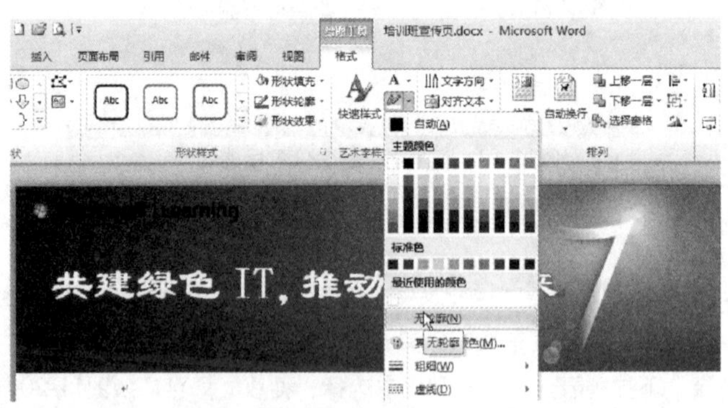

图11-22　“文本轮廓”下拉列表

Step 04 单击“艺术字样式”组中“文字效果”按钮右侧的下三角箭头，打开一个下拉列表，选择“阴影”选项。在打开的下一级列表“透视”区域中选择右下角的“对角透视”选项，如图11-23所示。

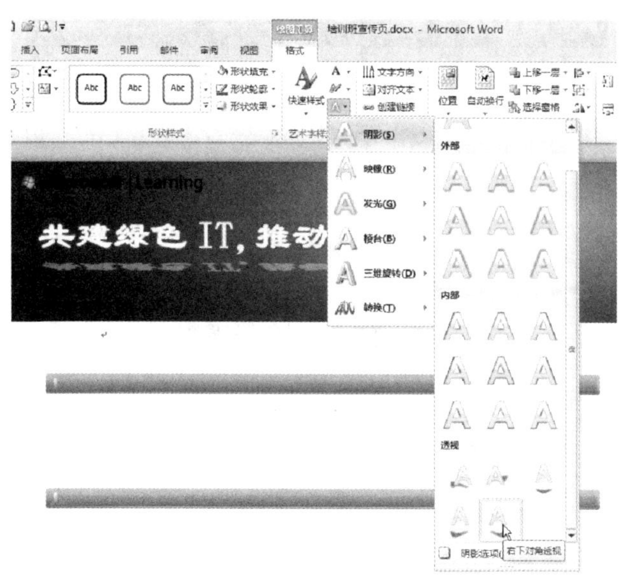

图11-23 “文字效果”下拉列表

Step05 在“阴影”选项列表中选择“阴影”选项，打开“设置文本效果格式”对话框，如图11-24所示。

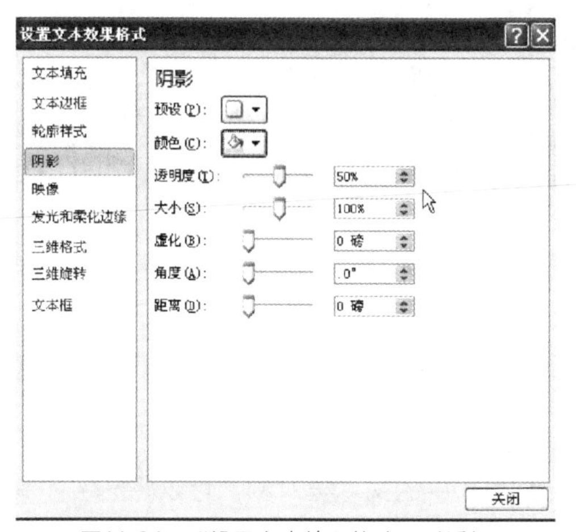

图11-24 “设置文本效果格式”对话框

Step06 在“阴影”区域单击“颜色”按钮，打开一个下拉列表，在下拉列表中选择“白色，背景1，深色15%”，如图11-25所示。

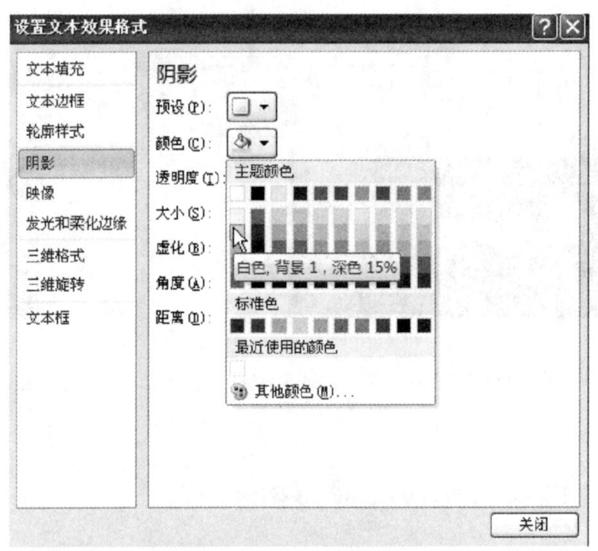

图11-25　设置阴影颜色

Step 07 选择阴影的透明度为50%，虚化为0磅，距离为0磅，单击“关闭”按钮，则艺术字变为如图11-26所示的效果。

图11-26　设置艺术字的最终效果

项目任务11-3 应用文本框

在文档中灵活使用Word 2010中的文本框对象，可以将文字和其他各种图形、图片、表格等对象在页面中独立于正文放置并方便地定位。

动手做1　绘制文本框

根据文本框中文本的排列方向，可将文本框分为“横排”和“竖排”两种。在横排文本框中输入文本时，文本在到达文本框右边的框线时会自动换行，用户还可以对文本框中的内容进行编辑，如改变字体、字号大小等。

在培训班宣传单中绘制文本框并输入文本，具体操作步骤如下。

Step 01 单击“插入”选项卡“文本”组中的“文本框”按钮，在打开的下拉列表中选择“绘制文本框”选项，鼠标变成十形状，如图11-27所示。

Step 02 按住鼠标左键拖动，绘制出一个大小合适的文本框，效果如图11-28所示。

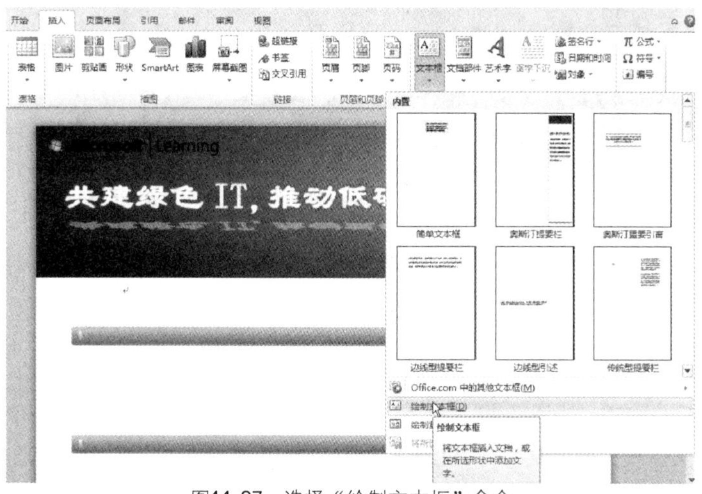

图11-27 选择“绘制文本框”命令

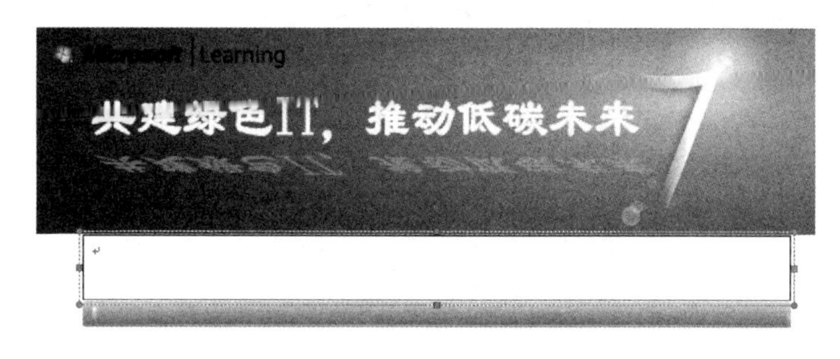

图11-28 绘制文本框的效果

Step03 在文本框中输入文字，并设置字体为宋体，字号为小五，效果如图11-29所示。

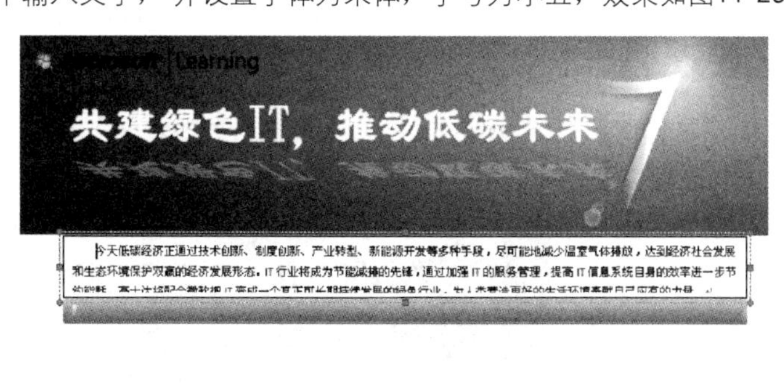

图11-29 在文本框中输入字体的效果

Step04 单击“插入”选项卡“文本”组中的“文本框”按钮，在打开的下拉列表中选择“绘制文本框”选项，鼠标变成十形状，按住鼠标左键拖动，继续在文档中绘制出一个大小合适的文本框，效果如图11-30所示。

图11-30　在文档中绘制第二个文本框的效果

Step05 在第二个文本框中输入文字，并设置字体为宋体，字号为小五，效果如图11-31所示。

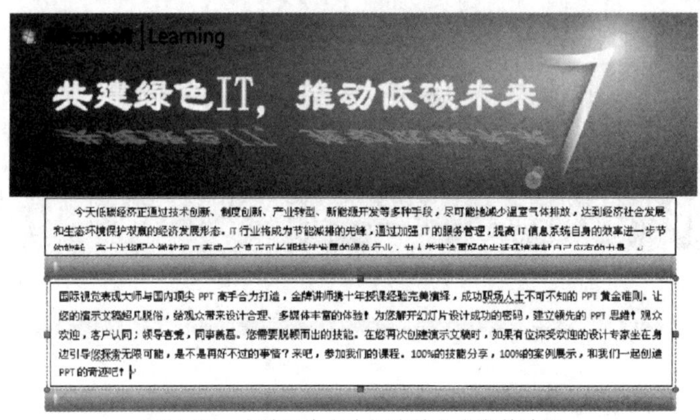

图11-31　在第二个文本框中输入文字的效果

Step06 将鼠标定位在第二个文本框的文字段落中，单击“开始”选项卡“段落”组右下角的对话框启动器，打开“段落”对话框，在“缩进”区域的左侧文本框中选择或输入“8字符”，如图11-32所示。

Step07 单击“确定”按钮，则文本框中的段落缩进后的效果如图11-33所示。

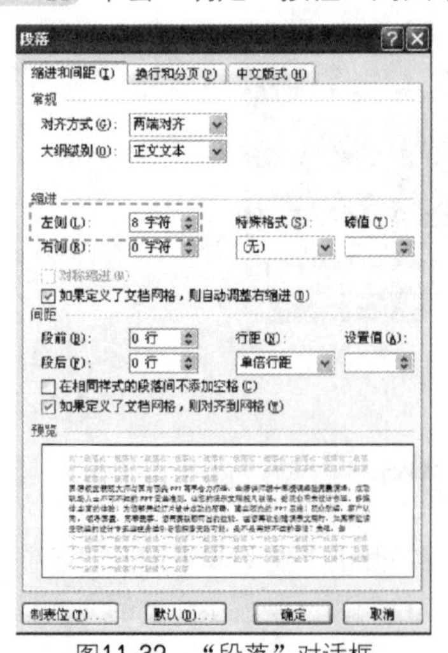

图11-32　“段落”对话框

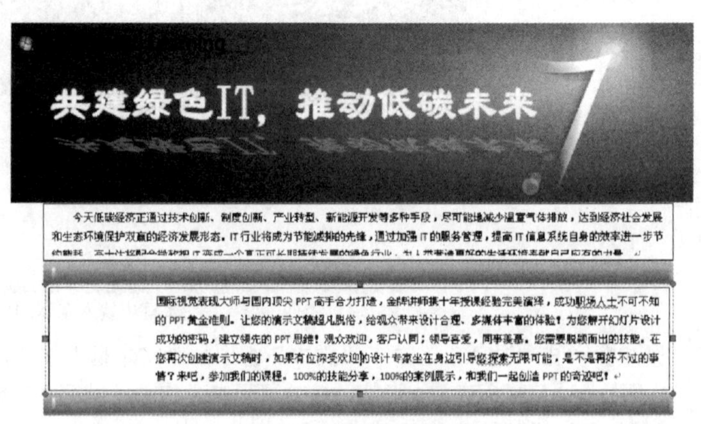

图11-33　段落缩进的效果

Step08 将鼠标定位在文本框外，单击“插入”选项卡“插图”组的“图片”按钮，打开“插入图片”对话框。在对话框中选择素材文件夹中的图片3，双击将其插入到文档中。

Step09 在图片上单击鼠标左键选中图片，单击“格式”选项卡“排列”组中的“文字环绕”按钮，打开一个下拉列表，在“文字环绕”下拉列表中选择“四周型环绕”选项。

Step 10 拖动图片到文本框中的合适位置，效果如图11-34所示。

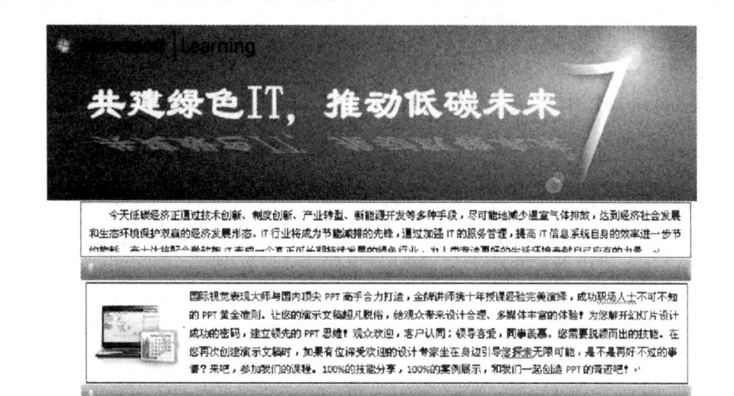

图11-34　在文本框中插入图片的效果

提示

由于图片和文本框同属图形对象，一个嵌入到图形对象中的图形对象，版式选项是不可用的，因此没办法设置嵌入到文本框中的图片的版式，因此将图片插入到文本框外。此时图片的“四周型环绕”只是针对页面而言，对文本框没效果，文本框中能嵌入其他图形对象，除此以外的任何版式对文本框中的内容均无效，因此可以拖动图片到文本框的合适位置。

动手做2　设置文本框格式

默认情况下，绘制的文本框带有边线，并且有白色的填充颜色。用户可以根据需要对文本框的填充颜色和边框线进行设置。

设置文本框的具体操作步骤如下。

Step 01 在第一个文本框的边线上单击鼠标选中文本框，单击“格式”选项卡“形状样式”组中的“形状填充”按钮，打开一个下拉列表，选择“无填充颜色”选项，如图11-35所示。

Step 02 单击“形状样式”组中的“形状轮廓”按钮，打开一个下拉列表，在下拉列表中选择“无轮廓”选项，如图11-36所示。设置文本框的效果如图11-37所示。

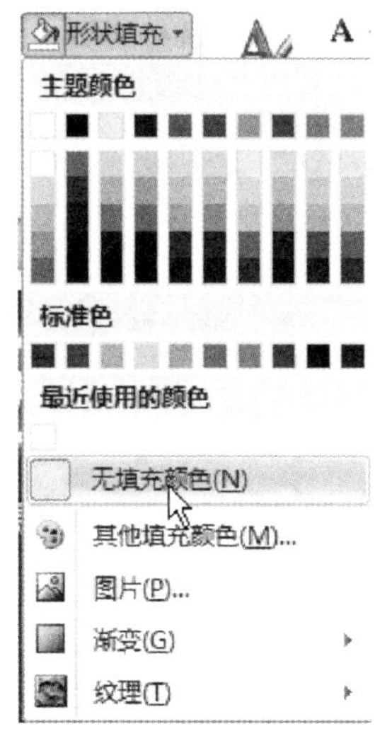

图11-35　“形状填充”下拉列表

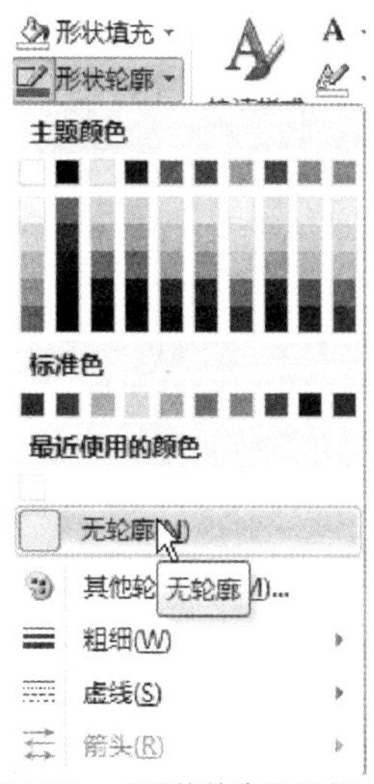

图11-36　“形状轮廓”下拉列表

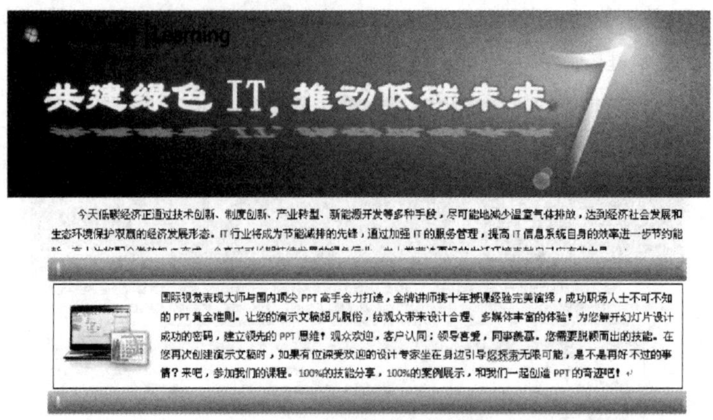

图11-37　设置文本框的效果

Step03 单击“格式”选项卡“形状样式”组右下角的对话框启动器，打开“设置形状格式”对话框，在左侧选择“文本框”选项，在右侧内部边距区域的左、右、上、下文本框中选择或输入“0厘米”，如图11-38所示。

Step04 单击“关闭”按钮，设置文本框效果如图11-39所示。

图11-38　设置文本框的内部边距

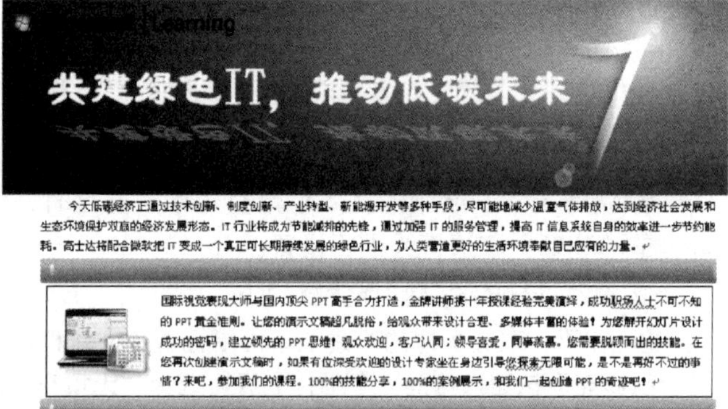

图11-39　设置第一个文本框的效果

Step05 在第二个文本框的边线上单击鼠标左键选中文本框，单击“格式”选项卡“形状样式”组右下角的对话框启动器，打开“设置形状格式”对话框，在左侧选择“填充”选项，在右侧选中“无填充”单选按钮，如图11-40所示。

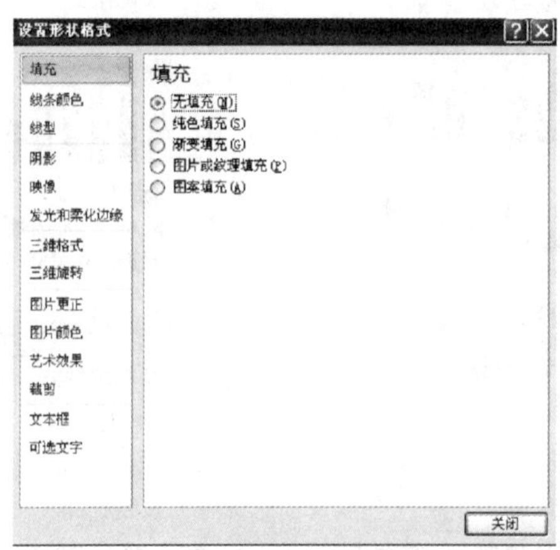

图11-40　设置第二个文本框的填充效果

Step06 在左侧选择“线条颜色”选项，在右侧选中“实线”单选按钮，单击“颜色”按钮，在下拉列表中选择“浅蓝”，如图11-41所示。

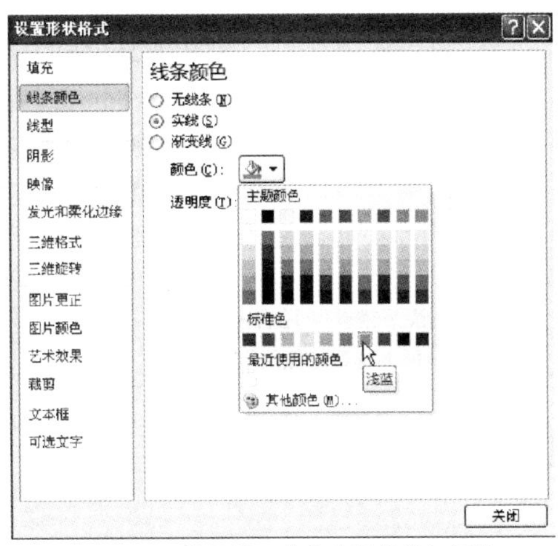

图11-41 设置第二个文本框的线条颜色

Step07 单击“关闭”按钮，设置第二个文本框的效果如图11-42所示。

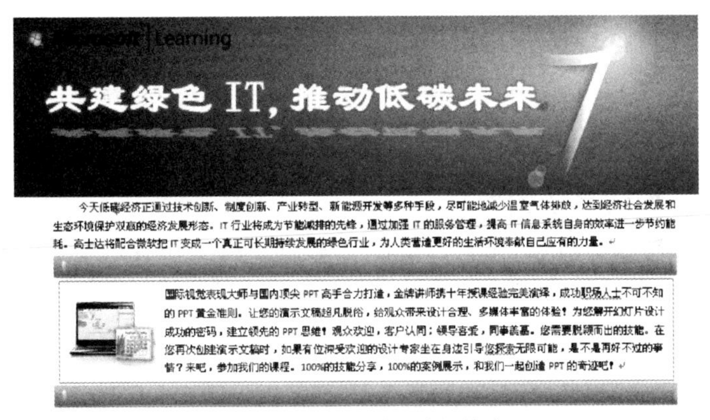

图11-42 设置第二个文本框的效果

按照相同的方法，绘制剩余4个文本框，输入内容并设置文本框格式，效果如图11-43所示。

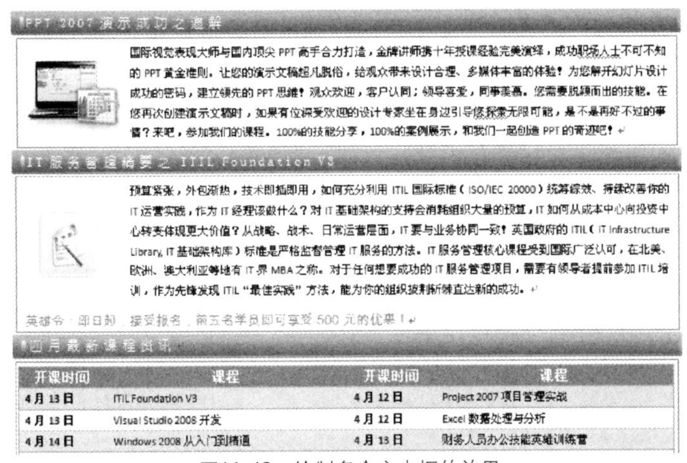

开课时间	课程	开课时间	课程
4月13日	ITIL Foundation V3	4月12日	Project 2007 项目管理实战
4月13日	Visual Studio 2008 开发	4月12日	Excel 数据处理与分析
4月14日	Windows 2008 从入门到精通	4月13日	财务人员办公技能英雄训练营

图11-43 绘制多个文本框的效果

知识拓展——制作培训流程图

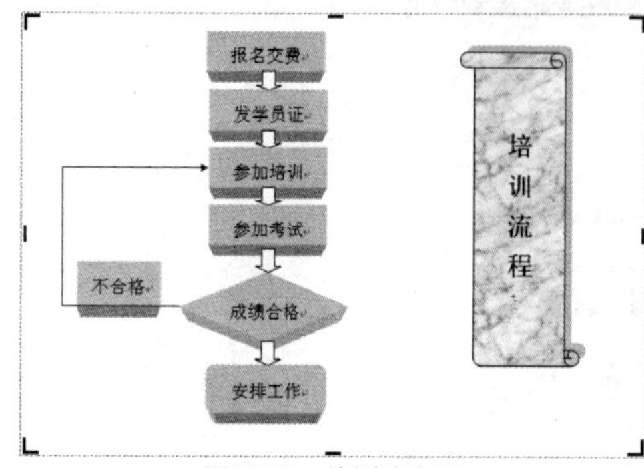

图11-44 培训流程图

利用Word 2010的绘图功能可以很轻松、快速地绘制各种外观专业、效果生动的图形。对于绘制出来的图形还可以调整其大小，进行旋转、翻转、添加颜色等，也可以将绘制的图形与其他图形组合，制作出各种更复杂的图形。

如图11-44所示的培训流程图就是使用Word 2010的绘图功能制作的，该流程图简明扼要介绍学员从报到、学习、考评到毕业的一系列活动的安排，使学生掌握培训的流程。

设计思路

在培训流程图的制作过程中，用户首先应绘制自选图形，然后编辑自选图形，最后设置自选图形效果，制作培训流程图的基本步骤分解如下。

（1）绘制自选图形。

（2）编辑自选图形。

（3）设置自选图形效果。

动手做1 绘制自选图形

利用Word 2010的绘图功能用户可以很轻松快速地绘制出各种外观专业、效果生动的图形来。对于绘制出来的图形可以调整其大小，进行旋转、翻转、添加颜色等。还可以将绘制的图形与其他图形组合，制作出各种更复杂的图形。

用户可以单击“插入”选项卡“插图”组中的“形状”按钮，方便地在指定的区域绘图，这一绘图功能能够完成简单的原理示意图、流程图等。

在流程图文档中绘制自选图形的具体步骤如下。

Step 01 新建一个文档，单击“页面布局”选项卡“页面设置”组中的“纸张大小”按钮，在下拉列表中选择“B5”选项，如图11-45所示。在“页面设置”组中的“纸张方向”下拉列表中选择“横向”选项。

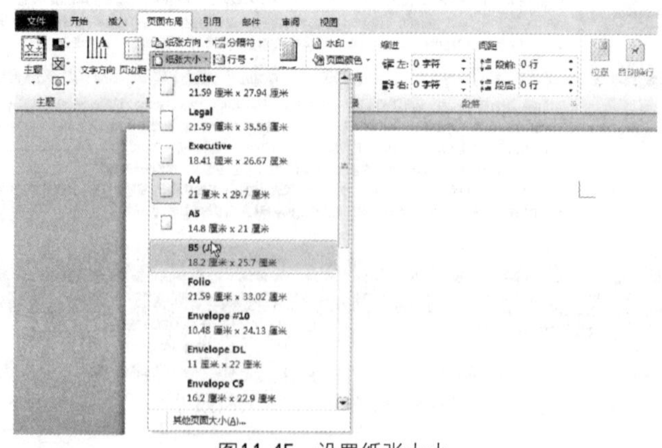

图11-45 设置纸张大小

Step02 单击“插入”选项卡“插图”组中的“形状”按钮，在打开的下拉列表中选择“新建绘图画布”选项，如图11-46所示。此时文档中会出现一块绘图画布，用鼠标拖动绘图布的四边中点或四个角适当调整画布大小，效果如图11-47所示。

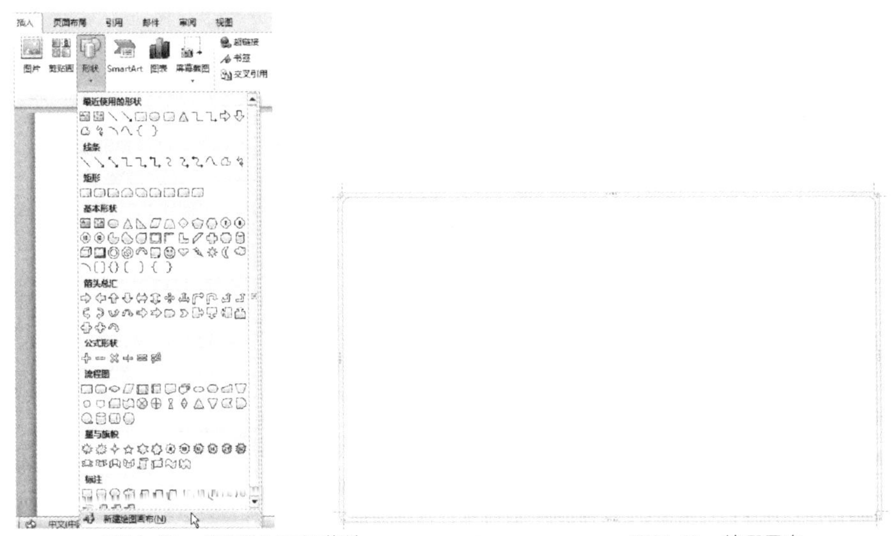

图11-46 “形状”下拉菜单　　图11-47 绘图画布

Step03 单击“插入”选项卡“插图”组中的“形状”按钮，在下拉列表中的“星与旗帜”区域选择“竖卷形”选项，在文档中拖动鼠标，即可绘制出竖卷形自选图形，自选图形绘制好以后，在自选图形的四周一共有9个控制点，8个圆圈控制点用来调整图像的大小，一个绿色的控制点用来旋转图形，除了这9个控制点外一般还有一个或多个用于调整图形形状的黄色菱形状的句柄，用鼠标拖动控制点，适当调整图形的大小，如图11-48所示。

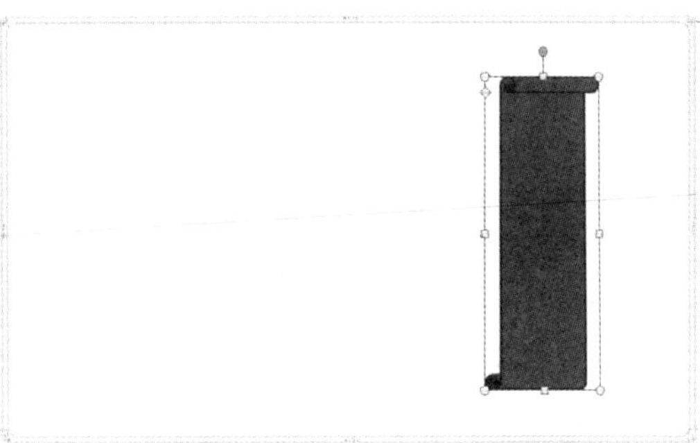

图11-48 绘制的“竖卷形”自选图形

Step04 在“形状”下拉列表的“流程图”区域单击“过程”按钮，拖动鼠标绘制矩形图形，效果如图11-49所示。

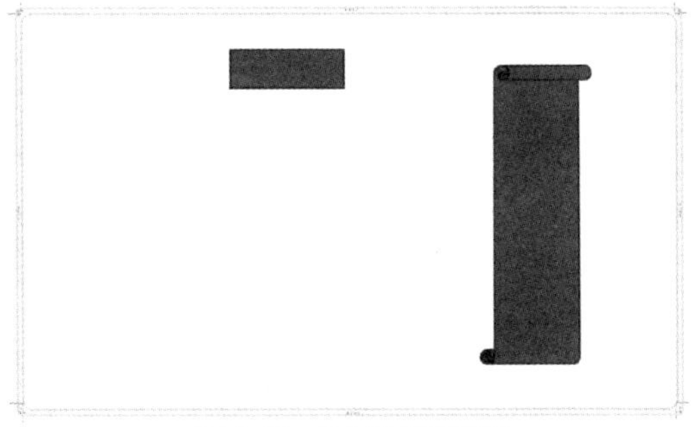

图11-49 绘制的矩形形状

Step05 在“竖卷形”自选图形上单击鼠标左键将其选中，按住Ctrl键在“过程”自选图形上单击鼠标左键同时选中两个自选图形。

Step06 单击“格式”选项卡“形状”样式组中的“形状填充”按钮，打开一个下拉列表，选择“无填充颜色”选项。

Step07 单击“形状样式”组中的“形状轮廓”按钮，打开一个下拉列表，在下拉列表中选择“黑色”。

Step08 单击“格式”选项卡“形状样式”组右下角的对话框启动器，打开“设置形状格式”对话框，在左侧选择“线型”选项，在右侧的宽度列表中选择“0.75磅”，如图11-50所示。

Step 09 单击“关闭”按钮，设置自选图形线条和填充颜色的效果如图11-51所示。

图11-50 设置自选图形的线型

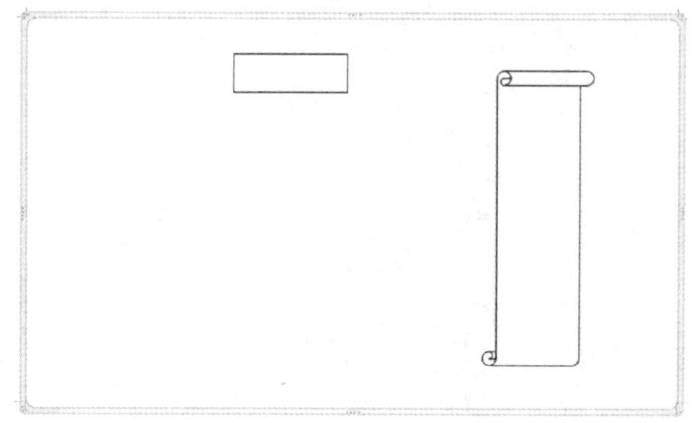

图11-51 设置自选图形线条和填充颜色效果

Step 10 为使接下来绘制的“过程”自选图形与其大小相同，可以在绘制的“过程”自选图形上单击鼠标右键，在弹出的快捷菜单中选择“复制”命令，然后粘贴在画布中即可，这里连续粘贴3次，复制三个“过程”自选图形。

Step 11 按照相同的方法，绘制1个流程图中的“决策”自选图形、1个流程图中的“可选过程”自选图形、1个流程图中的稍微小一点的“过程”自选图形、5个下箭头，并用鼠标拖动调整自选图形的位置和大小，效果如图11-52所示。

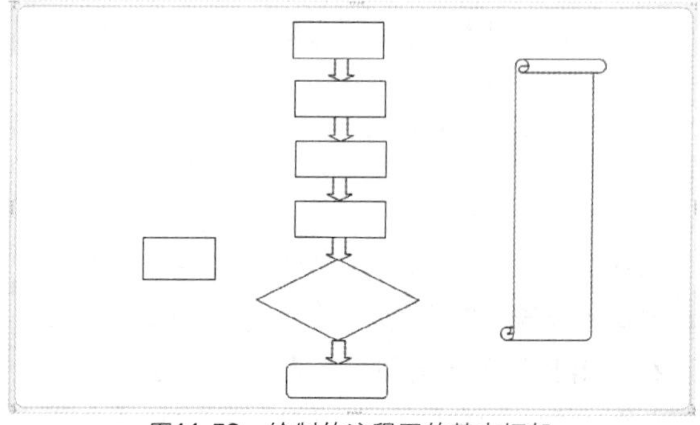

图11-52 绘制的流程图的基本框架

动手做2 向自选图形中添加文字

在各类自选图形中，除了直线、箭头等线条图形外其他的所有图形都允许向其中添加文字。有的自选图形在绘制好后可以直接添加文字，如绘制的标注等。有些图形在绘制好后则不能直接添加文字。

在流程图中添加文字的具体操作步骤如下。

Step 01 在“竖卷形”自选图形上单击鼠标右键，打开一个快捷菜单，如图11-53所示。

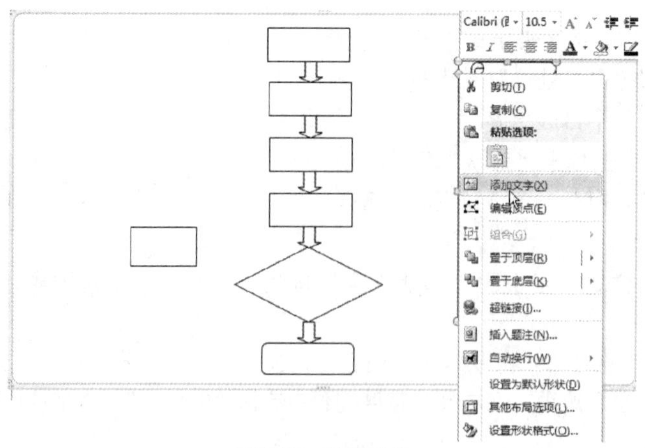

图11-53 快捷菜单

Step02 在快捷菜单中选择“添加文字”命令，此时自选图形外侧多了一个文本框，并且鼠标自动定位在自选图形中，输入文本“培训流程”。

Step03 选中自选图形中的培训流程文本，单击“开始”选项卡“字体”组右侧的对话框启动器，打开“字体”对话框，单击“字体”选项卡。在“字号”列表中选择“二号”，在“字形”列表中选择“加粗”，在“字体颜色”下拉列表中选择“黑色”。

Step04 单击“高级”选项卡，在“间距”下拉列表中选择“加宽”，并在“磅值”文本框中输入“5磅”，单击“确定”按钮。

Step05 在“格式”选项卡下单击“文本”组的“文字方向”按钮，在下拉列表中选择“垂直”选项，设置字体的效果如图11-54所示。

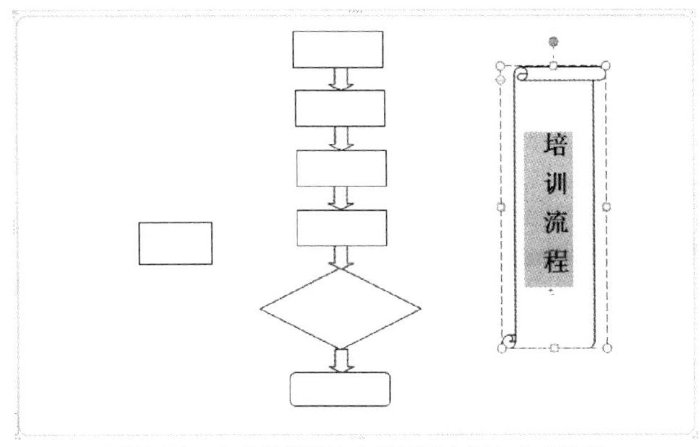

图11-54 在“竖卷形”自选图形中添加文字效果

Step06 按照相同的方法在流程图中的其他自选图形中也添加文字，如图11-55所示。

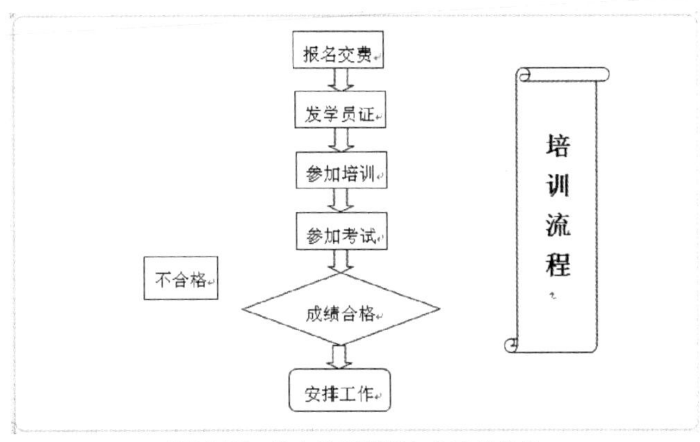

图11-55 为自选图形添加文字的效果

动手做3 添加箭头连接符

为了使流程图更加完善，还应在流程图中绘制箭头连接符，具体操作步骤如下。

Step01 单击“插入”选项卡“插图”组中的“形状”按钮，在打开的下拉菜单中的“线条”区域选择“肘形箭头连接符”选项。

Step02 将鼠标指向“成绩合格”自选图形，当“成绩合格”自选图形四周出现四个红色控制点时按下鼠标左键，拖动鼠标到“参加培训”自选图形，当“参加培训”自选图形四周出现四个红色控制点时松开鼠标左键，绘制的肘形箭头连接符如图11-56所示。

Step03 单击箭头连接符，拖动图形上的黄色菱形状的句柄，向左侧移动到合适的位置，调整箭头连接符与小矩形的位置，效果如图11-57所示。

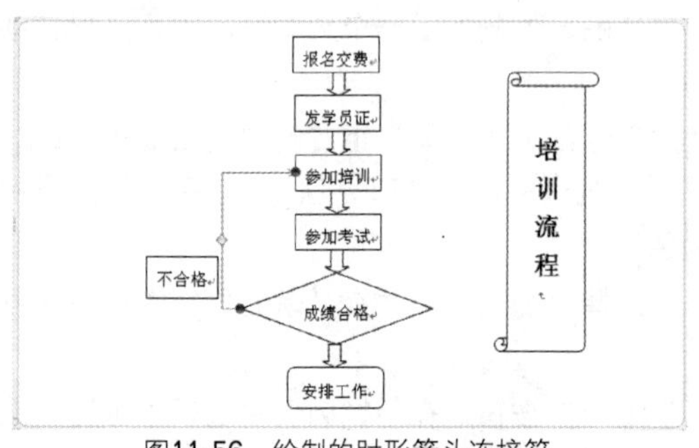

图11-56 绘制的肘形箭头连接符

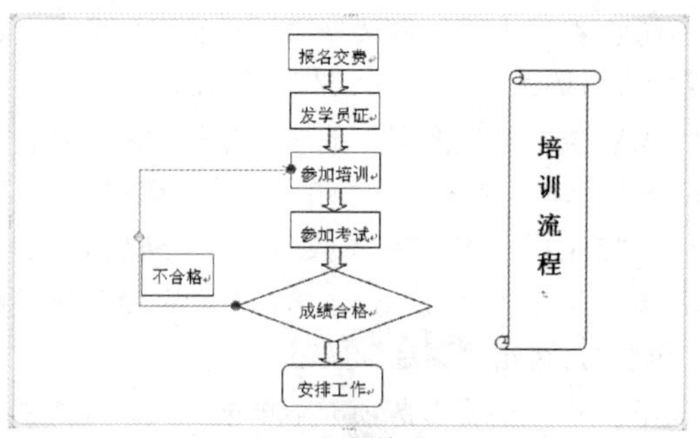

图11-57 调整箭头连接符

动手做4 对齐或分布图形

用户可以利用鼠标拖动的方法来移动对齐图形，为了可以使多个图形对象排列得很整齐，在Word 2010中用户可以利用“网格线”或“格式”选项卡下的“对齐”按钮进行对齐图形对象的操作。在对齐图形时用户可以在文档中显示出网格线，网格线可以方便用户观察图形的具体位置，能够使图形排列得更加整齐。

例如，在流程图文档中利用网格对齐图形的具体操作步骤如下。

Step01 选中“视图”选项卡“显示”组中的“网格线”复选框，在文档中显示出网格线。

Step02 在“竖卷形”自选图形上单击鼠标左键，将其选定。

Step03 按住鼠标拖动自选图形，此时将出现一个虚线自选图形表示要移到的位置，到达合适位置时松开鼠标即可。

Step04 按照相同的方法稍微调整其余的图形对象，对齐图形对象后的最终效果如图11-58所示。

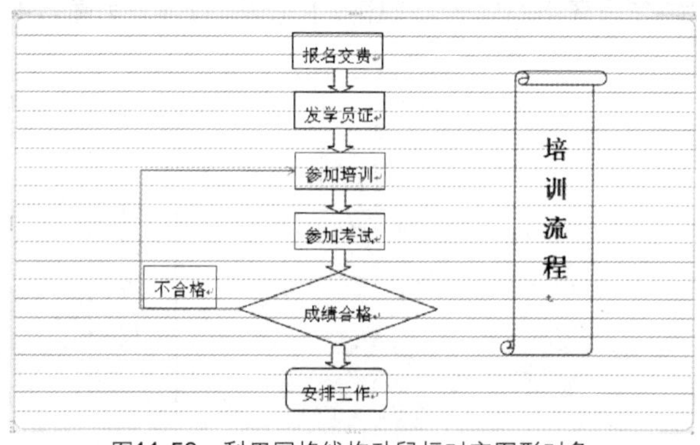

图11-58 利用网格线拖动鼠标对齐图形对象

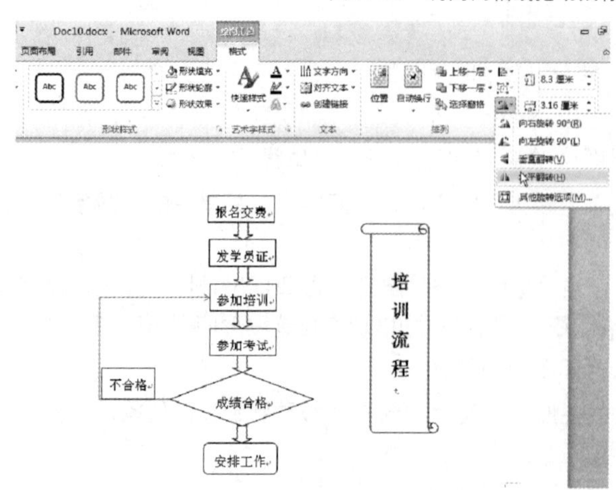

图11-59 设置旋转后的效果

Step05 在“视图”选项卡“显示”组中取消“网格线”复选框的选中状态，取消网格。

Step06 在“竖卷形”自选图形上单击鼠标左键，将其选定。单击“格式”选项卡“排列”组中的“旋转”按钮，在打开的下拉菜单中选择“水平旋转”选项，图形水平旋转的效果如图11-59所示。

提示

单击“格式”选项卡“排列”组中的“对齐”按钮，打开一个下拉列表，在下拉列表中用户可以利用各选项对齐或分布图形对象，如图11-60所示。

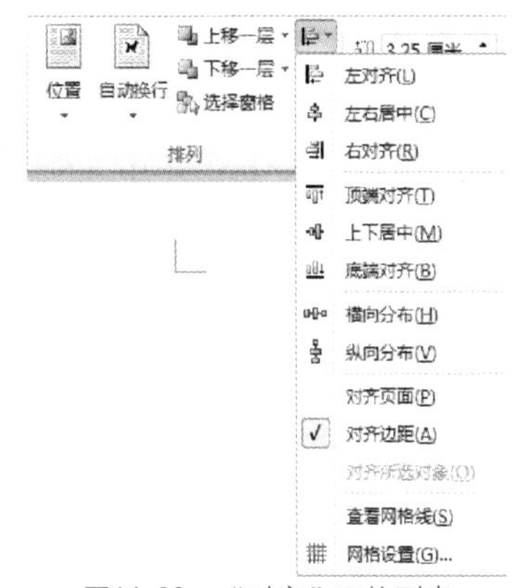

图11-60 “对齐”下拉列表

动手做5 设置自选图形填充效果

例如，在流程图文档中为“竖卷形”自选图形设置纹理填充效果，具体操作步骤如下。

Step01 选中“竖卷形”自选图形。

Step02 单击“格式”选项卡“形状样式”组中的“形状填充”按钮，打开一个下拉列表，选择“纹理”选项，在“纹理”列表中选择“白色大理石”选项，如图11-61所示。

设置自选图形纹理填充后的效果，如图11-62所示。

动手做6 设置阴影

用户可以给图形对象添加阴影，还可以设置阴影的方向和颜色。例如，为“竖卷形”对象设置阴影，具体操作步骤如下。

Step01 选定“竖卷形”自选图形。

Step02 单击“格式”选项卡“形状样式”组中的“形状效果”按钮，打开一个下拉列表，选择“阴影”选项，在“阴影”列表中选择“外部”区域的“向右偏移”选项，设置阴影的效果如图11-63所示。

Step03 选定设置阴影的“竖卷形”自选图形。

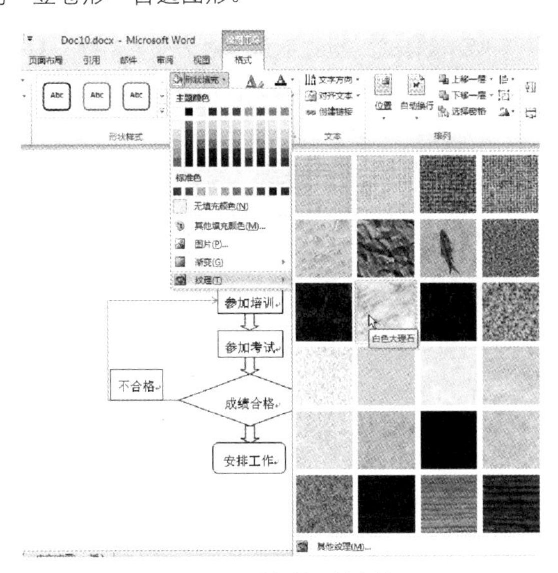

图11-61 选择纹理填充效果

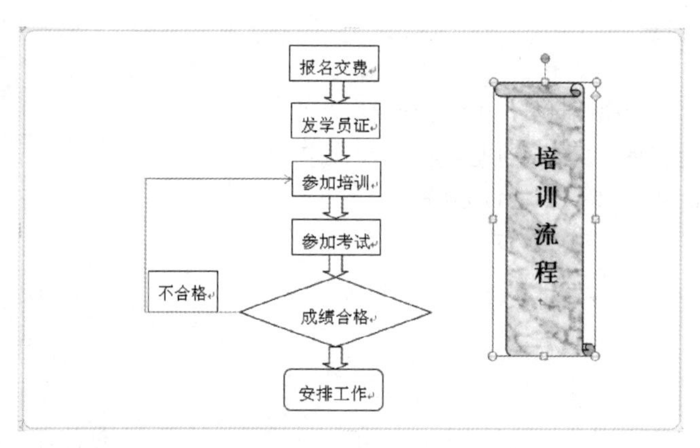

图11-62　设置自选图形纹理填充后的效果

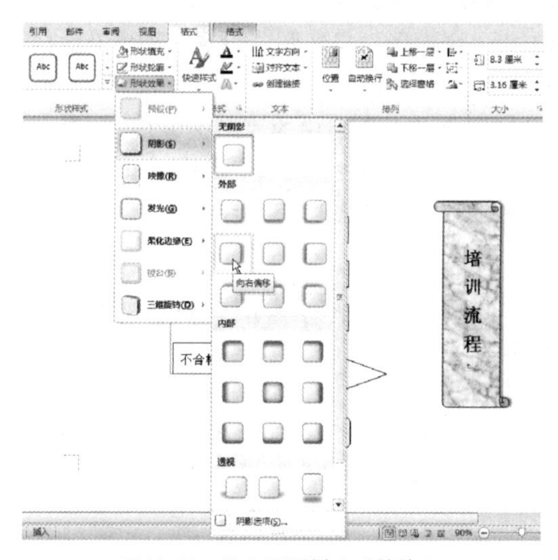

图11-63　设置阴影样式后的效果

Step04 单击“格式”选项卡“形状样式”组右下角的对话框启动器，打开“设置图片格式”对话框，选择“阴影”选项，在左侧列表中选择“阴影”，在右侧设置虚化为10磅，距离为10磅，如图11-64所示。

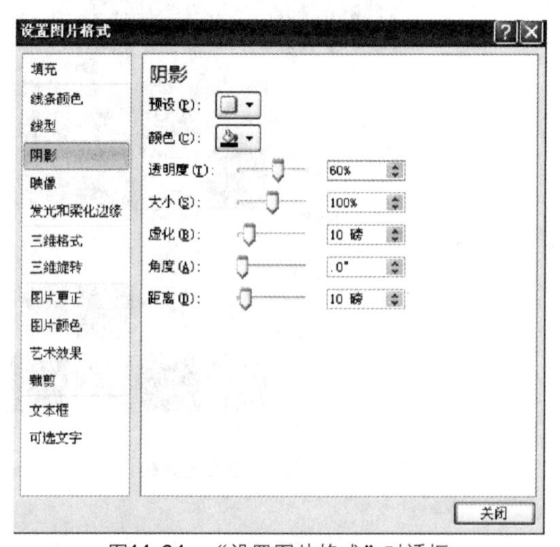

图11-64　“设置图片格式”对话框

Step05 单击“关闭”按钮，设置阴影的效果如图11-65所示。

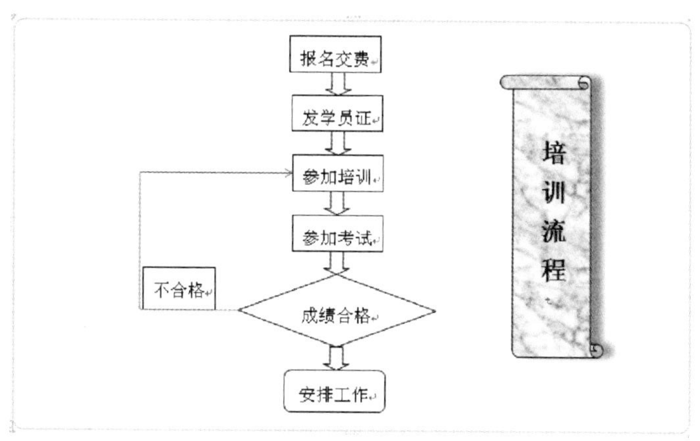

图11-65 设置阴影的效果

动手做7 设置形状效果

用户不但可以为图形设置阴影，还可以为图形对象添加形状效果。例如，要给流程图中的各对象设置形状效果，具体操作步骤如下。

Step01 同时选定要设置形状效果的对象。

Step02 单击“格式”选项卡“形状样式”组中的“形状填充”按钮，打开一个下拉列表，在列表中选择“白色，背景1，深色35%”，如图11-66所示。

Step03 单击“格式”选项卡“形状样式”组中的“形状效果”按钮，打开一个下拉列表，在列表中选择“预设”，在“预设”选项中选择“预设4”，如图11-67所示。

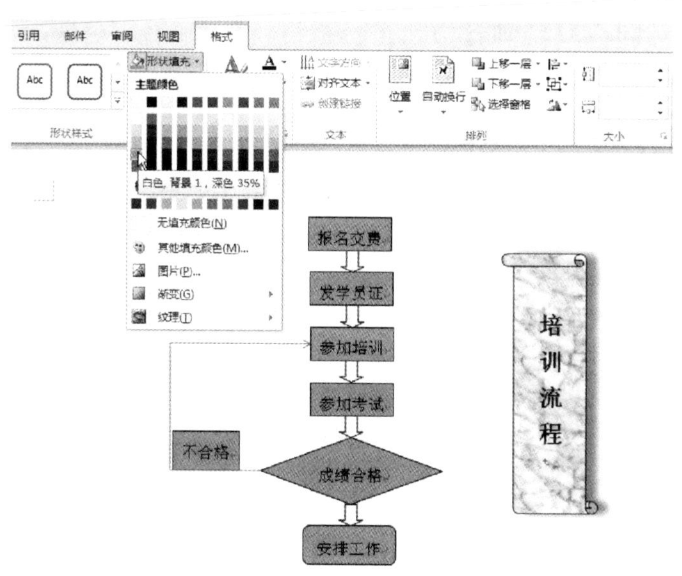

图11-66 设置形状填充颜色

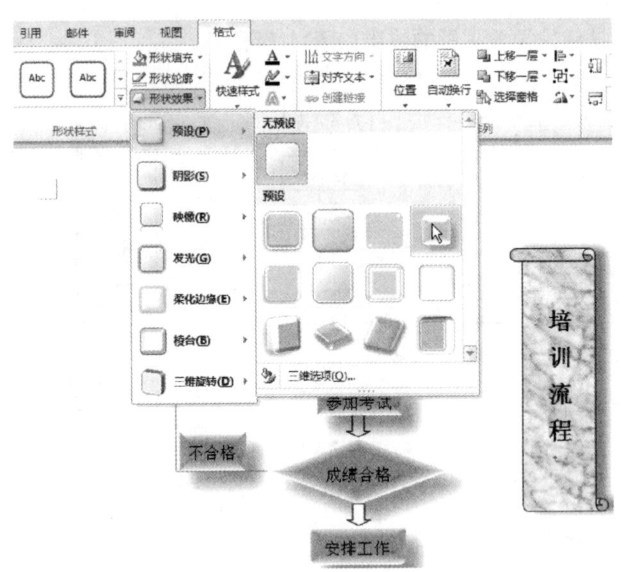

图11-67 选择形状效果

知识拓展

通过前面的任务主要学习了图片的应用、艺术字的应用、文本框的应用等图文混排的操作，另外还有一些关于图文混排的常用操作在前面的任务中没有运用到，下面就介绍一下。

动手做1 插入剪贴画

Word 2010提供了一个功能强大的剪辑管理器，在剪辑管理器中的Office收藏集中收藏了多种系统自带的剪贴画，使用这些剪贴画可以活跃文档。收藏集中的剪贴画是以主题为单位进行组织的。例如，如果使用Word 2010提供的与“自然”有关的剪贴画时可以选择“自然”主题。

在文档中插入剪贴画的具体操作步骤如下。

Step 01 将插入点定位在要插入剪贴画的位置。

Step 02 单击“插入”选项卡“插图”组中的“剪贴画”按钮，打开剪贴画任务窗格。

Step 03 在剪贴画任务窗格“搜索文字”文本框中输入要插入剪贴画的主题，如输入“自然”。

Step 04 在“结果类型”下拉列表中选择所要搜索的剪贴画的媒体类型。单击“搜索”按钮，出现如图11-68所示的任务窗格。单击需要的剪贴画，即可将其插入到文档中。

图11-68 插入剪贴画

动手做2 设置图片样式

在Word 2010中加强了对图片的处理功能，在插入图片后用户还可以设置图片的样式和图片效果。设置图片样式和图片效果的基本步骤如下。

Step 01 选中要设置样式的图片，在“格式”选项卡“图片样式”组中单击图片样式后面的下三角箭头，打开“图片外观样式”列表，如图11-69所示。

Step 02 在列表中选择一种样式，如选择“金属椭圆”选项，则图片的样式变为如图11-70所示的效果。

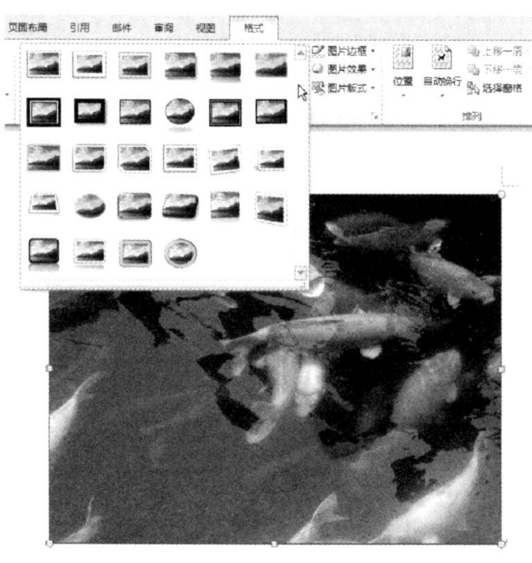

图11-69 “图片外观样式”列表

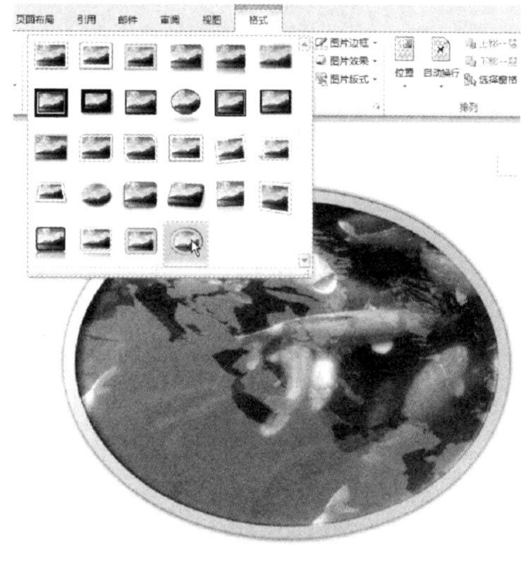

图11-70 设置图片样式的效果

Step 03 在“格式”选项卡“图片样式”组中单击“图片边框”按钮，打开“图片边框”列表，在列表中用户可以选择图片的边框。

Step 04 在“格式”选项卡“图片样式”组中单击“图片效果”按钮，打开“图片效果”列表，在列表中用户可以选择图片的效果。如选择图片效果“映像”中的“全映像接触”，则图片的效果如图11-71所示。

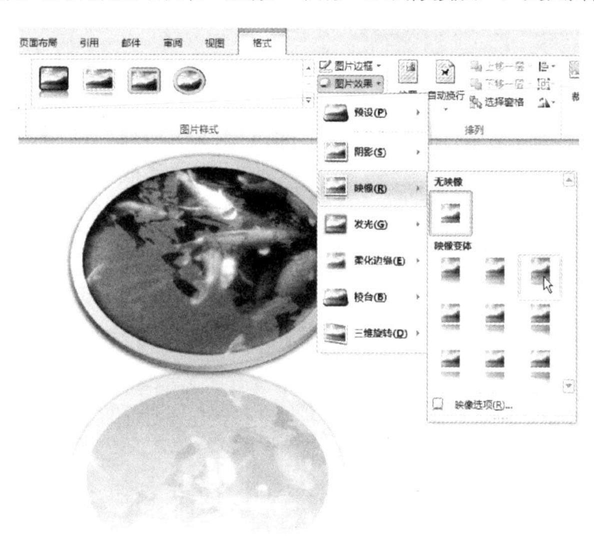

图11-71 设置图片映像的效果

课后练习与指导

一、选择题

1. 单击“格式”选项卡（　　）组中的“自动换行”按钮，在列表中可以设置艺术字的版式。
   A. 排列　　B. 文字环绕　　C. 位置　　D. 布局选项

2. 关于设置图片下列说法正确的是（　　）。
   A. 用户可以利用鼠标拖动调整图片大小
   B. 用户可以对插入的图片进行裁剪
   C. 用户可以在“格式”选项卡“大小”组中直接设定图片的大小
   D. 嵌入式的图片可以在文档中自由移动
3. 关于艺术字下列说法正确的是（　　）。
   A. 插入艺术字后用户还可以重新对艺术字的阴影样式进行设置
   B. 选择艺术字样式后，就不必再设置插入艺术字的字体及字号
   C. 插入艺术字后，用户还不能重新编辑艺术字的文本内容
   D. 插入艺术字后用户还可以重新对艺术字的填充效果进行设置
4. 关于文本框下列说法错误的是（　　）。
   A. 文本框可以分为“横排”和“竖排”两种
   B. 用户可以在文本框中插入图片，并设置图片的版式
   C. 用户可以对文本框中的文本设置段落缩进和段落间距
   D. 用户可以对绘制文本框的边框和填充效果进行设置
5. 关于自选图形下列说法错误的是（　　）。
   A. 有的自选图形在绘制好后可以直接添加文字
   B. 有些图形在绘制好后不能直接添加文字，这样的图形只能用文本框添加文字
   C. 绘制的自选图形用户可以进行对齐的设置
   D. 绘制的自选图形可以精确地调整其大小

二、填空题

1. 单击________选项卡“插图”组中的“图片”按钮，打开“插入图片”对话框。

2. 在“格式”选项卡________组中的________下拉列表中可以设置艺术字的文字环绕方式。

3. 单击________选项卡“艺术字样式”组中的________按钮，在下拉列表中可以设置艺术字的填充效果。

4. 单击选中绘制的图形，在图形上单击鼠标右键，选择________命令，打开““设置形状格式””对话框。

5. 在“格式”选项卡“形状样式”组中单击________按钮，在下拉列表中可以设置文本框的线条样式。

6. 在________选项卡________组中单击“图片效果”按钮，在列表中用户可以选择图片的效果。

7. 选中“视图”选项卡________组中的________复选框，在文档中显示出网格线。

8. 单击________选项卡________组中的“形状效果”按钮，打开一个下拉列表。

三、简答题

1. 如何为自选图形添加文字？
2. 设置图片大小有哪几种方法？
3. 如何设置艺术字的填充效果？
4. 如何对自选图形进行旋转？

5．在文档中插入剪贴画的基本方法是什么？

6．如何为自选图形设置阴影效果和三维效果？

四、实践题

制作“清明节扫墓的由来”文档。

本练习将制作一个如图11-72所示的图文混排文档。

1．在文档中插入艺术字，艺术字样式为“第四行第二列”，字体为“华文行楷”，字号为“36”。

2．为艺术字添加左上角斜视的阴影效果。

3．在文档中插入图片文件“案例与素材\模块十一\素材\清明节.jgp”。

4．设置图片的文字环绕方式为紧密型，适当调整图片的位置。

素材位置：案例与素材\模块十一\素材\清明节由来（初始）。

效果图位置：案例与素材\模块十一\源文件\清明节由来。

清明节扫墓的由来

清明既是节气又是节日。清明是我国农历24个节气的第5个节气。为什么又是节日呢？这要追溯到古代的“寒食节”。寒食节是每年冬至后的第105天，恰在清明的前一天，旧时民间每逢寒食节，家家户户不举火煮饭，只吃冷食。第二天是清明，人们上坟烧纸，修墓添土，以表示对亡者的怀念。这些风俗是春秋时流传下来的。

相传，春秋战国时期，重耳为躲避后母骊姬的迫害，由介子推等大臣陪同逃亡国外，他们逃到魏国时吃不上饭，又贫病交加，在绝望之时，介子推忍痛剜下自己腿上的肉，谎说是野兔肉煮给重耳吃。后来有人告诉了实情，重耳才知道。19年后，重耳重又回国，做了晋国的国君即晋文公。他论功行赏，大封功臣，却惟独忘了对他忠贞不二的介子推。

待人提醒，重耳想起旧事，派人去请时，介子推避而不见。晋文公亲自登门去请，方知介子推已背了老母亲躲进了绵山，于是派人上山搜寻也未找到。晋文公知道介子推很孝顺，要是纵火烧山，他准会背着老母亲跑下山来。可是，大火烧了三天三夜，介子推母子俩也没出来，后来在一株枯柳旁发现介子推母子已被大火烧死了，介子推的脊梁堵着大柳树树洞，洞内藏着他留下的一块衣襟，上面用鲜血写着一首诗：“割肉奉君尽丹心，但愿主公常清明。柳下做鬼终不见，强似伴君做谏臣。倘若主公心有我，忆我亡时常自省。臣在九泉心无愧，勤致清明复清明。”晋文公看后十分感动，放声痛哭，将他母子二人安葬在绵山，改绵山为介山，并建庙纪念。

为了铭记介子推，晋文公下令把介子推被烧死的那天定为“寒食节”，每年这一天严禁烟火，只吃冷食。第三年寒食节，晋文公率群臣到介山祭祀介子推，发现那棵枯柳死而复活，便给那棵柳树赐名“清明柳”，规定从寒食到清明，人们都要祭奠介子推。

以后渐将寒食节与清明相混淆，将寒食扫墓混为清明扫墓，清明逐渐代替了寒食节。

图11-72 “清明节扫墓的由来”文档的最终效果

模块 12 文档排版的高级操作——编排员工行为规范手册

你知道吗？

Word 2010提供了一些高级的文档编辑和排版技术。例如，可以应用样式快速格式化文档，对文档中的文本进行注释等，这些编辑功能和排版技术为文字处理提供了强大的支持。

应用场景

人们平常在文档中会见到页眉页脚及分栏排版的版式，如图12-1所示，这些都可以利用Word 2010软件的页面排版功能来制作。

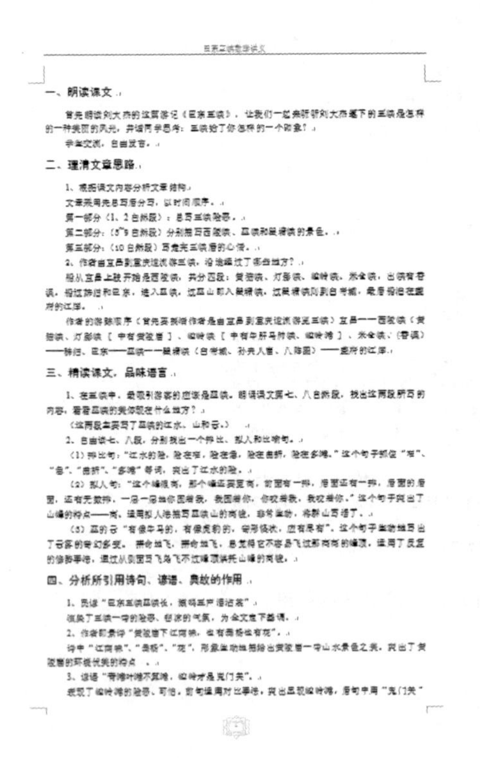

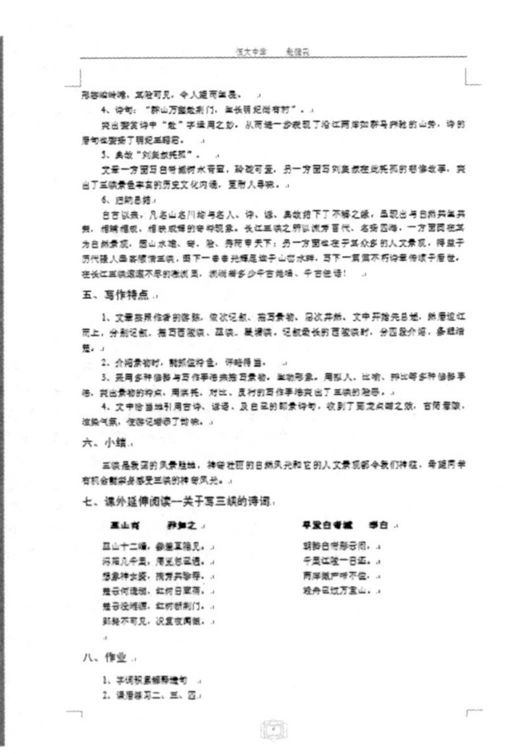

图12-1　文档中的页眉页脚及分栏排版

员工行为规范是员工在职业活动过程中，为了实现企业目标、维护企业利益、履行企业职责、严守职业道德，从思想认识到日常行为应遵守的职业纪律。

如图12-2所示，就是利用Word 2010制作的员工行为规范。请根据本模块所介绍的知识和技能，完成这一工作任务。

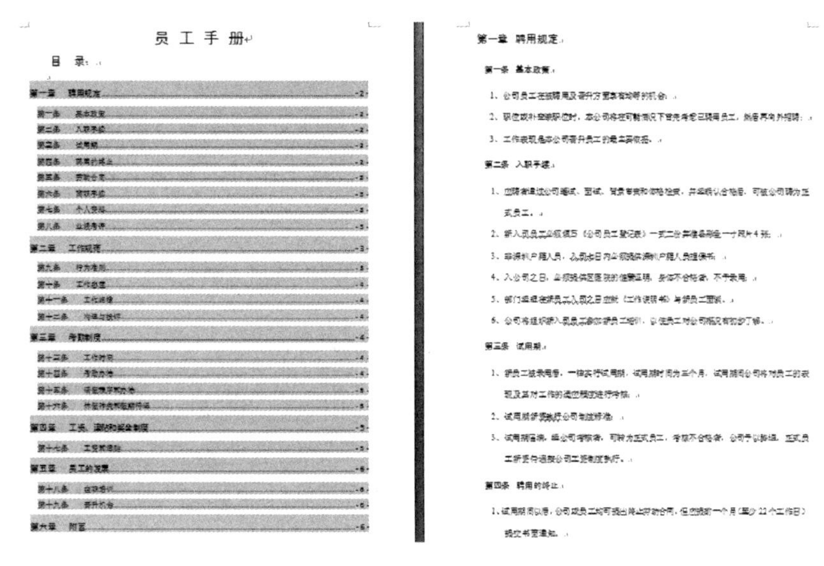
员 工 手 册

目 录

第一章 聘用规定

图12-2 员工行为规范

相关文件模板

利用Word 2010软件的页面功能，还可以完成产品说明书、教学课件、商务回复函、项目评估报告、可行性研究报告、劳动合同、代理合同书、广告业务合同、房屋出租合同、购销合同、个人授权委托书、公司授权委托书等工作任务。为方便读者，本书在配套的资料包中提供了部分常用的文件模板，具体文件路径如图12-3所示。

图12-3 应用文件模板

背景知识

行为规范即行为的标准、准则或规则，是一定的社会组织根据一定社会生活方式提出并要求其成员共同遵守的行为要求。也可以说，行为规范是指人们受思想支配而表现在外面的活动合乎一定的标准。它存在于一个群体而且很普遍，因为群体的成员倾向于以这种方式来处事，这种方式具有一定的感召力和很高的认同度。

员工行为规范是指以规范员工职业意识为着力点，明确岗位存在的价值，规范员工的职业意识，从而规范员工职业行为的一种约定俗成的行业主张、规则和标准，是衔接行业文化和具体岗位流程、岗位职责的纽带。

员工的一言一行，一举一动，是企业形象的再现。所以，不断提高员工的自身素质，规范员工行为是企业文化建设的切入点。

设计思路

在编排毕业论文版面的过程中，首先在文档中应用样式来快速设置文档标题，然后在文档中插入注释，最后再将目录提取出来。编排毕业论文版面的基本步骤分解如下。

（1）应用样式。

（2）制作目录。

（3）查找与替换文本。

（4）打印文档。

项目任务12-1 应用样式

样式是指一组已经命名的字符样式或者段落样式。每个样式都有唯一确定的名称，用户可以将一种样式应用于一个段落，或段落中选定的部分字符之上，能够快速地完成段落或字符的格式编排，而不必逐个选择各种样式指令。

样式是存储在Word中的一组段落或字符的格式化指令，Word 2010中的样式分为字符样式和段落样式。

（1）字符样式是指用样式名称来标识字符格式的组合，只作用于段落中选定的字符，如果要突出段落中的部分字符，那么可以定义和使用字符样式，字符样式只包含字体、字形、字号、字符颜色等字符格式的信息。

（2）段落样式是指用某一个样式名称保存的一套段落格式，一旦创建了某个段落样式，就可以为文档中的一个或几个段落应用该样式。段落样式包括段落格式、制表符、边框、图文框、编号、字符格式等信息。

动手做1 利用样式列表使用样式

Word 2010的样式列表提供了方便使用样式的用户界面，在毕业论文中使用样式，具体操作步骤如下。

Step 01 打开存放在C盘的“案例与素材\模块十二\素材”文件夹中的“员工手册（初始）”文件，如图12-4所示。

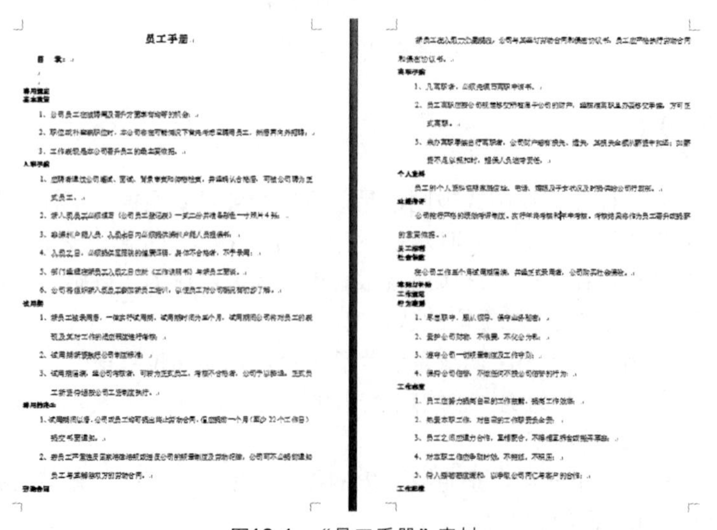
员工手册

图12-4 “员工手册”素材

Step02 在文档中选中要应用样式的段落，这里选中“聘用规定”段落。

Step03 单击“开始”选项卡“样式”组中的“样式”列表，在“样式”列表中选择合适的样式，这里选择“标题”。应用标题样式后的效果如图12-5所示。

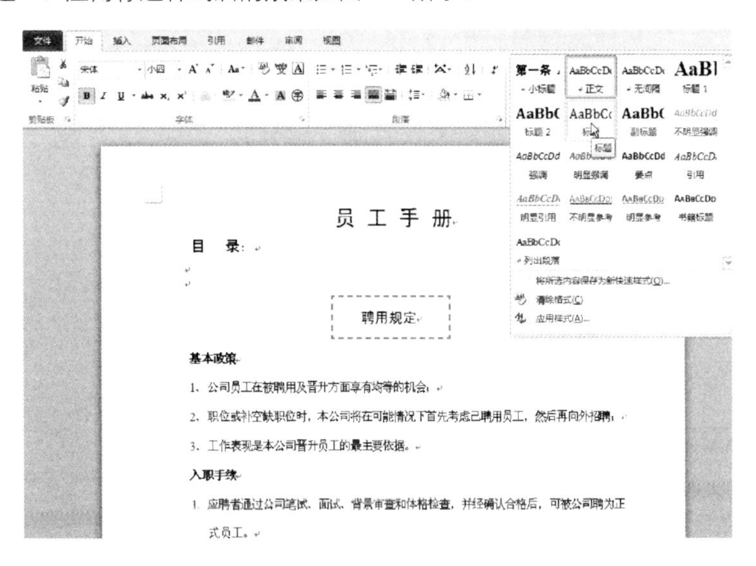

图12-5 应用“标题”样式后的效果

动手做2 修改样式

应用样式后如果对所应用的“标题”样式不满意，用户可以修改样式，在文档中不仅可以利用“样式”列表快速应用和修改样式，而且还可以利用“样式”任务窗格应用和修改样式，具体操作步骤如下。

Step01 单击“开始”选项卡“样式”组中右下角的对话框启动器，打开“样式”任务窗格。

Step02 在“样式”任务窗格中选择“标题”样式，单击鼠标右键，弹出一个快捷菜单，如图12-6所示。

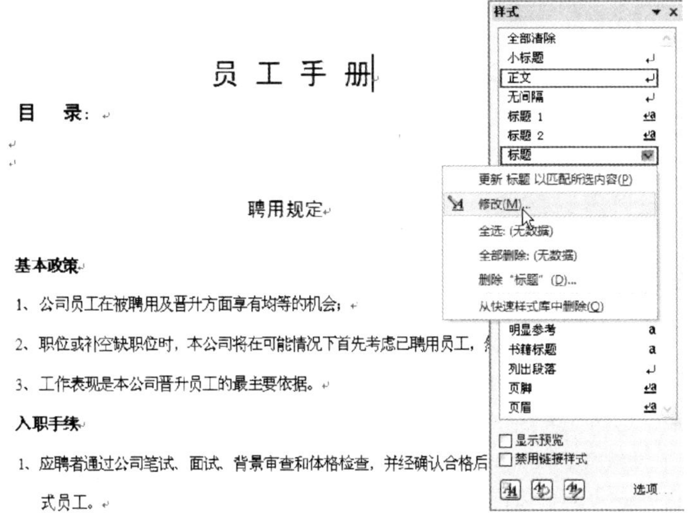

图12-6 “样式”任务窗格

Step03 在弹出的快捷菜单中选择“修改”选项，打开“修改样式”对话框。

Step04 在“格式”区域的“字体”下拉列表中选择“黑体”，在“字号”下拉列表中选择“小三”，单击“左对齐”按钮，如图12-7所示。

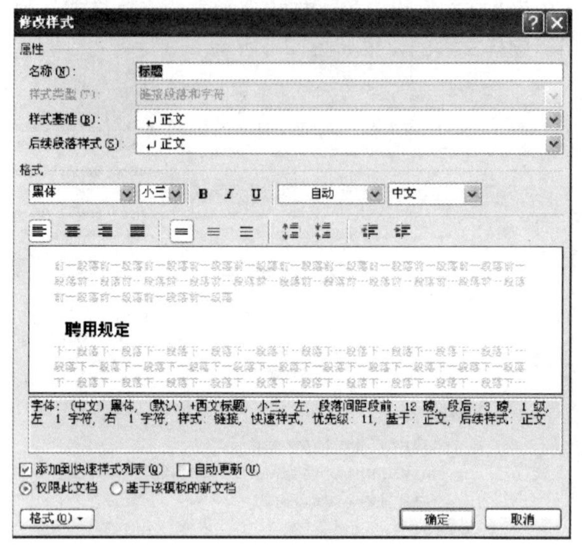

图12-7　“修改样式”对话框

Step05 单击“格式”按钮，打开一个下拉列表，在下拉列表中选择“编号”选项，打开“编号和项目符号”对话框，如图12-8所示。

Step06 单击“定义新编号格式”按钮，打开“定义新编号格式”对话框，如图12-9所示。在编号样式列表中选择“一、二、三”，在“编号格式”文本框中设置编号的格式为第一章，单击“确定”按钮返回项目符号和编号对话框。

图12-8　“编号和项目符号”对话框

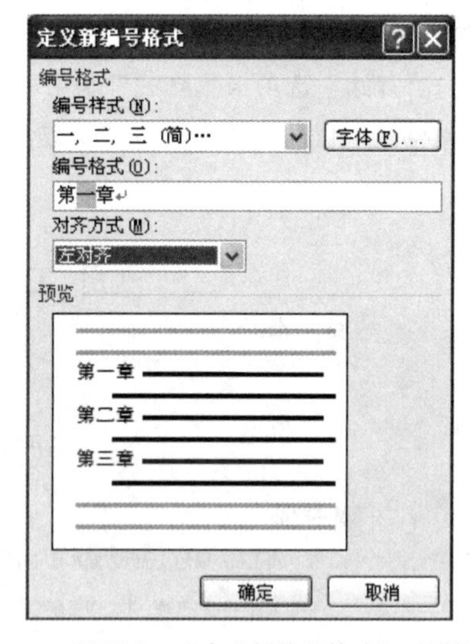

图12-9　“定义新编号格式”对话框

Step07 单击“确定”按钮，返回“修改样式”对话框，选中“自动更新复”选框，单击“确定”按钮，文档中应用了“标题”样式的聘用规定变为如图12-10所示的效果。

Step08 按照相同的方法，“工作规范”、“考勤制度”、“工资、津贴和奖金制度”、“员工的发展”和“附言”段落也设置为标题的样式。

员工手册

目　录：

第一章　聘用规定

基本政策

1、公司员工在被聘用及晋升方面享有均等的机会；

2、职位或补空缺职位时，本公司将在可能情况下首先考虑已聘用员工，然后再向外招聘；

3、工作表现是本公司晋升员工的最主要依据。

入职手续

1、应聘者通过公司笔试、面试、背景审查和体格检查，并经确认合格后，可被公司聘为正式员工。

2、新入司员工必须填写《公司员工登记表》一式二份并准备彩色一寸照片4张；

图12-10　应用修改后的“标题”样式效果

动手做3　创建样式

Word 2010提供了许多常用的样式，如正文、脚注、各级标题、索引、目录等。对于一般的文档来说这些内置样式就能够满足工作需要，但在编辑一篇复杂的文档时这些内置的样式往往不能满足用户的要求，用户可以自己定义新的样式来满足特殊排版格式的需要。

例如，在员工手册中创建一个“小标题”的新样式，具体操作步骤如下。

Step 01 单击“开始”选项卡“样式”组中右下角的对话框启动器，打开“样式”任务窗格，在任务窗格中底端单击“新建样式”按钮，打开“根据样式设置创建新样式”对话框，如图12-11所示。

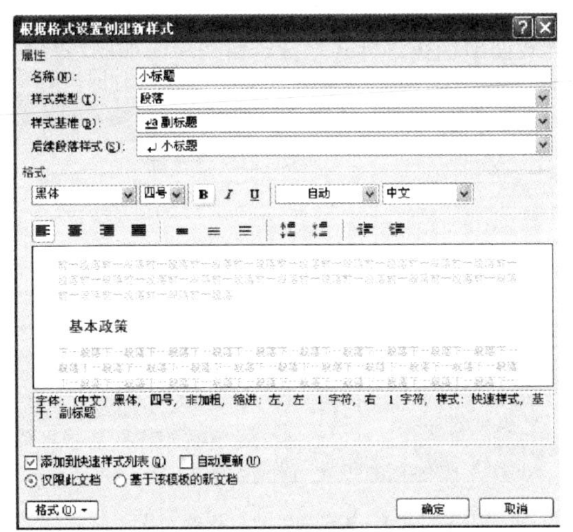

图12-11　“根据样式设置创建新样式”对话框

Step 02 在“属性”区域的“名称”文本框中输入“小标题”；在“样式类型”下拉列表中选择“段落”；在“样式基于”下拉列表中选择“副标题”；在“后续段落样式”下拉列表中选择“正文”。

Step 03 在“格式”区域的“字体”下拉列表中选择“黑体”，在“字号”下拉列表中选择“三号”，取消“加粗”按钮的选中状态。

Step 04 单击“格式”按钮打开一个下拉列表，在列表中选择“编号”选项，打开“编号和项目符号”对话框，单击“定义新编号格式”按钮，打开“定义新编号格式”对话框。

Step 05 在“编号样式”列表中选择“一、二、三”，在编号格式文本框中设置编号的格式为第一条，如图12-12所示。

Step06 单击“确定”按钮返回“项目符号和编号”对话框，单击“确定”按钮，返回“根据样式设置创建新样式”对话框。

Step07 在“格式”列表中选择“段落”命令，打开“段落”对话框，在“缩进”区域的“左侧”文本框中选择或输入“2字符”，在“间距”区域的“段前”和“段后”文本框中选择或输入“6磅”，如图12-13所示。

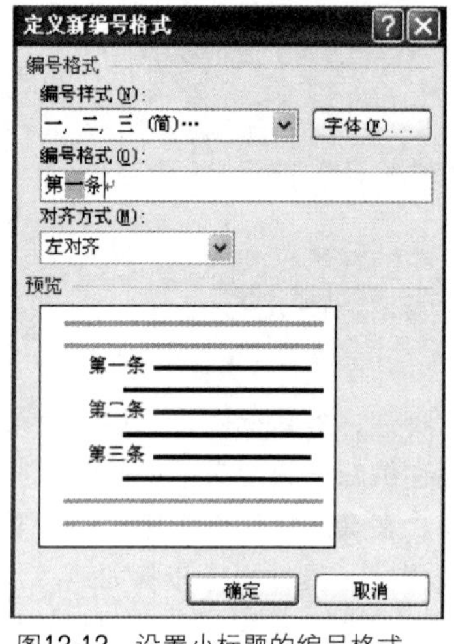

图12-12　设置小标题的编号格式

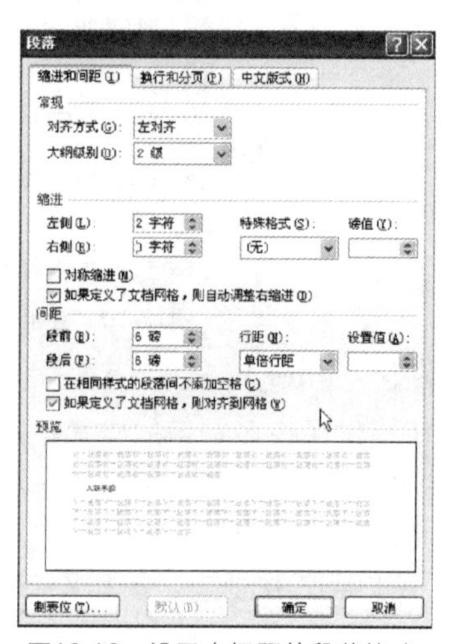

图12-13　设置小标题的段落格式

Step08 单击“确定”按钮，返回到“根据样式设置创建新样式”对话框。

Step09 如果选中“添加到快速样式列表”复选框，则可将创建的样式添加到样式列表中。单击“确定”按钮，新创建的样式便出现在“样式”任务窗格中，如图12-14所示。

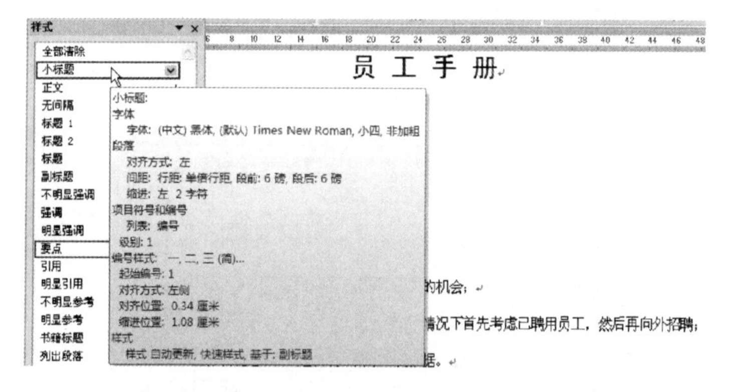

图12-14　新创建的“小标题”样式

Step10 选中“聘用规定”标题下的“基本政策”小标题，然后在任务窗格中单击新创建的“小标题”样式。按照相同的方法为各章下的各个标题段落应用小标题样式，应用“小标题”样式后的效果如图12-15所示。

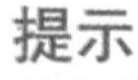

提示

基准样式就是新建样式在其基础上进行修改的样式，后继段落样式就是应用该段落样式后面的段落默认的样式。

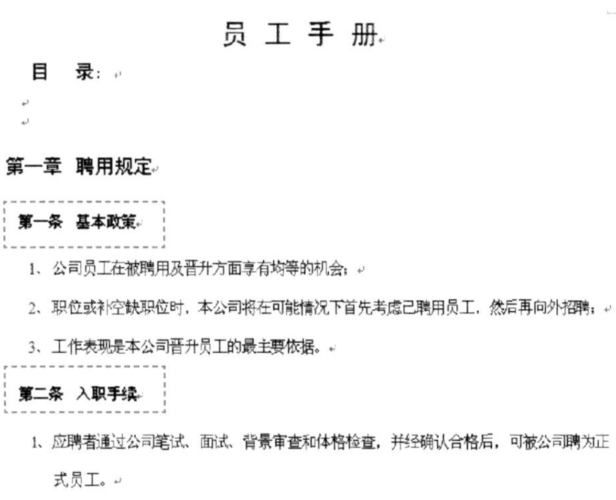

员 工 手 册

目 录：

第一章 聘用规定

第一条 基本政策

1、公司员工在被聘用及晋升方面享有均等的机会；

2、职位或补空缺职位时，本公司将在可能情况下首先考虑已聘用员工，然后再向外招聘；

3、工作表现是本公司晋升员工的最主要依据。

第二条 入职手续

1、应聘者通过公司笔试、面试、背景审查和体格检查，并经确认合格后，可被公司聘为正式员工。

图12-15 应用新创建的“小标题”样式

项目任务12-2 插入页码

由于员工手册的内容较多，为了方便阅读用户可以在在文档中插入页码，这样文档显得规范，在员工手册文档中插入页码的具体步骤如下。

Step 01 鼠标定位在文档的任何位置。

Step 02 单击“插入”选项卡“页眉和页脚”组中的“页码”按钮，打开一个下拉列表。

Step 03 在下拉列表中选择“页面底端（B）”选项，会打开另外一个子菜单，从中选择一种页码格式，这里选择“普通数字2”选项，如图12-16所示。

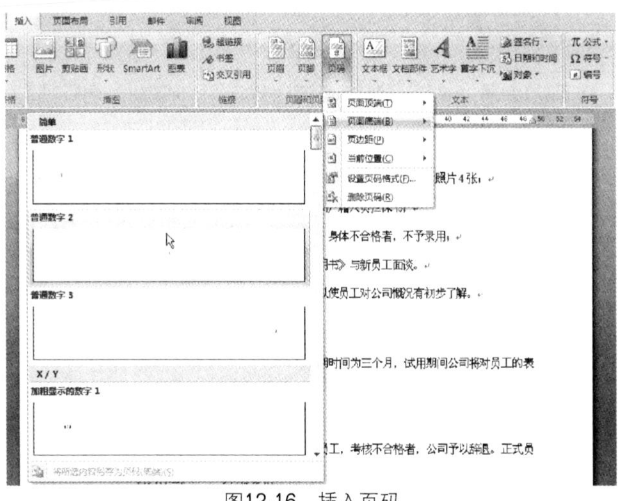

图12-16 插入页码

Step 04 插入页码后的文档自动切换到“页眉和页脚”视图，并在页面的底端显示出插入的页码，如图12-17所示。

Step 05 在“设计”选项卡“页眉和页脚”组中单击“页码”按钮，在下拉列表中选择“设置页码格式”选项，打开“页码格式”对话框，如图12-18所示。

Step 06 在“编号格式”下拉列表中选择“-1-”的格式，单击“确定”按钮。

Step 07 单击“设计”选项卡中的关闭页眉和页脚按钮，返回文档，插入页码的效果如图12-19所示。

第三条　试用期

1、新员工被录用后，一律实行试用期，试用期时间为三个月，试用期间公司将对员工的表现及其对工作的适应程度进行考核；

2、试用期新资执行公司制度标准；

3、试用期届满，经公司考核者，可转为正式员工，考核不合格者，公司予以辞退。正式员工新资待遇按公司工资制度执行。

图12-17　插入的页码

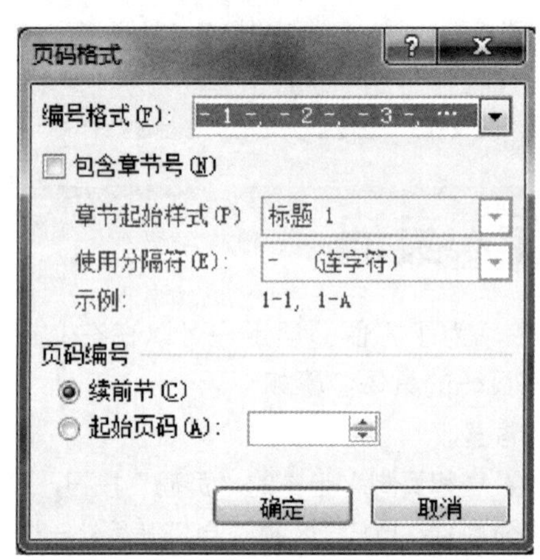

图12-18　“页码格式”对话框

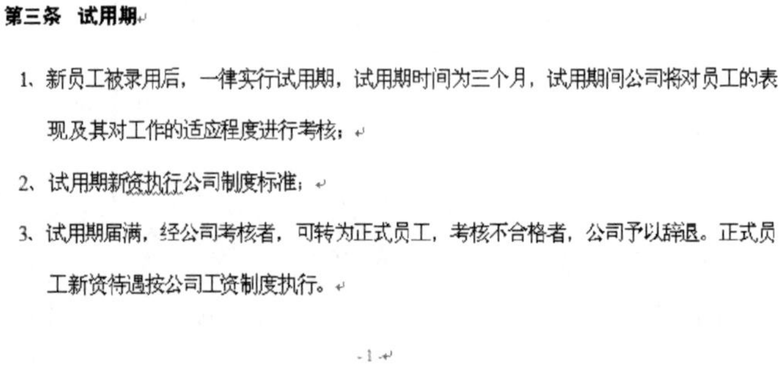

第三条　试用期

1、新员工被录用后，一律实行试用期，试用期时间为三个月，试用期间公司将对员工的表现及其对工作的适应程度进行考核；

2、试用期新资执行公司制度标准；

3、试用期届满，经公司考核者，可转为正式员工，考核不合格者，公司予以辞退。正式员工新资待遇按公司工资制度执行。

图12-19　插入页码的效果

提示

也可以在页面的开始部分或结束部分双击鼠标，进入页眉和页脚编辑模式，在页眉和页脚工具的“设计”选项卡下插入页码。

项目任务12-3 制作文档目录

制作文档目录的首要前提是在文档中应用了一些标题样式，在编制目录时，Word 2010将搜索带有指定样式的标题，按照标题级别排序，引用页码，然后在文档中显示目录。而且还具有自动编制目录的功能。编制目录后，可以利用它按住Ctrl键单击鼠标，即可跳转到文档中的相应标题。

动手做1　提取目录

这里将员工手册的目录提取出来，具体操作步骤如下。

Step 01 将插入点定位在要插入目录的位置，这里定位在“目录”段落下面。

Step 02 单击“引用”选项卡“目录”组中的“目录”按钮，会打开“内置目录”下拉列表，如图12-20所示。用户可以根据需要在列表中选择一种内置的目录样式即可。

Step 03 在“内置目录”下拉列表中选择“插入目录”选项，打开如图12-21所示的“目录”对话框。

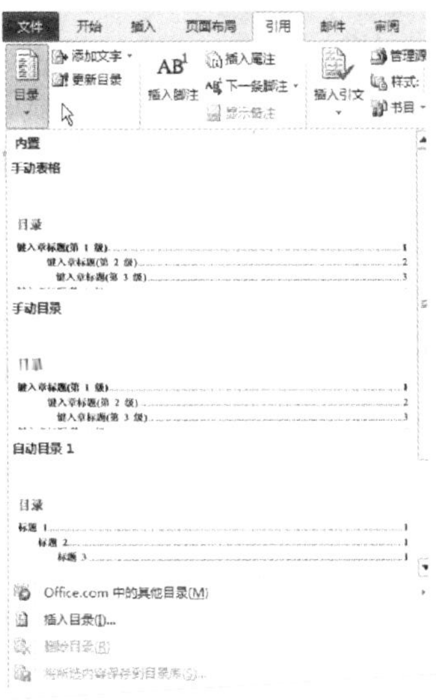

图12-20　“内置目录”下拉列表

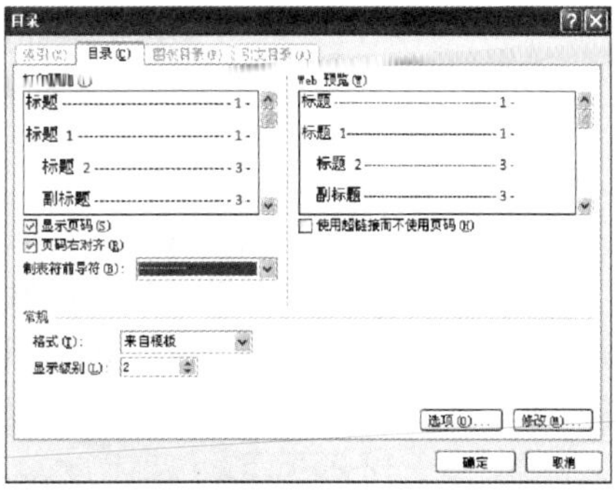

图12-21　“目录”对话框

Step 04 在“显示级别”文本框中选择或输入目录显示的级别为2级。

Step 05 在“格式”下拉列表中选择一种目录格式，如选择“来自模板”选项，可以在“打印”预览框中看到该格式的目录效果。

Step 06 选中“显示页码”复选框，在目录的每一个标题后面显示页码。

Step 07 选中“页码右对齐”复选框，使目录中的页码居右对齐。

Step 08 在“制表符前导符”下拉列表中指定标题与页码之间的分隔符为“点下划线”。

Step 09 单击“目录”对话框的“修改”按钮，打开“样式”对话框，如图12-22所示。样式选择“目录1”，单击“修改”按钮，打开“修改样式”对话框。

Step 10 在“修改样式”对话框中，在“格式”区域的“字体”下拉列表中选择“黑体”，在“字号”下拉列表中选择“五号”，如图12-23所示。

图12-22　“样式”对话框

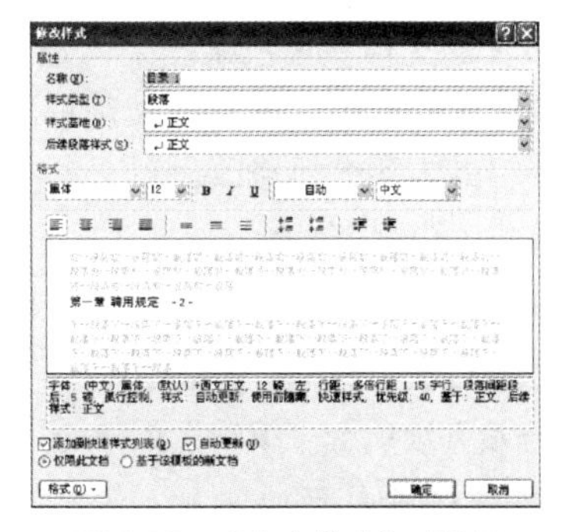

图12-23　“修改样式”对话框

Step 11 单击“确定”按钮，目录将被提取出来并插入到文档中，如图12-24所示。

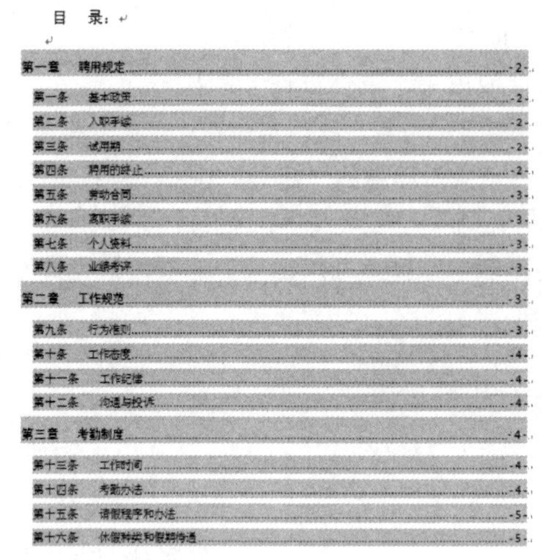
员 工 手 册

目　录：

第一章　聘用规定……-2-
第一条　基本政策……-2-
第二条　入职手续……-2-
第三条　试用期……-2-
第四条　聘用的终止……-2-
第五条　劳动合同……-3-
第六条　离职手续……-3-
第七条　个人资料……-3-
第八条　业绩考评……-3-
第二章　工作规范……-3-
第九条　行为准则……-3-
第十条　工作态度……-4-
第十一条　工作纪律……-4-
第十二条　沟通与投诉……-4-
第三章　考勤制度……-4-
第十三条　工作时间……-4-
第十四条　考勤办法……-4-
第十五条　请假程序和办法……-5-
第十六条　休假种类和假期待遇……-5-

图12-24　提取出的目录

动手做2　更新目录

在素材中我们会发现最后的“附言”与上面文本脱节，故对其进行修改，移至上一页，这样就会改变文档页码，这样在按照目录中的页码进行查找，势必会存在误差，因此需要更新目录。更新员工手册的目录具体操作步骤如下。

Step 01 选中需要更新的目录，被选中的目录变暗。

Step 02 单击“引用”选项卡“目录”组中的“更新目录”按钮，如图12-25所示，打开“更新目录”对话框，如图12-26所示。

图12-25　单击“更新目录”按钮

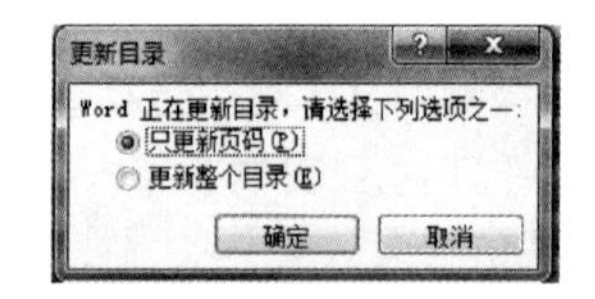

图12-26　“更新目录”对话框

Step 03 如果选中“只更新页码”单选按钮，则只更新目录中的页码，保留原目录格式；如果选中“更新整个目录”单选按钮，则重新编辑更新后的目录。这里只需选中“只更新页码”单选按钮。

Step 04 单击“确定”按钮，系统将对目录进行更新。

项目任务12-4 查找和替换文本

在一篇比较长的文档中查找某些字词是一项非常艰巨的任务，Word 2010提供的查找功能可以帮助用户快速查找所需内容，如果用户需要对多处相同的文本进行修改时还可以利用替换功能快速对文档中的内容进行修改。

动手做1　查找文本

在员工手册文档中进行查找文本的具体操作步骤如下。

Step 01 将插入点定位在文档中的任意位置。

Step 02 单击“开始”选项卡“编辑”组中的“查找”按钮，或者按Ctrl+F组合键，在文档的左侧打开导航窗格，如图12-27所示。

Step03 在导航窗格上方的文本框中输入要查找的文本，如输入“入职”，单击“搜索”按钮或按下Enter键则在文档中以黄色底纹的方式标识出查找到的文本，如图12-27所示。

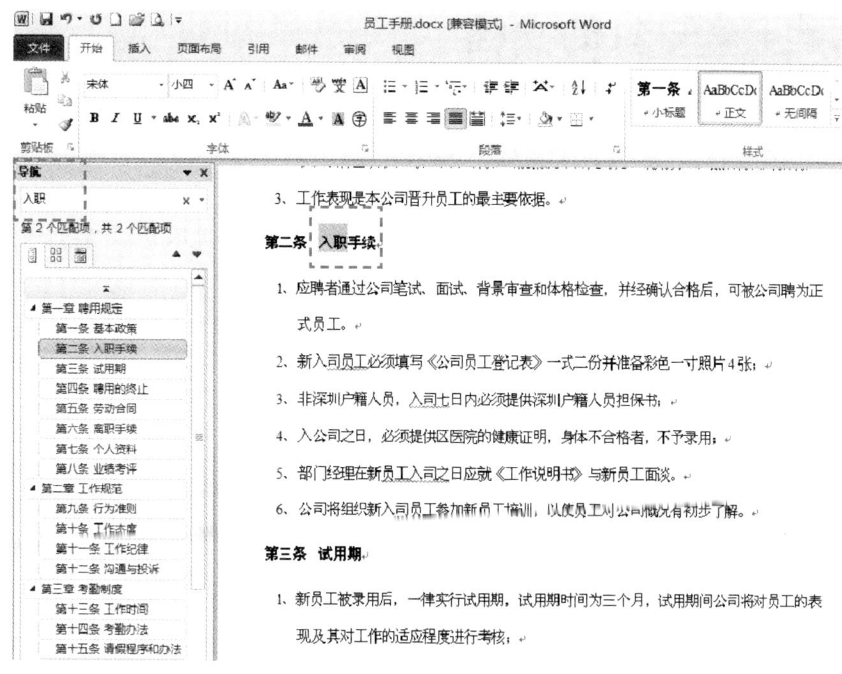

图12-27　查找文本

动手做2　替换文本

员工手册文档中由于不小心将“薪资”写成了“新资”，用户可以用替换功能将其替换为“薪资”，在文档中执行替换操作的具体操作步骤如下。

Step01 将插入点定位在文档中的任意位置。

Step02 单击“开始”选项卡“编辑”组中的“替换”按钮，或者按Ctrl+H组合键，打开“查找和替换”对话框，单击“替换”选项卡。

Step03 在“查找内容”文本框中输入要替换的内容“新资”，在“替换为”文本框中输入要替换成的内容“薪资”。

Step04 单击“查找下一处”按钮，系统从插入点处开始向下查找，查找到的内容会以选中形成显示在屏幕上，如图12-28所示。

Step05 单击“替换”按钮将会把该处的“新资”替换成“薪资”，并且系统继续查找。如果查找的内容不是需要替换的内容，可以单击“查找下一处”按钮继续查找。

Step06 替换完毕，单击“关闭”按钮关闭对话框。

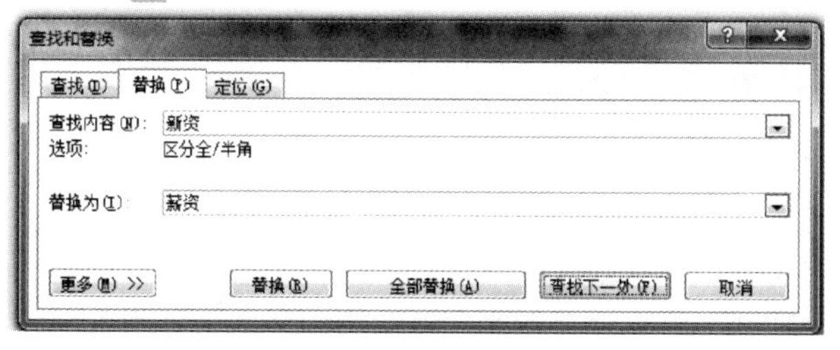

图12-28　替换文本

项目任务12-5 打印文档

对员工手册的版面设置完毕后，就可以将员工手册打印出来了，Word 2010提供了多种打印方式，包括打印多份文档、手动双面打印等功能。

动手做1　一般打印

一般情况下，默认的打印设置不一定能够满足用户的要求，此时可以对打印的具体方式进行设置。

例如，要将制作的员工手册打印20份，具体操作步骤如下。

Step01 在文档中单击“文件”选项卡，在打开的菜单中选择“打印”选项，显示打印窗口，如图12-29所示。

Step02 单击“打印机”右侧的下三角箭头，选择要使用的打印机。

Step03 在“份数”文本框中选择或者输入“20”。

Step04 单击“调整”右侧的下三角箭头，选中“调整”选项将完整打印第1份后再打印后续几份；选中“取消排序”选项则完成第一页打印后再打印后续页码。

Step05 在“预览”区域预览打印效果，确定无误后单击“打印”按钮正式打印。

Step06 单击“确定”按钮。

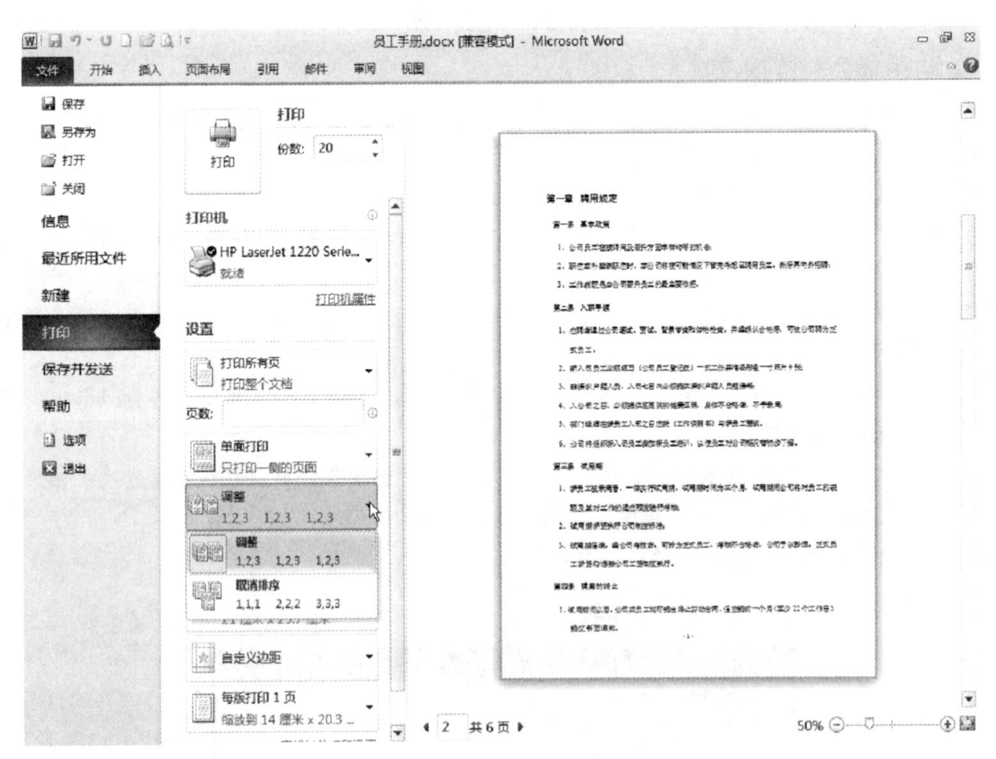

图12-29　打印文档

动手做2　选择打印的范围

Word 2010打印文档时，既可以打印全部的文档，也可以打印文档的一部分。用户可以在“打印”窗口中的“打印自定义范围”区域设置打印的范围。

在打印窗口中单击“打印自定义范围”右侧的下三角箭头，打开一个下拉列表，如图12-30所示，在列表中选择下面几种打印范围。

（1）选择“打印所有页”选项，就是打印当前文档的全部页面。

（2）选择“打印当前页面”选项，就是打印光标所在的页面。

（3）选择“打印所选内容”选项，则只打印选中的文档内容，但事先必须选中了一部分内容才能使用该选项。

（4）选择“打印自定义范围”选项，则打印指定的页码。在“页数”编辑框中，用户可以指定要打印的页码，如图12-31所示。

（5）选择“奇数页”选项，则打印奇数页面。

（6）选择“偶数页”选项，则打印偶数页面。

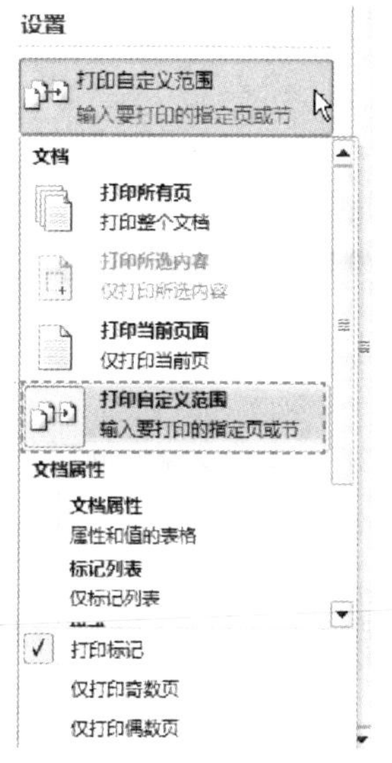

图12-30　选择打印的范围

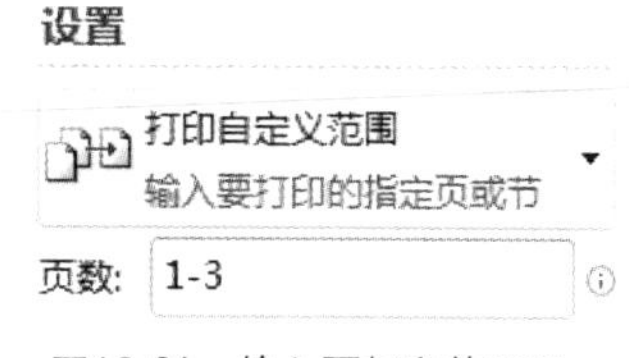

图12-31　输入要打印的页码

动手做3　手动双面打印文档

在使用送纸盒或手动进纸的打印机进行双面打印时，利用“手动双面打印”功能可大大提高打印速度，避免打印过程中的手工翻页操作，如先打印1、3、5……页，然后把打印了单面的纸放回纸盒再打印2、4、6……页。

利用“手动双面打印”功能在打印窗口中单击“单面打印”右侧的下三角箭头，打开一个下拉列表，如图12-32所示，在列表中选择“手动双面打印”选项。

图12-32　手动双面打印

动手做4　快速打印

在打印文档时用户也可进行快速打印，在文档中单击“文件”选项卡，在打开的菜单中选择“打印”选项，然后单击“打印”按钮，如图12-33所示，这样就可以按Word 2010默认的设置进行打印文档，此时将不对文档做任何更改，直接将文档发送给系统默认的打印机。

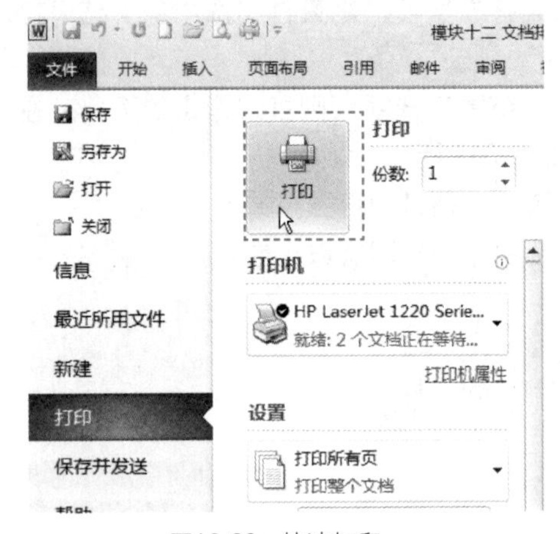

图12-33　快速打印

教你一招

用户也可以在快速访问工具栏上单击“快速打印”按钮，进行快速打印。

项目拓展——排版电子文稿

通过排版电子文稿可以使文档的版面布局更规范、更合理，给人耳目一新的感觉。排版电子文稿在办公领域中是一项日常工作，这里利用Word 2010编排一个如图12-34所示的电子文稿。

图12-34　电子文稿

设计思路

在排版电子文稿的过程中，主要是设置页面大小、设置特殊的版面编排并插入页眉页脚，排版电子文稿的基本步骤分解如下。

（1）设置纸张大小。

（2）设置页边距。

（3）设置文档网格。

（4）分栏排版。

（5）设置首字下沉。

（6）添加页眉页脚。

动手做1　设置纸张大小

在基于模板创建一篇文档后，系统将会默认给出纸张大小、页面边距、纸张的方向等。如果用户制作的文档对页面有特殊的要求或者需要打印，这时用户就对页面进行设置。

页面设置包括对纸张大小、页边距、字符数/行数、纸张来源和版面等进行设置，这些设置是打印文档之前必须要做的准备工作。

Word 2010提供了多种预定义的纸张，系统默认的是“A4”纸。用户可以根据需要选择纸张大小。例如，为“忙里偷闲”文档设置纸张大小，具体步骤如下。

Step 01 打开存放在C盘的“案例与素材\模块十二\素材”文件夹中的“忙里偷闲（初始）”文件，如图12-35所示。

其时我大约只有十四岁，年幼疏忽，对于卡尔·华尔德先生那天告诉我的一个真理，未加注意，但后来回想起来真是至理名言，嗣后我就得到了不可限量的益处。

卡尔·华尔德是我的钢琴教师。有一天，他给我教课的时候，忽然问我每天要练习多少时间钢琴？我说大约每天三四小时。“你每次练习，时间都很长吗？是不是有个把钟头的时间？”“我想这样才好”。“不，不要这样！”他说，“你将来长大以后，每天不会有长时间的空闲的。你可以养成习惯，一有空闲就几分钟几分钟地练习。比如在你上学以前，或在午饭以后，或在工作的休息余闲，五分、十分钟地去练习。把小的练习时间分散在一天里面，如此则弹钢琴就成了你日常生活中的一部分了。”

当我在哥伦比亚大学教书的时候，我想兼职从事创作。可是上课、看卷子、开会等事情把我白天晚上的时间完全占满了。差不多有两个年头我一字不曾动笔，我的借口是没有时间。后来才想起了卡尔·华尔德先生告诉我的话。到了下一个星期，我就把他的话实验起来。只要有五分钟左右的空闲时间我就坐下来写作一百字或短短的几行。出乎我意料之外，在那个星期的终了，我竟积有相当的稿子。后来我用同样积少成多的方法，创作长篇小说。我的教授工作虽一天繁重一天，但是每天仍有许多可利用的短短余闲。我同时还练习钢琴，发现每天小小的间歇时间，足够我从事创作与弹琴两项工作。

利用短时间，其中有一个诀窍：你要把工作进行得迅速，如果只有五分钟的时间给你写作，你切不可把四分钟消磨在咬你的铅笔尾巴。思想上事前要有所准备，到工作时间届临的时候，立刻把心神集中在工作上。

我承认我并不是故意想使五分十分钟不要随便过去，但是人类的生命可以从这些短短的闲歇闲余中获得一些成就的。卡尔·华尔德对于我的一生有极重大的影响。由于他，我发现了极短的时间，如果能毫不拖延地充分加以利用，就能积少成多地供给你所需要的长时间。

以从这些短短的闲歇闲余中获得一些成就的。卡尔·华尔德对于我的一生有极重大的影响。由于他，我发现了极短的时间，如果能毫不拖延地充分加以利用，就能积少成多地供给你所需要的长时间。

图12-35 “忙里偷闲”素材

Step 02 单击“页面布局”选项卡“页面设置”组右侧的对话框启动器，打开“页面设置”对话框，单击“纸张”选项卡，如图12-36所示。

Step 03 在“纸张大小”下拉列表中选择一种纸张类型，这里选择16开（18.4cm×26cm）。如果要自定义纸张大小，可以选择“自定义”选项，然后分别在“宽度”和“高度”文本框中选择或输入具体的值。

Step 04 在“应用于”下拉列表中选择应用的范围为“整篇文档”，单击“确定”按钮。

动手做2 设置页边距

页边距是正文和页面边缘之间的距离，在页边距中存在页眉、页脚和页码等图形或文字，为文档设置合适的页边距可以使打印出的文档美观。

如果要精确地设置页边距可以在对话框中进行。例如，对“忙里偷闲”电子文稿设置页边距，具体步骤如下。

Step 01 单击“页面布局”选项卡“页面设置”组右侧的对话框启动器，打开“页面设置”对话框，单击“页边距”选项卡，如图12-37所示。

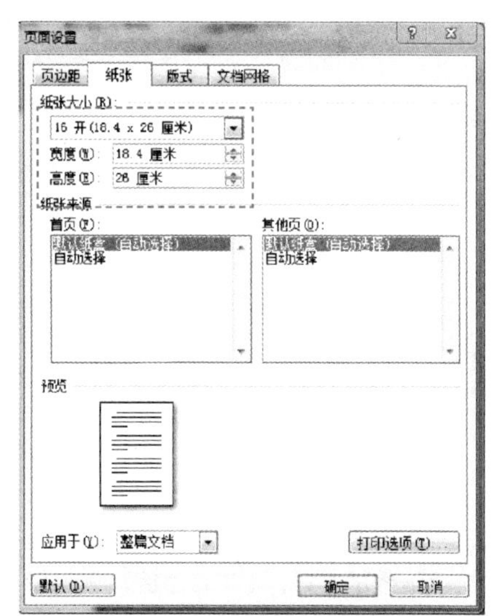

图12-36 设置纸张大小

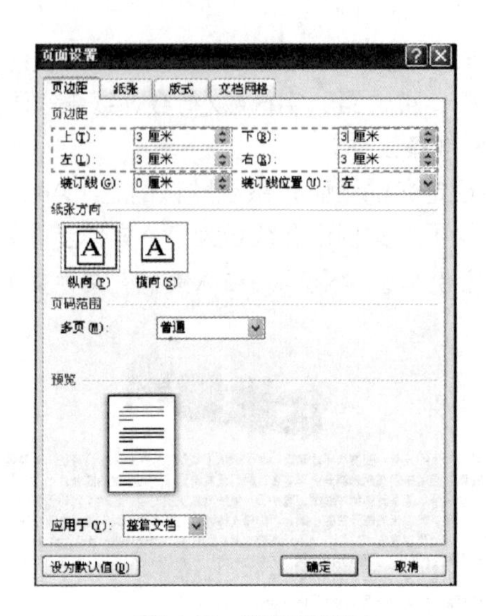

图12-37　设置页边距

Step02 分别在“页边距”区域的“上”和“下”文本框中选择或输入数值为3，在“左”和“右”文本框中选择或输入数值为3。

Step03 在“预览”区域的“应用于”下拉列表中选择应用的范围为整篇文档，单击“确定”按钮。设置页边距后的文档效果如图12-38所示。

其时我大约只有十四岁，年幼疏忽，对于卡尔・华尔德先生那天告诉我的一个真理，未加注意，但后来回想起来真是至理名言，嗣后我就得到了不可限量的益处。

卡尔・华尔德是我的钢琴教师。有一天，他给我教课的时候，忽然问我每天要练习多少时间钢琴？我说大约每天三四小时。“你每次练习，时间都很长吗？是不是有个把钟头的时间？”“我想这样才好”。“不，不要这样！”他说，“你将来长大以后，每天不会有长时间的空闲的。你可以养成习惯，一有空闲就几分钟几分钟地练习。比如在你上学以前，或在午饭以后，或在工作的休息余闲，五分、十分钟地去练习。把小的练习时间分散在一天里面，如此则弹钢琴就成了你日常生活中的一部分了。”

当我在哥伦比亚大学教书的时候，我想兼职从事创作。可是上课、看卷子、开会等事情把我白天晚上的时间完全占满了。差不多有两个年头我一字不曾动笔，我的借口是没有时间。后来才想起了卡尔・华尔德先生告诉我的话。到了下一个星期，我就把他的话实验起来。只要有五分钟左右的空闲时间我就坐下来写作一百字或短短的几行。出乎我意料之外，在那个星期的终了，我竟积有相当的稿子。后来我用同样积少成多的方法，创作长篇小说。我的教授工作虽一天繁重一天，但是每天仍有许多可利用的短短余闲。我同时还练习钢琴，发现每天小小的间歇时间，足够我从事创作与弹琴两项工作。

利用短时间，其中有一个诀窍：你要把工作进行得迅速，如果只有五分钟的时间给你写作，你切不可把四分钟消磨在咬你的铅笔尾巴。思想上事前要有所准备，到工作时间届临的时候，立刻把心神集中在工作上。

我承认我并不是故意想使五分十分钟不要随便过去，但是人类的生命可以从这些短短的闲歇闲余中获得一些成就的。卡尔・华尔德对于我的一生有极重大的影响。由于他，我发现了极短的时间，如果能毫不拖延地充分加以利用，就能积少成多地供给你所需要的长时间。

图12-38　设置纸张大小和页边距后的方根效果

教你一招

用户可以拖动标尺快速调整页边距。水平标尺两端的淡蓝色部分表示左右页边距，白色部分表示页面的宽度；竖直标尺两端的淡蓝色部分表示上下页边距，白色部分表示页面的高度。用户只要将鼠标移到白色与淡蓝色的交界处拖动鼠标，当鼠标变成↔状或↕状时按住左键拖动即可调整纸张的左右、上下页边距，如图12-39所示。在拖动时按住Alt键，Word能够自动显示页边距的测量值。

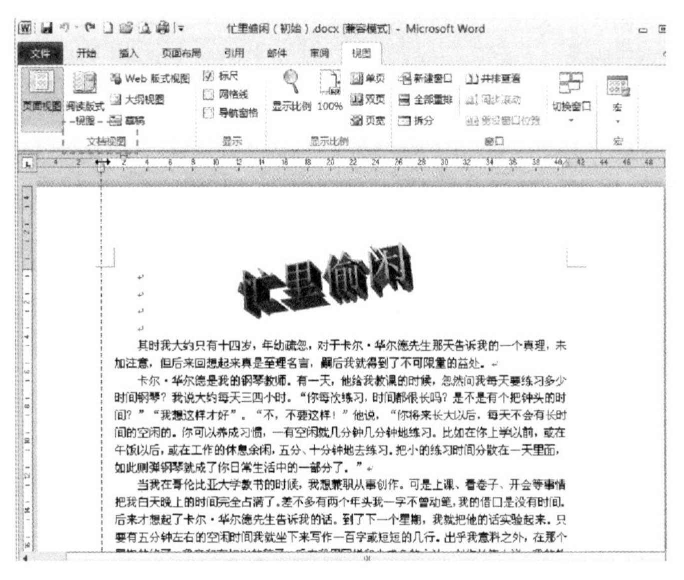

图12-39　拖动鼠标调整页边距

动手做3　设置文档网格

如果文档中需要每行固定字符数或是每页固定行数可以使用设置文档网格的方法来实现。用户可以在文档中设置每页的行网格数和每行的字符网格数，具体步骤如下。

Step01 单击“页面布局”选项卡“页面设置”组右侧的对话框启动器，打开“页面设置”对话框，单击“文档网格”选项卡，如图12-40所示。

Step02 在“网格”区域中用户可以进行如下设置。

（1）选中“只指定行网格”单选按钮，可以在“每页”文本框中输入行数，或在它右面的“跨度”栏中输入跨度的值，来设定每页中的行数，这里选中该单选按钮。

（2）选中“指定行和字符网格”单选按钮，那么除了可以设定每页的行数外还可以在“每行”文本框中输入每行的字符数。

（3）选中“文字对齐字符网格”单选按钮，则输入每页的行数和每行的字符数后Word会严格按照输入的数值设定页面。

Step03 在“字符数”区域中“每行”文本框中输入“33”，跨度为“10.5磅”。

Step04 在“应用于”下拉列表中可以选择应用的范围为“整篇文档”。

Step05 单击“确定”按钮。

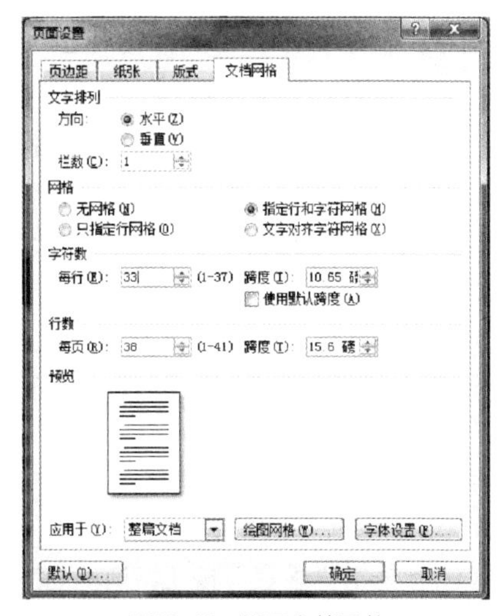

图12-40　设置文档网格

动手做4　分栏排版

分栏是经常使用的一种页面方式，在报刊杂志中被广泛使用。分栏排版可以使文本从一栏的底端连续接到下一栏的顶端，用户只有在页面视图方式和打印预览视图方式下才能看到分栏的效果，在普通视图方式下，只能看到按一栏宽度显示的文本。

使用功能区中的“分栏”按钮可以快速创建分栏版面，如果用户要创建比较复杂的分栏可以在“分栏”对话框中进行设置。

例如，将“忙里偷闲”文档中最后三段设置分栏，具体步骤如下。

Step 01 选中文档最后三段。

Step 02 单击“页面布局”选项卡“页面设置”组中的“分栏”按钮，打开一个下拉列表，如图12-41所示。

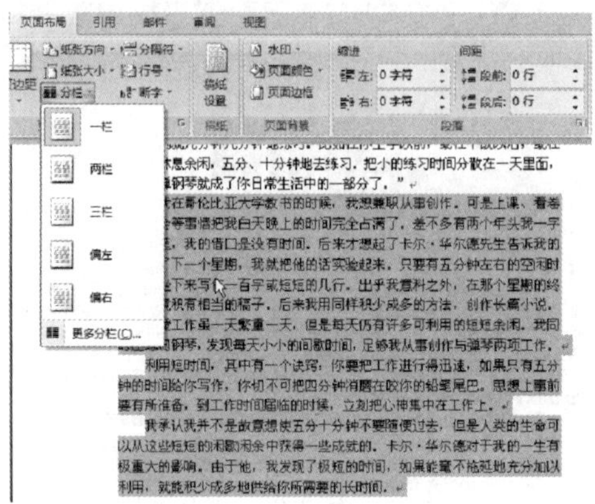

图12-41 分栏下拉列表

Step 03 在列表中用户可以选择一种分栏方式，这里选择“更多分栏”选项，打开“分栏”对话框，如图12-42所示。

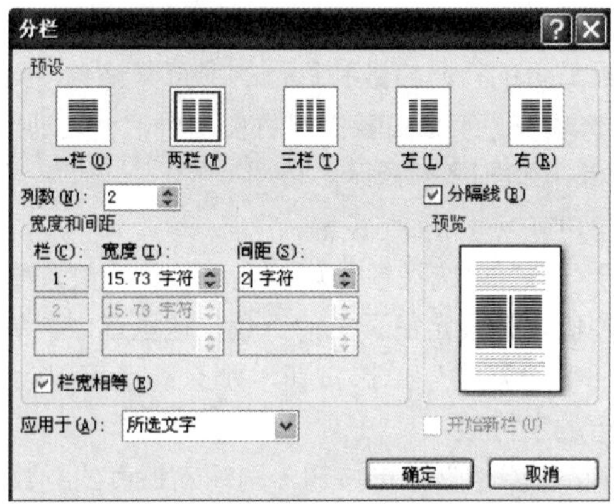

图12-42 “分栏”对话框

Step 04 在“预设”选项区域选中一种分栏样式，这里选择“两栏”样式。

Step 05 选中“栏宽相等”复选框则被分栏的宽度保持相等，在“间距”文本框中选择或输入“2字符”。如果用户取消选中“栏宽相等”复选框，则用户还可以在“宽度和间距”区域对两栏的栏宽和栏间距进行设置。

Step 06 选中“分隔线”复选框，则在栏之间添加分割线。

Step 07 在“应用于”下拉列表中选择应用的范围，这里选择“所选文字”。

Step 08 单击“确定”按钮。选中的文本进行分栏后的效果如图12-43所示。

卡尔·华尔德是我的钢琴教师。有一天，他给我教课的时候，忽然问我每天要练习多少时间钢琴？我说大约每天三四小时。“你每次练习，时间都很长吗？是不是有个把钟头的时间？”“我想这样才好”。“不，不要这样！”他说，“你将来长大以后，每天不会有长时间的空闲的。你可以养成习惯，一有空闲就几分钟几分钟地练习。比如在你上学以前，或在午饭以后，或在工作的休息余闲，五分、十分钟地去练习。把小的练习时间分散在一天里面，如此则弹钢琴就成了你日常生活中的一部分了。”

当我在哥伦比亚大学教书的时候，我想兼职从事创作。可是上课、看卷子、开会等事情把我白天晚上的时间完全占满了。差不多有两个年头我一字不曾动笔，我的借口是没有时间。后来才想起了卡尔·华尔德先生告诉我的话。到了下一个星期，我就把他的话实验起来。只要有五分钟左右的空闲时间我就坐下来写作一百字或短短的几行。出乎我意料之外，在那个星期的终了，我竟积有相当的稿子。后来我用同样积少成多的方法，创作长篇小说。我的教授工作虽一天繁重一天，但是每天仍有许多可利用的短短余闲。我同时还练习钢琴，发现每天小小的间歇时间，足够我从事创作与弹琴两项工作。

利用短时间，其中有一个诀窍：你要把工作进行得迅速，如果只有五分钟的时间给你写作，你切不可把四分钟消磨在咬你的铅笔尾巴。思想上事前要有所准备，到工作时间届临的时候，立刻把心神集中在工作上。

我承认我并不是故意想使五分十分钟不要随便过去，但是人类的生命可以从这些短短的闲歇闲余中获得一些成就的。卡尔·华尔德对于我的一生有极重大的影响。由于他，我发现了极短的时间，如果能毫不拖延地充分加以利用，就能积少成多地供给你所需要的长时间。

图12-43 设置分栏的效果

教你一招

在“分栏”对话框的“预设”区域选择“一栏”选项即可将设置的分栏取消。在取消分栏时用户还可以取消分栏文档中的部分文档的分栏。在分栏文档中选中要取消分栏的部分文本，然后在“分栏”对话框的“预设”区域选择“一栏”选项，单击“确定”按钮后，系统将自动为文档分节，选中的文本被分在一节中，该节的分栏版式被取消。

动手做5 设置首字下沉

首字下沉是文档中常用到的一种排版方式，就是将段落开头的第一个或若干个字母、文字变为大号字，从而使文档的版面出现跌宕起伏的变化使文档更具层次感。

例如，将“忙里偷闲”文档中第一段第一个文字“其”字设置首字下沉的效果，具体步骤如下。

Step 01 将鼠标定位在第一段中。

Step 02 单击“插入”选项卡“文本”组中的“首字下沉”按钮，打开一个下拉列表，如图12-44所示。

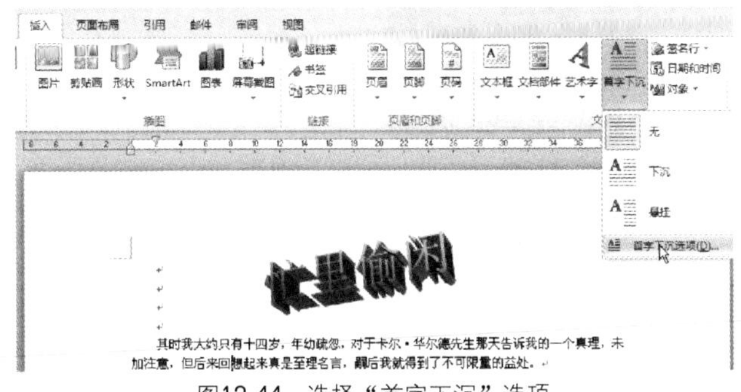

图12-44 选择“首字下沉”选项

Step 03 在下拉列表中选择“首字下沉”选项，打开“首字下沉”对话框，如图12-45所示。

Step 04 在“字体”下拉列表中选择一种字体，这里选择“华文行楷”。

Step 05 在“下沉行数”文本框中选择或输入下沉的行数，这里选择数值3。

Step 06 单击“确定”按钮，设置首字下沉后的效果如图12-46所示。

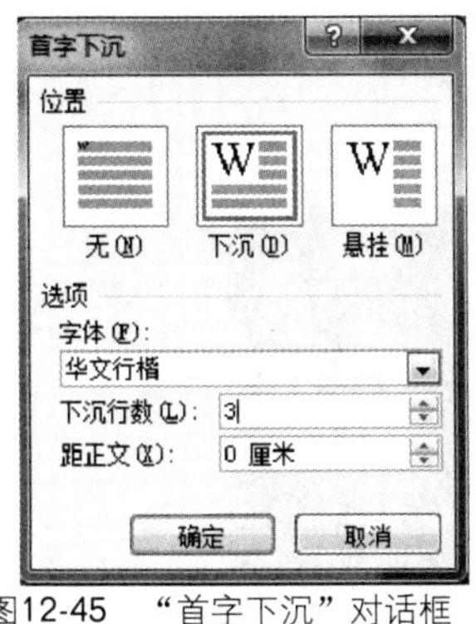

图12-45 “首字下沉”对话框

其时我大约只有十四岁，年幼疏忽，对于卡尔・华尔德先生那天告诉我的一个真理，未加注意，但后来回想起来真是至理名言，嗣后我就得到了不可限量的益处。

卡尔・华尔德是我的钢琴教师。有一天，他给我教课的时候，忽然问我每天要练习多少时间钢琴？我说大约每天三四小时。“你每次练习，时间都很长吗？是不是有个把钟头的时间？”“我想这样才好”。“不，不要这样！”他说，“你将来长大以后，每天不会有长时间的空闲的。你可以养成习惯，一有空闲就几分钟几分钟地练习。比如在你上学以前，或在午饭以后，或在工作的休息余闲，五分、十分钟地去练习。把小的练习时间分散在一天里面，如此则弹钢琴就成了你日常生活中的一部分了。”

图12-46 设置首字下沉的效果

提示

在“首字下沉”对话框中，选择“位置”区域的“无”选项，即可取消首字下沉的效果。

动手做6　插入图片

Step 01 将鼠标定位在文档中。

Step 02 单击“插入”选项卡“插图”组中的“图片”按钮，打开“插入图片”对话框。在对话框中找到要插入图片所在的文件夹，这里选择C盘“案例与素材\模块十二\素材”文件夹中名称为“帆”的图片文件。

Step 03 单击“插入”按钮，被选中的图片插入到文档中，如图12-47所示。

图12-47　插入图片的效果

Step 04 单击“格式”选项卡“排列”组中的“文字环绕”按钮，打开一个下拉列表。

Step 05 在“文字环绕”下拉列表中选择所需要的环绕方式，这里选择“四周型环绕”选项。

Step 06 在图片上单击鼠标左键选中图片，将鼠标移至图片上，当鼠标变成形状时，按下鼠标左键并拖动鼠标，图片则跟随鼠标移动，到达合适的位置时松开鼠标即可，调整图片位置后的效果如图12-48所示。

图12-48　调整图片位置的效果

动手做7　添加页眉和页脚

页眉和页脚是指在文档页面的顶端和底端重复出现的文字或图片等信息。在普通视图方式下用户无法看到页眉和页脚，在页面视图中看到的页眉和页脚会变淡。用户可以将首页的页眉和页脚设置成与其他页不同的样式。还可以将奇数页和偶数页的页眉和页脚设置成不同的样式。在页眉和页脚中还可以插入域，如在页眉和页脚中插入时间、页码，就是插入了一个提供时间和页码信息的域。当域的内容被更新时，页眉页脚中的相关内容就会发生变化。

页眉和页脚与文档的正文处于不同的层次上，因此，在编辑页眉和页脚时不能编辑文档的正文，同样在编辑文档正文时也不能编辑页眉和页脚。

例如，在文档“忙里偷闲”中创建页眉和页脚，具体步骤如下。

Step01 将插入点定位在文档中的任意位置。

Step02 单击“插入”选项卡“页眉和页脚”组中的“页眉”按钮，打开一个下拉列表，如图12-49所示。

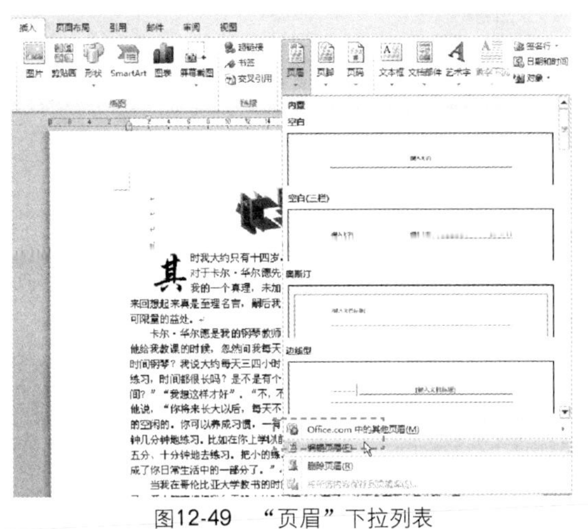

图12-49 “页眉”下拉列表

Step03 在“页眉”下拉列表中选择“编辑页眉”选项，进入页眉和页脚编辑模式。此时用户可以在“页眉”区和“页脚”区进行编辑，方法和在文档正文中的编辑方法相同。

Step04 在“页眉”区域中输入文本“生活感悟”。选中输入的文本，在“开始”选项卡“字体”组的“字体”列表中选择“黑体”，“字号”列表中选择“小五”，在“段落”组中单击“居中”按钮，则设置页眉的效果如图12-50所示。

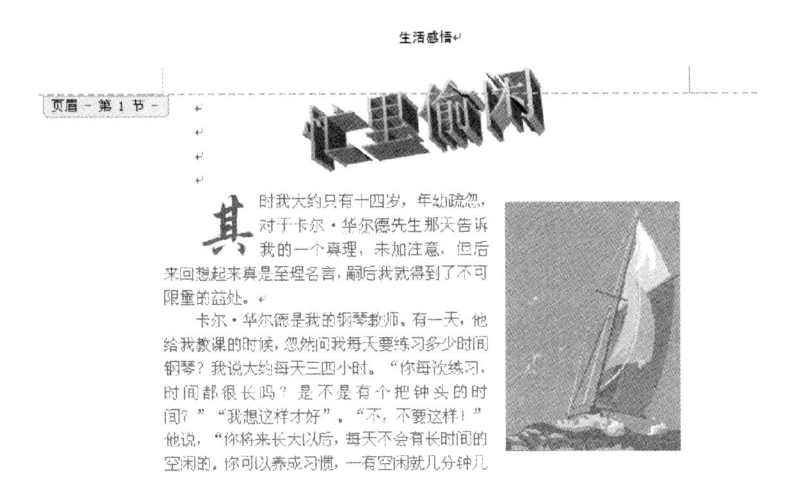

图12-50 创建页眉效果

Step05 选中页眉的“生活感悟”段落，在“开始”选项卡“段落”组中单击“下框线”按钮右侧的下三角箭头，打开一个列表，在列表中选择“下框线”，则页眉变为如图12-51所示的样式。

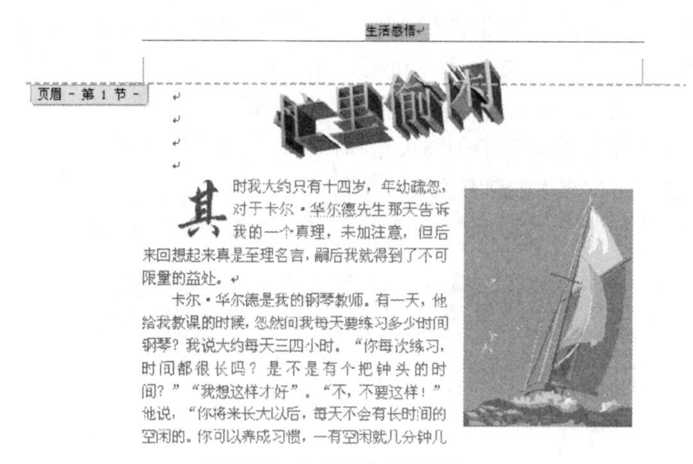

图12-51　为页眉添加下框线

Step06 单击“设计”选项卡“导航”组中的“转至页脚”按钮，即可切换到页脚区。

Step07 单击“设计”选项卡“页眉和页脚”组中的“页码”按钮，打开一个下拉菜单。

Step08 在下拉菜单中选择“页面底端（B）”选项，在打开的子菜单中选择合适的页码样式，这里选择“镶嵌图案2”，如图12-52所示。

Step09 设置页脚后的效果如图12-53所示。设置完毕，单击“设计”选项卡“关闭”组中的“关闭页眉和页脚”按钮，返回页面视图。

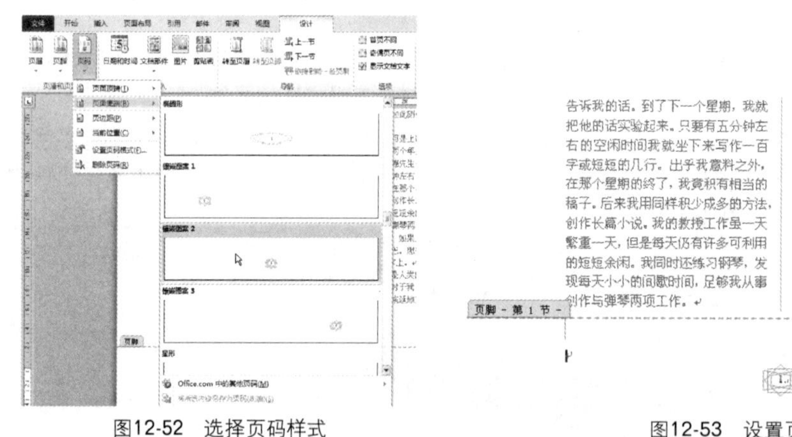

图12-52　选择页码样式　　　　图12-53　设置页脚效果

知识拓展

通过前面的任务主要学习了应用样式、插入页码、提取目录、更新目录、查找与替换、设置页面、分栏排版、添加页眉页脚及打印文档等操作，另外还有一些操作在前面的任务中没有运用到，下面就介绍一下。

动手做1　插入脚注

注释是对文档中个别术语的进一步说明，以便在不打断文章连续性的前提下把问题描述得更清楚。注释由两部分组成：注释标记和注释正文。注释一般分为脚注和尾注，一般情况下脚注出现在每页的末尾，尾注出现在文档的末尾。

在Word 2010中可以很方便地为文档添加脚注和尾注。具体操作步骤如下。

Step 01 将鼠标定位在需要插入脚注的语句后或词的后面。

Step 02 单击“引用”选项卡“脚注”组中的“插入脚注”按钮，即可在插入点处插入注释标记，鼠标指针自动跳转至“脚注”编辑区，在编辑区中对脚注进行编辑。

Step 03 如果单击“引用”选项卡“脚注”组右下角的对话框启动器，则会打开“脚注和尾注”对话框，如图12-54所示。

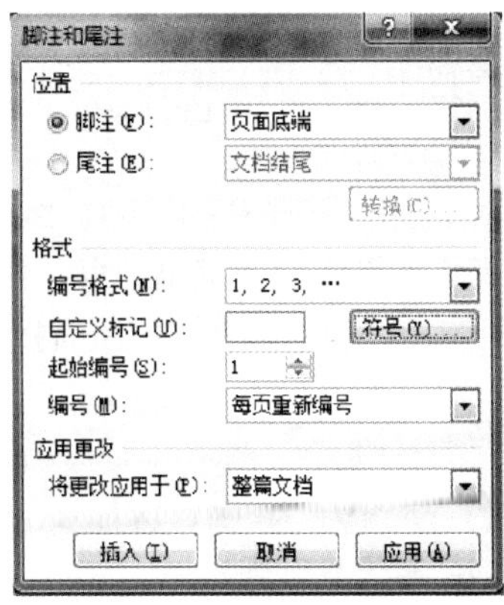

图12-54 插入脚注

Step 04 在“位置”区域，选中“脚注”单选按钮，并在其后的下拉列表中选择“页面底端”选项。在“格式”区域的“编号格式”下拉列表中选择一种编号格式，在“起始编号”文本框中选择或输入起始编号的数值，在“编号方式”下拉列表中选择“每页重新编号”选项。

Step 05 单击“插入”按钮，即可在插入点处插入注释标记，鼠标指针自动跳转至“脚注”编辑区，在编辑区中对脚注进行编辑。

如果不小心把脚注或尾注插错了位置，可以使用移动脚注或尾注位置的方法来改变脚注或尾注的位置。移动脚注或尾注只需用鼠标选定要移动的脚注或尾注的注释标记，并将它拖动到所需的位置即可。

动手做2 插入批注

作者或审阅者可以在文档中添加批注，对文档的内容进行注释。批注不显示在正文中，它显示在文档的页边距处或“审阅窗格”中的气球上。

在Word 2010中插入批注非常简单，基本操作方法如下。

Step 01 在文档中选中要插入批注的文本，或将鼠标定位在要插入批注文本的后面。

Step 02 在“审阅”选项卡“批注”组中单击“新建批注”按钮，在选中的文本后面出现一个批注框。

Step 03 在批注框中输入要批注的内容，如图12-55所示。

如果用户觉得审阅者对文档添加的注释内容不合适还可以对批注进行修改，具体操作方法如下：

Step 01 如果在屏幕上看不到批注，在“审阅”选项卡“修订”组中单击“显示标记”按钮，在下拉菜单中选中“批注”，在屏幕上显示批注。

Step 02 在批注框中单击需要编辑的批注。

Step 03 对批注文本进行适当修改。

如果用户觉得审阅者在文档中插入的批注是多余的，可以将其删除。用户可以删除单个批注也可以一次删除所有批注。

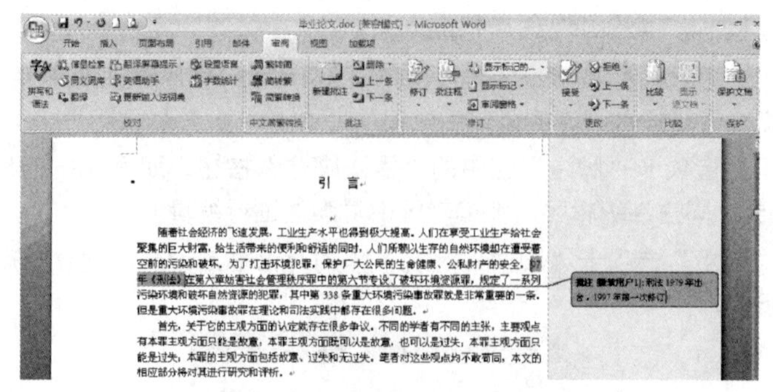

图12-55　在文档中插入的批注

用户如果要快速删除单个批注，选中要删除的批注，然后在“审阅”选项卡的“批注”组中单击“删除”右侧的下三角箭头，打开一个下拉列表，如图12-56所示。在下拉列表中选择“删除”则删除当前批注，如果选择“删除文档中的所有批注”选项则删除所有批注。

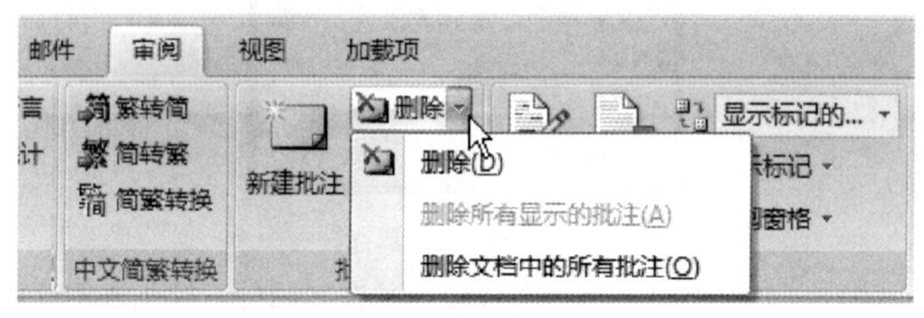

图12-56　删除文档中的批注

动手做3　删除样式

对于那些用户不常用的样式是没必要保留的，在删除样式时系统内置的样式是不能被删除的，只有用户自己创建的样式才可以被删除。删除样式的具体操作步骤如下。

Step01 单击“开始”选项卡“样式”组右下角的对话框启动器，打开“样式”任务窗格。

Step02 在“样式”任务窗格的列表中选中要删除的样式，单击鼠标右键，在下拉菜单中选择“删除”命令。

Step03 在出现的“警告”对话框中，单击“是”按钮，选中的样式将从“样式”列表中删除。

动手做4　创建不同风格的页眉和页脚

在一篇文档中，首页常常是比较特殊的，它往往是文章的封面或图片简介等。在这种情况下如果出现页眉或页脚可能会影响到版面的美观，这种情况下可以设置在首页不显示页眉或页脚内容。而有时用户又希望在文档的奇数页和偶数页显示不同的页眉或页脚，这时也可设置奇偶页不同的页眉和页脚。

创建首页不同的页眉和页脚的基本操作步骤如下。

Step01 进入页眉页脚的编辑模式，将鼠标定位在文档首页。

Step02 在“设计”选项卡的“选项”组中，选中“首页不同”复选框。

Step03 编辑首页的页眉，单击“设计”选项卡“导航”组中的“转至页脚”按钮，切换到“页脚”区，对页脚进行编辑。

Step04 在“设计”选项卡的“导航”组中单击“下一节”按钮，进入下一节页眉，用户可以编辑和首页不同的页眉与页脚。

创建奇偶页不同的页眉和页脚的基本操作步骤如下。

Step01 进入页眉页脚的编辑模式，在“设计”选项卡的“选项”组中，选中“奇偶页不同”复选框。

Step 02 编辑奇数页的页眉和页脚，编辑完毕在“设计”选项卡的“导航”组中单击“下一节”按钮，进入“偶数页”页眉，用户可以编辑和首页不同的页眉与页脚。

课后练习与指导

一、选择题

1. 在（　　）选项卡下用户可以为文本插入脚注。
   A. 引用　　B. 脚注和尾注　C. 视图　　D. 页面布局
2. 关于样式下列说法正确的是（　　）。
   A. 样式分为字符样式和段落样式
   B. 用户可以删除样式列表中的所有样式
   C. 用户可以创建新的样式
   D. 用户可以对样式列表中的所有样式进行修改
3. 关于文档中的目录下列说法正确的是（　　）。
   A. 只用在文档中应用了一些标题样式才能在文档中提取出目录
   B. 在Word 2010中内置了几种目录样式
   C. 目录被转换为普通文本后不能在进行更新
   D. 在提取目录时用户还可以对每一个级别的目录样式进行修改
4. 按（　　）组合键可以打开“查找和替换”对话框。
   A. Ctrl+G　　B. Ctrl+F　　C. Ctrl+P　　D. Ctrl+D
5. 关于首字下沉下列说法错误的是（　　）。
   A. 首字下沉分为“下沉”和“悬挂”两种形式
   B. 用户可以设置首字下沉的行数
   C. 用户可以设置首字下沉距正文的距离
   D. 在设置首字下沉后用户不能再更改首字下沉的字体与字号

二、填空题

1. 字符样式是指用样式名称来标识________，段落样式是指用某一个样式名称________。
2. 在“开始”选项卡________组中的“样式”列表中用户可以设置样式。
3. 基准样式就是________，后继段落样式就是应用该段落样式后面的段落________。
4. 注释由两部分组成：________和________。注释一般分为脚注和尾注，一般情况下脚注出现在________，尾注出现在________。
5. 编制目录后，可以利用它按住________键单击鼠标，即可跳转到文档中的相应标题。
6. 在________选项卡的________组中单击“新建批注”按钮，即可插入批注。
7. 单击________选项卡________组中的“分栏”按钮，可以为文档分栏。
8. 单击________选项卡________组中的“页眉”按钮，进入页眉和页脚编辑模式。

三、简答题

1. 应用样式有哪些方法？
2. 怎样自定义纸张大小？
3. 如何更新提取的目录？

4. 在查找文本时如何实现区分大小写的查找？
5. 如何修改样式？
6. 怎样创建不同风格的页眉和页脚？
7. 如何快速打印文档？
8. 如何设置分栏排版？

四、实践题

练习：编排文档的页面效果如图12-57所示。

（1）将文档页边距设置为上、下各4.3cm，左、右各3.5cm，页眉、页脚距边界各3.2cm。

（2）将正文第一、二段文本设置为二栏格式，栏宽相等，加分隔线。

（3）按样文设置页眉和页脚，在页眉左侧录入“寓言哲理”，在右侧插入页码“第1页 共1页”。

（4）将正文第一段设置为首字下沉格式，下沉行数为两行，字体设置为隶书。

（5）为第一段中的文本“分道扬镳”插入尾注“指分路而行”。

素材位置：案例与素材\模块十二\素材\鱼竿和鱼（初始）。

效果图位置：案例与素材\模块十二\源文件\鱼竿和鱼。

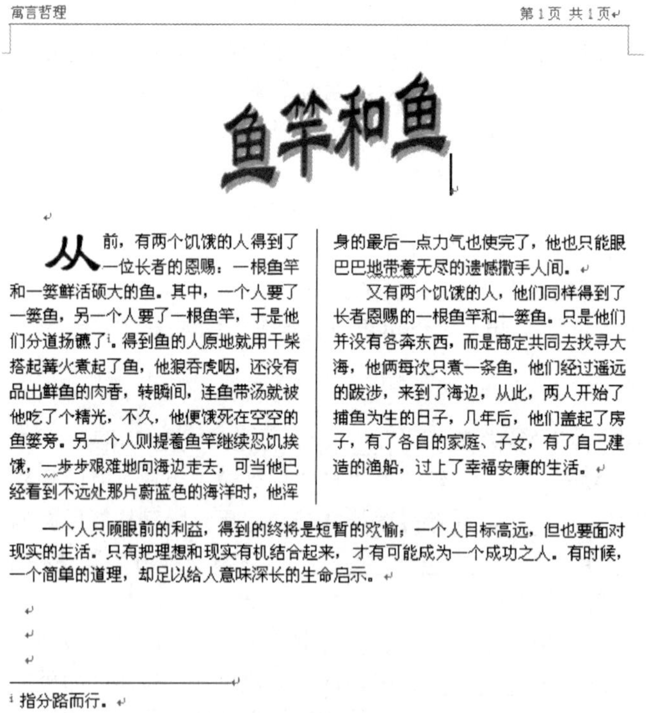

寓言哲理　　　　第1页 共1页

鱼竿和鱼

从前，有两个饥饿的人得到了一位长者的恩赐：一根鱼竿和一篓鲜活硕大的鱼。其中，一个人要了一篓鱼，另一个人要了一根鱼竿，于是他们分道扬镳了[i]。得到鱼的人原地就用干柴搭起篝火煮起了鱼，他狼吞虎咽，还没有品出鲜鱼的肉香，转瞬间，连鱼带汤就被他吃了个精光，不久，他便饿死在空空的鱼篓旁。另一个人则提着鱼竿继续忍饥挨饿，一步步艰难地向海边走去，可当他已经看到不远处那片蔚蓝色的海洋时，他浑身的最后一点力气也使完了，他也只能眼巴巴地带着无尽的遗憾撒手人间。

又有两个饥饿的人，他们同样得到了长者恩赐的一根鱼竿和一篓鱼。只是他们并没有各奔东西，而是商定共同去找寻大海，他俩每次只煮一条鱼，他们经过遥远的跋涉，来到了海边，从此，两人开始了捕鱼为生的日子，几年后，他们盖起了房子，有了各自的家庭、子女，有了自己建造的渔船，过上了幸福安康的生活。

一个人只顾眼前的利益，得到的终将是短暂的欢愉；一个人目标高远，但也要面对现实的生活。只有把理想和现实有机结合起来，才有可能成为一个成功之人。有时候，一个简单的道理，却足以给人意味深长的生命启示。

[i] 指分路而行。

图12-57 “鱼竿和鱼”文档的最终效果